水生蔬菜病虫害防控技术手册

谢贻格 著

苏州大学出版社

图书在版编目(CIP)数据

水生蔬菜病虫害防控技术手册/谢贻格著. —苏州：苏州大学出版社，2021.4
ISBN 978-7-5672-3526-7

Ⅰ.①水… Ⅱ.①谢… Ⅲ.①水生蔬菜-病虫害防治-技术手册 Ⅳ.①S436.45-62

中国版本图书馆 CIP 数据核字(2021)第 060495 号

书　　　名：	水生蔬菜病虫害防控技术手册
著　　　者：	谢贻格
责任编辑：	周凯婷
策划编辑：	周建国　周凯婷
装帧设计：	吴　钰
出版发行：	苏州大学出版社（Soochow University Press）
社　　　址：	苏州市十梓街1号　邮编：215006
印　　　装：	镇江文苑制版印刷有限责任公司
网　　　址：	www.sudapress.com
邮　　　箱：	sdcbs@suda.edu.cn
邮购热线：	0512-67480030
销售热线：	0512-67481020
开　　　本：	700mm×1 000mm　1/16　印张:15　字数:278千
版　　　次：	2021年4月第1版
印　　　次：	2021年4月第1次印刷
书　　　号：	ISBN 978-7-5672-3526-7
定　　　价：	55.00元

凡购本社图书发现印装错误，请与本社联系调换。服务热线：0512-67481020

前　言

　　水生蔬菜是蔬菜中的一个分支，在蔬菜生产中占有重要地位。2016年，中国水生蔬菜种植面积达918万公顷，占当年全国蔬菜种植面积的4.11%。水生蔬菜主要有茭白、莲藕、慈姑、水芹、荸荠、芡实、菱、莼菜、豆瓣菜、水蕹菜、水芋、芦蒿、蒲菜等13种。在我国，水生蔬菜栽培历史悠久，不仅易于种植、运输和贮藏，而且大部分品种可以用来填补旱生蔬菜淡季供应缺口，丰富蔬菜花色品种。水生蔬菜还具有丰富的营养，是很好的营养保健食品，同时又是出口创汇蔬菜，深受菜农和广大消费者的欢迎，也是农村产业结构调整中的重要经济作物之一。近些年来，随着各地水生蔬菜种植面积逐渐扩大，水生蔬菜田常与水稻田在同一水域内，从而形成了水生蔬菜田生态系统的不稳定性，病虫害种类的多样性及其发生演替规律的复杂性，导致水生蔬菜病虫危害逐年加重。水生蔬菜病虫危害已成为制约水生蔬菜高产稳产及持续发展的重要障碍因子。为此，我们在20世纪八九十年代参加江苏省"蔬菜病虫无公害综合治理研究"、"水生蔬菜病虫害监测及综合防治技术规范的应用研究"及"蔬菜多发性突发性病虫害地方发生规律监控技术研究"等3项课题科研的基础上，于2003年对"苏州水八仙"（茭白、莲藕、慈姑、水芹、荸荠、芡实、菱、莼菜）等8种作物的主要病虫害发生规律及综防治理继续深入研究。经10多年的持续工作，基本摸清了"苏州水八仙"主要病虫害田间消长规律，并确定了防治对策，研发了以农业防治为基础，高效低残留药剂防治为辅的防控技术，经过多年的实践应用，取得了良好成效。现做一技术总结介绍，希望能为水生蔬菜病虫害综合防治技术的推广应用与深化起到一定作用，为推进农业供给侧结构性改革，为农业增效、农民增收、农村增绿做出贡献。

  书中水生蔬菜各类病虫害防控技术是在太湖流域苏、浙一带病虫害发生规律基础上所制定,与各地情况会有所差异,希望因地制宜修订应用。由于笔者学术能力和经验有限,时间仓促,错误与遗漏在所难免,敬请专家和广大读者批评指正。

谢贻格

2020年6月于苏州

目 录

一、茭白 ······ 1
(一)茭白病害 ······ 1
(二)茭白虫害 ······ 10
(三)茭白病虫害防控技术 ······ 26
(四)强化选种,提纯品性,抑制雄茭、灰茭产生 ······ 32
(五)茭白病虫害防控示意图 ······ 36

二、莲藕 ······ 39
(一)莲藕病害 ······ 39
(二)莲藕虫害 ······ 52
(三)其他危害生物 ······ 65
(四)莲藕病虫害防控技术 ······ 68
(五)莲藕病虫害防控示意图 ······ 72

三、慈姑 ······ 73
(一)慈姑病害 ······ 73
(二)慈姑虫害 ······ 79
(三)慈姑病虫害防控技术 ······ 82
(四)慈姑病虫害防控示意图 ······ 84

四、水芹 ······ 85
(一)水芹病害 ······ 85
(二)水芹虫害 ······ 90
(三)水芹病虫害防控技术 ······ 94
(四)水芹病虫害防控示意图 ······ 94

五、荸荠 96
(一)荸荠病害 96
(二)荸荠虫害 104
(三)荸荠病虫害防控技术 108
(四)荸荠病虫害防控示意图 110

六、芡实 111
(一)芡实病害 111
(二)芡实虫害 115
(三)其他危害生物 120
(四)除草剂对芡实生长的危害 130
(五)芡实病虫害防控技术 131
(六)芡实病虫害防控示意图 133

七、菱 135
(一)菱病害 135
(二)菱虫害 139
(三)其他危害生物 141
(四)菱病虫害防控技术 143
(五)菱病虫害防控示意图 144

八、莼菜 145
(一)莼菜病害 145
(二)莼菜虫害 146
(三)其他危害生物 147
(四)莼菜病虫害防控技术 149
(五)莼菜病虫害防控示意图 151

九、豆瓣菜 152
(一)豆瓣菜病害 152
(二)豆瓣菜虫害 157
(三)豆瓣菜病虫害防控技术 165
(四)豆瓣菜病虫害防控示意图 167

十、水蕹菜 ········· 168
（一）水蕹菜病害 ········· 168
（二）水蕹菜虫害 ········· 176
（三）其他危害生物 ········· 179
（四）水蕹菜病虫害防控技术 ········· 181
（五）水蕹菜病虫害防控示意图 ········· 183

十一、水芋 ········· 184
（一）水芋病害 ········· 184
（二）水芋虫害 ········· 196
（三）水芋病虫害防控技术 ········· 199
（四）水芋病虫害防控示意图 ········· 200

十二、芦蒿 ········· 202
（一）芦蒿病害 ········· 202
（二）芦蒿虫害 ········· 207
（三）其他危害生物 ········· 209
（四）芦蒿病虫害防控技术 ········· 210
（五）芦蒿病虫害防控示意图 ········· 212

十三、蒲菜 ········· 213
（一）蒲菜病害 ········· 213
（二）蒲菜虫害 ········· 213
（三）蒲菜病虫害防控技术 ········· 214
（四）蒲菜病虫害防控示意图 ········· 215

十四、水生蔬菜使用农药准则 ········· 216
（一）水生蔬菜生产禁止使用的农药 ········· 216
（二）水生蔬菜生产上常用农药合理使用准则 ········· 218

参考文献 ········· 228

一、茭　白

茭白,学名为 *Zizania latifolia*(Griseb.)Stapf,英文名为 water bamboo,别名茭笋、茭瓜、菰笋,古称菰,为禾本科茭白属多年生宿根性草本水生蔬菜。茭白起源于中国,栽培历史悠久,距今已有 3 000 多年历史。主产区在长江流域及其以南各地及台湾地区,尤以江苏、浙江、上海、安徽等地栽培最为集中,全国种植面积近 59.77 万公顷。茭白喜温暖,不耐寒冷和高温。生长适宜温度为 15℃ ~ 30℃,最适温度为 25℃ ~ 30℃,低于 10℃或高于 30℃都不能正常孕茭。昼夜温差大、光照充足有利于其生长。茭白按采收季节可分为一熟茭(单季茭)和两熟茭(双季茭)2 个类群。茭白采用分蘖、分株繁殖。一熟茭在短日照下才能孕茭,一般春栽秋收。两熟茭除春栽外,可培育大苗在早秋栽种。

茭白的食用部位是肉质嫩茎。茭白营养丰富,含有蛋白质、脂肪、B 族维生素、维生素 C、维生素 E、多种氨基酸及钾、镁、磷、铁等微量元素。茭白味甘、性凉、无毒,具有利尿、解烦热、止渴、止痢、调肠胃、解酒毒、除目黄、降血压、补血健体等功能,是一种高档的水生蔬菜。

（一）茭白病害

1. 茭白胡麻叶斑病

症状　又称茭白叶枯病,在茭白整个生长期均可发生。主要危害叶片,也可侵染叶鞘,初在叶片上出现针头状黄褐色小点,后逐渐扩大为椭圆形至梭形芝麻大小的黄褐色病斑,少数成条状,病斑周围叶组织常有一黄色晕圈,后期病斑边缘为深褐色,中间呈黄褐色或灰白色。严重时病斑密布,有的连成不规则大斑,湿度大时病斑表面上生暗灰色至黑色霉状物。植株缺氮病斑较小,缺钾病斑较大,且有较明显轮纹。病斑多时,造成叶片较大的坏死区,受害叶片由叶尖向下逐渐干枯,后期常引起叶片半枯死至全枯死。

病原　学名为 *Bipolaris zizaniae*,是菰离平脐蠕孢菌。异名为 *Helminthosporium zizaniae* Nishik,称菰长蠕孢菌,属半知菌亚门真菌。

侵染途径和发病条件 以菌丝体和分生孢子在茭白残叶上越冬。次年5～6月间,分生孢子随风雨飘落茭白田。孢子萌发时,菌丝由气孔或直接由表皮侵入,危害夏茭。以后产生的大量分生孢子随气流或雨水进行多次再侵染,并逐渐危害秋茭。菌丝生长温度为5℃～35℃,以28℃最适宜。分生孢子形成的温度为8℃～33℃,以29℃～31℃最适宜;萌发的温度为2℃～40℃,以24℃～30℃最适宜。孢子萌发时不仅需要有水滴,而且要求92%以上的相对湿度;若无水滴,在相对湿度96%以下尚不能完全萌发。高湿度有利于病菌形成,病菌抗逆能力强,干燥条件下可存活多年。

胡麻叶斑病在秋茭上始发期为6月下旬至7月初,7月10日左右进入盛发期,病情发展较快,7月20日左右至9月上旬出现发病高峰,9月中旬后病情发展开始缓慢,11月中旬停止发展。土壤偏酸,缺钾或缺锌,长期灌深水缺氧,管理粗放或生长衰弱的茭白田发病重。高温多湿的天气条件下,茭白连作田,种植密度大,偏施氮肥徒长,造成田间通风透光性不良,容易诱发此病。

防治方法

① 选用抗病品种,如鄂茭1号等品种。

② 清洁田园,结合冬前割茬。在冬季时将茭白植株离地1.5 cm割茬,并收集残株叶带出田外集中烧毁,可减少越冬菌源。

③ 加强施肥管理。冬季施腊肥,春季施发苗肥,适时喷施叶面肥。以有机肥为主,一般每亩($667 m^2$)施2 500～4 000 kg。土质缺磷钾的地方,更应特别注意补充磷钾肥和锌肥,以使促早发,壮而不旺,旺而不徒长,增强茭株抗病力。

④ 管好水层,适时搁田。7～8月高温期水层保持在12～18 cm,并做到经常换水降温,以减少危害。深烂田应注意适时搁田,每次耘地后搁田至表土有些开裂后再灌水,提高茭株根系的活力,增强植株的抗病能力。

⑤ 轮作换茬种植。茭白与莲藕、荸荠、慈姑、水芋等轮作,以降低病菌在田间的积累,减少病害的发生。

⑥ 对多年种植茭白田块,土壤缺氧,酸性偏重,易诱发病害发生,可在栽前每亩($667 m^2$)施生石灰100～150 kg,保水5天以上,起到杀菌及降酸增钙作用。

⑦ 及早喷药预防控病。从分蘖末期开始或在发病初期及时用药,一般在5月下旬开始进行预防,可喷洒25%吡唑醚菌酯(凯润)乳油1 500倍液,或40%异稻瘟净可湿性粉剂600倍液,或50%异菌脲悬浮剂600倍液,或50%多·硫悬浮剂500倍液,或25%咪鲜胺乳油1 500倍液。隔10天喷1次,连续防治2～3次。

一、茭白

2. 茭白纹枯病

症状 主要危害茭白的叶鞘,其次是叶片。以分蘖期至结茭期易发病。先从近水面的叶鞘上发病,初为暗绿色水渍状、边缘不清晰的小斑点,后逐渐扩大变成圆形至椭圆形或不定型。病斑中部呈淡褐色至灰白色,湿度大时呈墨绿色,病斑边缘为深褐色,与健组织分界明晰。以后多个病斑相互重叠而成云纹状或虎斑状大斑,病斑由下而上扩展,延伸至叶片,使叶片上也出现云纹状病斑。严重时叶鞘变褐、腐烂,叶片提早发黄枯死,茭肉干瘪。在潮湿条件下,病部常可见灰白色蛛丝网状物,即菌丝体,并逐渐缠绕成棉絮状团,最后变成黑褐色似油菜籽大小的粒状菌核。

病原 有性世代为 *Thanatephorus sasakii*(Shir.)Ju.,是佐佐木薄膜革菌,异名为 *Pellicularia sasakii*(Shir.)Ito.,属担子菌亚门亡革菌属真菌。无性世代为 *Rhizoctonia solani* Kühn,为立枯丝核菌,属半知菌亚门真菌。田间常见无性世代,有性世代在高湿条件下偶有产生,在病害侵染循环中作用极小。病菌的菌丝分枝发达,分枝处稍缢缩,初期无色,后变淡褐色。菌核呈茶褐色,为扁球形,表面粗糙。

侵染途径和发病条件 病菌的菌核在茭白收获后,会大量掉落在田间土中越冬,是翌年该病发生的主要菌源。少数则以菌丝体和菌核在病残体上或田间杂草及其他寄主上越冬。越冬菌成为初侵染源,再侵染主要靠田间病株,病菌借菌丝攀缘接触扩大侵染危害,或菌核借水流传播。菌核的存活力很强,遗落在土中的菌核可存活 1~2 年。病菌生长温度为 10℃~40℃,适宜温度为 28℃~32℃。翌年春季借助水流,大部分菌核漂浮和混杂于"浪渣"中,随"浪渣"漂浮,当气温升到 15℃以上时传播侵害茭白,几天后便形成病斑。沉于水下的菌核也能萌发入侵茭白。茭白生长期间,落入田间的菌核随水漂浮,也可再次侵害茭白。因此,田间遗落的菌核量多少是该病发生、流行轻重程度的关键。茭白纹枯病属于高温高湿性病害,温度在 25℃~31℃,相对湿度达 97% 以上时发病重。在品种和栽培制度不变的情况下,各年度间茭白纹枯病发生轻重程度不同的主要原因就是温湿度。水浆管理对茭白纹枯病的发生发展影响极大,凡田间长期深灌的发病重,而浅水勤灌,干干湿湿,有利于茭白生长的发病就较轻。特别是适时适度搁田,可提高水温、土温,增加土壤中空气含量,控制无效分蘖,促使茎秆粗壮,增强茭株抗性,能有效地抑制病害的发生发展。施肥时间早迟、种类和数量的多少对该病的发生发展也有很大影响。茭白的生长前期施氮肥量过于集中,会引起茭株猛发,提早封行;后期施氮肥量过多,会出现生长过旺,贪青徒长,田间郁蔽,湿度增高,有利于病菌入侵,发病会加重。过分密植,田间通风透光性差,不但影响光合作用,而且会提高田间湿度,有利于病害发生,发病也重。

防治方法

① 重病区实行 3 年以上水旱轮作。该法简便实用,效果显著。

② 在茭白种植前清除田间菌源。在春季茭田灌水或翻耕耙平后,菌核大部分漂浮于水面,混杂在"浪渣"中,可用纱布袋、淘米箩、畚箕等工具捞取下风向的田边和田角的"浪渣",并带出田外烧毁或深埋,不能还田作肥料,可有效减少菌源,减轻菌核侵染危害,降低茭白前期发病率。

③ 加强肥水管理。施足基肥,增施腐熟的有机肥,适当增施磷钾肥,避免偏施氮肥。根据前期促增茭株分蘖,中期控无效分蘖,后期催茭肥促孕茭原则施肥,可使茭株增强抗病能力,防止氮肥施用过多过迟,这是控制发病的重要措施。水浆管理上按照前浅、中晒、后湿润的原则,以水调温调肥,防止长期深灌水。

④ 合理密植,及时摘除下部黄叶、病叶,改善茭白的植株间通透性。

⑤ 发病初期及时喷药。可喷洒 40% 多菌灵井冈霉素悬浮剂 600 倍液,或 50% 啶酰菌胺水分散粒剂 1 500 倍液,或 24% 噻呋酰胺(满穗)悬浮剂 1 500 倍液,或 5% 井冈霉素水剂 1 000 倍液,或 30% 醚菌酯水剂 1 000 倍液,或 20% 纹枯净可湿性粉剂 800 倍液。注意喷雾要均匀,并要喷足药量,要达到每亩 (667 m^2) 喷兑好的药液 80~100 kg,并在药液中添加适量洗衣粉,利于药液黏附在茭株体上。隔 10~15 天喷 1 次,连续防治 2~3 次。另外,前述的药剂除井冈霉素外,其他药剂也可采用撒毒土法,每亩 (667 m^2) 用药量在 0.2~0.3 kg,拌湿细土 50 kg 后撒施田间,但须注意施药时田里一定要有水层。

3. 茭白锈病

症状 主要危害叶片和叶鞘。初在叶片及叶鞘上散生黄色隆起的小疱斑,即夏孢子堆,疱斑破裂后,散出锈黄色粉状物,为病菌夏孢子。条件适宜时常产生狭长条至长梭形锈黄色疱斑,同缘常具有黄色晕环。后期病部出现黑色短条状疱斑,表皮常不易破裂,即冬孢子堆,破裂后可散出黑色粉状物,为病菌冬孢子。严重时导致叶鞘、叶片枯死。

病原 学名为 *Uromyces coronatus* Miyabe et. Nishida,是茭白单胞锈菌,属担子菌亚门锈菌目真菌。夏孢子呈球形至椭圆形,为黄褐色,厚壁,表面有微刺,大小为 (21~32)μm×(16~22)μm;冬孢子呈卵圆形至长椭圆形,顶圆,壁厚,上有指状突起,下部有淡褐色的柄,大小为 (25~40)μm×(13~21)μm。

侵染途径和发病条件 以菌丝体及冬孢子在病株残体上越冬。夏孢子借助气流传播侵染,在田间病株及其病部上产生的夏孢子堆为再次侵染源和接种体,不断重复侵染发病蔓延。茭白锈病喜温暖潮湿环境,气温在16℃~26℃适宜孢子萌发和侵入,20℃~25℃夏孢子迅速增多,病害易流行。一般4月初病害始发(春暖年份3月下旬始发),5月上旬至6月中旬进入发病高峰。茭白生长期高温多雨湿度大,偏施氮肥,都有利于发病。

防治方法

① 结合割老墩,清除病残株及田间杂草。

② 增施磷钾肥,避免偏施氮肥。

③ 高温季节适当深灌水,降低水温和土温,控制发病。

④ 发病初期及时喷洒70%代森联干悬浮剂1 000倍液,或50%多·硫可湿性粉剂500倍液,或5%烯肟菌胺乳油1 000倍液,或25%嘧菌酯悬浮剂1 500倍液。隔10~15天喷1次,交替用药2次。

4. 茭白黑粉病

症状 又称灰茭病,是系统性病害。受害茭株长势弱,略矮化,叶片稍宽,叶色深绿,叶鞘发黑,不开裂,茭肉变短,外观常有短黑条状斑或小黑点。茭肉纵切可见黑色短条状斑(病菌未成熟的孢子堆)或散出黑粉(病菌成熟的孢子堆),黑色斑点长达12 mm。严重时茭肉为一包黑粉,成为灰茭,不能食用。

病原 学名为 *Ustilago esculenta* P. Henn.,是茭白黑粉菌,属担子菌亚门黑粉菌目真菌。孢子堆生于茎秆内部,病茎显著膨大,形成纺锤形或长圆形的菌落,内部形成长达12 mm左右的黑褐色的椭圆形孢子堆。孢子呈球形或近圆形,壁为暗褐色,密生细刺,大小为$(6\sim12)\mu m \times (4.6\sim7)\mu m$。

侵染途径和发病条件 以菌丝体或厚垣孢子潜伏于地下茎内越冬。翌年开春茭白新芽萌发,菌丝即由母茎侵入芽内,或由越冬的厚垣孢子产生小孢子侵入嫩茎,随着茭白的生长扩展到生长点。由于病菌在新陈代谢过程中产生吲哚乙酸,刺激茭白嫩茎,其基部膨大呈纺锤形,菌丝在膨大的茭茎内纵横蔓延,从营养生长逐步转向生殖生长形成厚垣孢子。此时,茭白嫩茎即出现许多黑色短条状斑,后期则形成能散出大量黑粉病菌的厚垣孢子团。该病多由种茭带菌引起,因此,选种不当,病害就重;其次,茭白分蘖过多或茭白田块缺肥及灌水不当,往往导致灰茭多。

防治方法

① 选用健壮和未见黑粉菌孢子堆的茭株留种。

② 加强田间管理。及时做好茭墩清选,春季要割老墩,压茭墩,降低分蘖节位;老墩萌芽初期,及时疏除过密分蘖,促进萌芽整齐。

③ 管好水层。分蘖前期灌浅水,中期适当搁田,高温时深灌水,抑制后期分蘖。

④ 合理施肥。施足基肥,前期及时追肥,促分蘖;高温时控制追肥,防徒长;夏秋季及时摘除黄叶、病叶,改善植株间通透性。

5. 茭白瘟病

症状 又称灰心病。主要危害叶片和叶鞘,病斑分急性型、慢性型、褐斑型3种。急性型的病斑大小不一,似圆形,两端较尖,呈暗绿色至浅红褐色,边缘模糊,常具有浅黄色至浅褐色晕环,湿度大时病部叶背面有灰绿色霉层,即分生孢子,是病害流行预兆。慢性型的病斑呈梭形,边缘为红褐色,中间为灰白色,病斑两端常有长短不一的坏死线,湿度大时产生灰绿色霉,该型症状是在干燥条件下由急性型病斑转变而来的。褐斑型的病斑为叶片上出现褐色小点,外缘无黄色晕圈,常发于高温干燥的气候下,老叶上易发生,致使叶片变黄、枯干。

病原 学名为 *Pyricularia grisea* Saccardo,是稻梨孢霉(茭白梨孢菌),异名为 *Pyricularia oryzae* Cavara、*P. zizaniae* Hara,为茭白灰心斑梨孢霉,属半知菌亚门丛梗孢科梨形孢属真菌。分生孢子梗数枝成束,从气孔伸出,无色至淡褐色,不分枝,有 2~5 个膈膜。分生孢子顶生,呈卵圆形或椭圆形,无色,群集时呈灰绿色,有膈膜 0~2 个,大多为 2 个,大小为 (21~31.5) μm × (14~17.5) μm。有性世代为 *Magnaporthe grisea* (Hebert) Barr。

侵染途径和发病条件 以菌丝体和分生孢子在病残体、老株或病草上越冬。翌年春暖后产生分生孢子,借助风雨、水流和昆虫等传播。病菌以随风雨传播为主,从表皮直接侵入致病,产生分生孢子进行再侵染。发病适宜温度在 25℃~28℃。高湿有利于分生孢子形成、飞散和萌发,特别是阴雨连绵、日照不足、台风多的季节,有利于病害发生。氮肥施用过多,植株徒长,或过分密植,株间郁蔽则发病重。品种间有一定差异,一般早熟茭发病轻。

防治方法

① 结合冬春割老墩枯叶,及时清理收集病残物烧毁,减少田间菌源。

② 因地制宜,选用抗病丰产品种。

③ 加强管理,增强抵抗力。按配方施肥,避免偏施氮肥,应增施磷钾肥和锌肥,防止植株徒长,硅化细胞减少。在水层管理上,避免茭田长期深灌水,注意适时适度搁田,促进根系活力,增强茭株抗病力。

④ 及早喷药防治。发病初期可选用2%春雷霉素水剂300倍液,或40%异稻瘟净可湿性粉剂600倍液,或25%嘧菌酯悬浮剂1 500倍液或20%井冈·蜡芽菌悬浮剂1 000倍液喷雾,隔10~15天喷1次,连续防治2次。

6. 茭白软腐病

症状　感病茭白初呈近圆形或不规则形水渍状斑,手触有黏质感,病部组织腐烂有臭味,不能食用。

病原　学名为 Erwinia carotovora subsp. carotovora（Jones）Bergey et al.,是胡萝卜软腐欧文氏杆状细菌胡萝卜软腐致病型,属细菌。此菌在培养基上的菌落呈灰白色,为圆形或不定型。菌体呈短杆状,大小为$(0.5~1.0)\mu m \times (2.2~3.0)\mu m$,周生鞭毛2~8根,无荚膜,不产生芽孢,革兰氏染色阴性。该菌生长发育最适宜温度在25℃~30℃,最高温度为40℃,最低温度为2℃,致死温度为50℃(经10 min)。在pH5.3~9.2范围内均可生长,其中pH为7.2最适宜。不耐光或干燥,在日光下曝晒2 h,大部分死亡。在脱离寄主的土中只能存活15天左右。

侵染途径和发病条件　病原细菌寄主较广,能为害禾本科、十字花科、茄科、百合科、伞形花科、菊科等蔬菜。茭白软腐病主要是在采收后运输、销售和贮藏中,由保管不善感染病菌后引起的。如采收茭白接触污水,或贮运中堆放不善发热,或销售中与有软腐病蔬菜接触等引发感染发病。

防治方法

① 茭白采收后保留好叶鞘,不接触污水。

② 在运输、销售、堆放中,避免与有软腐病的蔬菜接触,尤其是不能与十字花科蔬菜(如大白菜等)堆放在一起。

③ 采收后茭白根部用72%农用硫酸链霉素可湿性粉剂4 000~5 000倍液蘸一下,可防止感病。

7. 茭白黑斑病

症状　主要危害叶片,初期在叶片上呈现暗绿色水渍状小点,后变紫褐色,最后扩展成近椭圆形至梭形小型病斑,中央呈浅红褐色至紫褐色,边缘呈暗绿色,湿度高时病斑表面产生灰黑色霉状物,即病菌的分生孢子梗和分生孢子,病斑外围常具有暗绿色晕环。严重时叶片上病斑密布,相互连接成片,致叶片早衰枯死。

病原　学名为 Alternaria sp.,是交链孢菌,属半知菌亚门真菌。分生孢子梗呈暗褐色,单枝,长短不一,偶有分枝或具有屈曲,顶端常扩大,具有几个孢子痕,大小为$(22.5~116)\mu m \times (3~5.5)\mu m$。分生孢子呈长椭圆形至倒棍棒状,有喙或无喙,表面光滑,为浅榄褐色,具横膈膜 2~12 个,纵膈膜 0~8 个,大小为 (24~73) μm × (6.5~18) μm。喙胞具 0~2 个膈膜,大小为 (7~35.5) μm × (2.5~5) μm。

侵染途径和发病条件 以菌丝体或分生孢子在病残体上越冬。翌年借助气流或雨水传播进行初侵染。分生孢子可直接侵入叶片,条件适宜时产生分生孢子进行再侵染。此病多在夏、秋季发病,通常发病后病株率较高,常达 80% 以上。温暖高湿有利于发病,茭白生长期多阴雨,或降雨次数多、植株茂密、长势衰弱等发病较重。

防治方法

① 茭白采收后彻底清除枯叶病残体,集中烧毁处理。

② 采用轮作换茬,避免连作。重病田尤其应实行水旱作物轮作种植,要实行 3 年以上轮作,可有效减轻发病。

③ 合理密植,增施有机肥,防止偏施氮肥,提高茭株抗病力。

④ 发病初期选用 50% 咪鲜胺可湿性粉剂 1 500 倍液,或 20% 苯醚甲环唑微乳 2 000 倍液,或 25% 嘧菌酯悬浮剂 2 000 倍液,或 40% 氟硅唑乳油 5 000 倍液喷雾防治。在喷雾时最好加少量洗衣粉,以增强药液在叶表面的黏着力,应选择无风晴天喷药为好。每隔 7~10 天喷药 1 次,连续用药 2~3 次。若施药后遇雨天应及时补治。

8. 茭白褐腐病

症状 主要危害叶鞘和茭肉,初在叶鞘上呈现浅黄褐色水渍状病斑,边缘模糊,后发展成不定型褐色坏死斑,边缘不清晰,色浅,最后病部会腐烂变朽。茭肉感病多形成红褐色至黄褐色梭形病斑,中央和两端颜色较浅,向上下扩展,严重时多个病斑连片,可致茭肉腐烂变质,不能食用。病斑露出水面上时,病斑上可产生白色霉状物,即分生孢子梗和分生孢子。

病原 学名为 *Dendrodochium* sp.,是多枝瘤座孢菌,属半知菌亚门真菌。分生孢子呈坐垫状,颜色为白色。分生孢子梗轮枝状分枝,瓶状小梗轮生于顶端。分生孢子顶生,单细胞,呈长椭圆形,无色,大小为 (3~7) μm × (2~3.5) μm。

侵染途径和发病条件 以菌丝体或分生孢子随病残体或老株在土壤中越冬。以分生孢子通过灌溉水和雨水流动或溅射传播、扩展蔓延。此病多在夏、秋季发病,温暖潮湿有利于发病。

防治方法

① 结合冬春割老墩枯叶,彻底清理收集病残物烧毁,减少田间菌源。

② 茭白生长期浅灌水,适当增加晒田,结合田间管理适时清除植株中下部老黄病叶和带病叶鞘,改善田间小气候。

③ 发病初期可用40%多菌灵井冈霉素悬浮剂600倍液,或50%啶酰菌胺水分散粒剂1 500倍液,或30%醚菌酯水剂1 000倍液,或23%噻氟菌胺悬浮剂1 000倍液喷雾。

9. 茭白白腐病

症状 主要危害叶鞘和茭肉。叶鞘染病,病斑初呈灰绿色至黄褐色水渍状,不定型,多呈云纹状,边缘不明显,随病害发展,病斑相互连接致大片叶鞘组织坏死变褐,最后腐朽。剥开叶鞘,茭肉表面有许多绢丝状白霉,茭肉组织呈水渍状坏死变褐,最后腐烂变质。后期在病鞘内部形成初为白色后为黑褐色的小粒状菌核。

病原 学名为 *Sclerotium hydrophilum* Sacc.,是稻球小菌核菌,属半知菌亚门真菌。菌核呈球形、椭圆形或洋梨形,表面粗糙,初为白色,后渐变成黄褐色至黑色,大小为$(315 \sim 681)\mu m \times (290 \sim 664)\mu m$。菌核外层细胞深褐色,大小为$(4 \sim 14)\mu m \times (3 \sim 8)\mu m$;内层细胞无色或呈淡黄色,结构疏松,细胞直径为$3 \sim 6 \mu m$。

侵染途径和发病条件 病菌的菌核在茭白收获后会大量掉落在田间土中越冬,是翌年该病发生的主要菌源。少数则以菌丝体和菌核在病残体上或田间杂草及其他寄主上越冬。菌核借助水流传播危害。多在夏、秋季发病。凡田间长期深灌的发病重,而浅水勤灌,干干湿湿,有利于茭白生长的发病就较轻。特别是适时适度搁田,可提高水温、土温,增加土壤中空气含量,控制无效分蘖,促使茎秆粗壮,增强茭株抗性,能有效地抑制病害的发生发展。过分密植,田间通风透光性差,不但影响光合作用,而且会提高田间湿度,有利于病害发生,发病也重。

防治方法

① 重病区实行3年以上水旱轮作。该法简便实用,效果显著。

② 水浆管理上按照前浅、中晒、后湿润的原则调温,以水调肥,防止长期深灌水。

③ 合理密植,及时摘除下部黄叶、病叶,改善茭白的植株间通透性。

④ 发病初期及时喷药。可用50%啶酰菌胺水分散粒剂1 500倍液,或30%醚菌酯水剂1 000倍液,或20%纹枯净可湿性粉剂800倍液,或23%噻氟菌胺悬浮剂1 000倍液喷雾。隔10~15天喷1次,连续防治2~3次。另外,前

述药剂也可采用撒毒土法,每亩(667 m²)用药量在 0.2~0.3 kg,拌湿细土 50 kg 后撒施田间,但须注意施药时田里一定要有水层。

(二)茭白虫害

1. 大螟

学名 *Sesamia inferens* Walker,属鳞翅目夜蛾科。

别名 稻蛀茎夜蛾。

寄主 茭白、玉米、水稻、小麦、油菜、甘蔗、蚕豆、向日葵、稗草、看麦娘、早熟禾等。

危害状 以幼虫蛀食茎和心叶,造成枯心苗和枯茎,减少基本苗。结茭期蛀入肉质茎,造成枯茎和虫蛀茭,影响产量和品质。为害后的茭白上虫孔大,外有大量虫粪,常在田岸四周 1.5 m 处发生。

形态特征 [成虫]体长 12~15 mm,翅展 27~30 mm。雌蛾较大,触角呈丝状;雄蛾触角短,呈栉齿状。头胸为灰黄色,鳞毛较长,腹部呈淡褐色。前翅近长方形,呈淡褐色,近外缘色稍深,翅面有光泽,翅中央沿中脉从翅基直至外缘有 1 条暗褐色纵条纹,其上下方各有 2 个小黑点。后翅呈银白色,外缘线稍带淡褐色,翅缘毛呈银白色。[卵]直径约为 0.5 mm,高约为 0.3 mm。呈扁馒头形,顶端稍凹,卵表面有放射状细隆线。初产时为白色,后转灰黄色。卵块 2~3 行排列呈带状,每行有 10~20 粒卵。[幼虫]老熟时比稻区的幼虫大,体长 35~45 mm。头呈赤褐色,胸腹部呈淡黄色,腹部背面略带紫红色(3 龄前体背鲜黄色),无背线。腹足和臀足发达,每足有趾钩 17~21 个,在内侧纵排成眉状半环。[蛹]体长约 18 mm。呈长圆筒形,初期为淡黄色,后变红褐色。头胸部有白色粉状物覆盖。臀棘明显,颜色为黑色,有钩刺 3 根,其背面、腹面各有 2 个小型角质突起。

生活习性和发生规律 成虫白天躲在杂草中,夜出活动,有趋光性。羽化多在晚上 8~9 时进行。雌蛾经交尾后 2~3 日产卵,产卵期为 6~7 日。各代产卵高峰期都出现在羽化后 3~5 天。1 头雌蛾常产卵 4~5 块,多的 15 块,每块有卵 45~65 粒。成虫有趋向田边产卵的习性,第 1 代卵都产在田边看麦娘、游草、早熟禾等杂草的叶鞘内侧。卵期为 5~14 天,大部分在上午 8~10 时孵化。孵化后蚁螟聚集在杂草为害。幼虫分 6 龄,3 龄后转株为害田块四周 1 m 左右的 1~3 墩茭苗,3 墩以外的茭苗很少受害。蛀孔在距水面 10~25 cm 处的叶鞘上。蚁螟从外部叶鞘蛀入,蛀入处呈红褐色,由外部叶鞘逐渐向心叶侵入;虫孔外有许多虫粪,易造成枯心死;幼虫可转株为害。幼虫期为28～32天。老熟幼虫在"枯心死"的半枯叶鞘叶柄内化蛹。预蛹期为1～2天,蛹期为9～15天。

在长江下游流域1年发生3～4代,以老熟幼虫在茭白墩、玉米秆、稻桩、麦田杂草根际部或土缝内越冬。4月间化蛹。由于越冬场所不同,发育进度不一致,第1代出现2个发蛾高峰,第1发蛾高峰在5月上旬至5月中旬初,第2发蛾高峰在5月底,夏茭受害,影响孕茭,造成蛀茭。第2代发蛾高峰在7月上中旬,危害盛期为7月下旬,秋茭受害,产生枯心死,影响在田苗数。第3代发蛾高峰在9月上旬,迟发生年份在9月中旬,危害盛期在9月下旬至10月上旬,造成秋茭的蛀茭、虫茭,老熟幼虫为越冬虫源。

防治方法

① 压低越冬虫口基数。冬前结合割老墩时清除茭白病残体,开春后铲除田边、水沟边杂草,消灭越冬幼虫。

② 消灭产卵场所。在大螟产卵盛期前用10%草甘膦水剂防除茭田四周、水沟边杂草。

③ 掌握在卵孵化高峰期和蚁螟转移高峰期用药。药剂可选用每亩（667 m^2）20%稻螟特乳油60 mL（应注意套养鱼虾的茭田不宜使用）,或20%氯虫苯甲酰胺悬浮剂20 mL,或10%四氯虫酰胺悬浮剂40 mL,或40%二嗪·辛硫磷乳油150 mL分别兑水200 kg,向田四周2 m左右的茭白墩内大水泼浇。

2. 二化螟

学名　*Chilo suppressalis* Walker,属鳞翅目螟蛾科。

别名　钻心虫、蛀心虫。

寄主　茭白、水稻、玉米、小麦、甘蔗、蚕豆、稗草、芦苇及其禾本科杂草。

危害状　初孵化的幼虫聚集叶鞘为害,后从叶鞘外侧蛀入茭白植株内。蛀孔呈紫褐色水渍状斑,蛀孔处虫粪少。为害茭苗成枯心,长大的茭白蛀孔处叶鞘变色,形成虫伤株。

形态特征　［成虫］体长13～16 mm,翅展21～26 mm,雌蛾比雄蛾略大。体呈灰黄色至淡褐色。头小,复眼为黑色,下唇须长,突出前方。雌蛾前翅近长方形,呈灰褐色,外缘有7个小黑点;雄蛾翅色较深,中室先端有1个紫黑色斑,中室下方有3个不明显同色斑,呈斜行排列,外缘也有7个小黑点。后翅为灰白色,近外缘稍带褐色。［卵］呈扁平椭圆形,初产时为白色,将孵化时为黑色。卵块为长带形,数十粒至百余粒卵粘连呈鱼鳞状排列。［幼虫］老熟时体长20～30 mm。头呈褐色,体呈淡褐色,体背有5条紫褐色纵纹,最下1条通过气门,腹面为灰白色。腹足趾钩为双序全环或缺环。[蛹]呈圆筒形,为淡棕色。后足不伸出翅端,臀棘扁平,具1对刺毛,背面有2个角质小突起。

生活习性和发生规律 成虫有趋光性。卵喜产在高大、嫩绿的茭叶背面。每头雌蛾可产5~6个卵块,约300粒。第1代卵期为7~8天,第2代、第3代为3.5~5天。卵块分布于全田,因此,幼虫为害在田间也较分散。卵孵化后,蚁螟向下爬行,从叶鞘外侧蛀入,蛀孔距水面10~25 cm。蛀孔处呈紫褐色的水渍状斑块,虫孔口虫粪少。初龄幼虫有群集性,长大后逐渐分散为害。幼虫期为25~44天,蛹期为7~13天。化蛹场所及为害情况与大螟相似。

在长江流域1年发生2~3代,南方4~5代,以幼虫在茭白、水稻等寄主植物的根茬和茎秆中越冬。一般在茭白残茬内越冬的幼虫化蛹羽化最早,稻茬内越冬的幼虫次之。苏、浙一带4月至5月可见第1代成虫,于5月20日左右和5月底6月初出现2个羽化高峰,5月下旬至6月上中旬为幼虫为害期,造成枯鞘、枯心、虫蛀茭;第2代发生在7月间;第3代发生在8月下旬至9月初,造成茭白枯心死、蛀茭、虫茭。

防治方法 参考大螟的防治方法。在施药上掌握蚁螟盛孵期用药,药剂可选用每亩(667 m²)20%稻螟特乳油60 mL(应注意套养鱼虾的茭田不宜使用),或20%氯虫苯甲酰胺悬浮剂20 mL,或10%四氯虫酰胺悬浮剂40 mL分别兑水200 kg,进行全田大水泼浇。

3. 长绿飞虱

学名 *Saccharosydne procerus* Matsumura,属同翅目飞虱科。

别名 蠓飞子。

寄主 茭白、野茭白、水稻等。

危害状 成虫、若虫聚集在叶背以刺吸式口器吸取叶汁液,叶片受害初期呈黄白色至淡褐色或棕褐色斑点,后叶片从叶尖向基部渐变黄干枯。排泄物覆盖叶面形成煤污状,使叶片的光合作用和营养物质的输送受到影响,往往会导致孕茭时间的推迟,从而造成茭白商品性降低和减产。严重时植株成团枯萎,生长缓慢,不能结茭,整株枯死。

形态特征 [成虫]体长5~6 mm,呈绿色或黄绿色。头顶细长,突出在复眼前,头顶有2条侧脊伸至端缘前愈合为1条脊;额长,侧缘直渐向端部分开,以端部最宽;触角短,不达额唇基缝;复眼和单眼为黑色至红褐色。前胸侧背伸达后缘,前胸背板、中胸小盾片各具纵脊3条。前翅长,伸出腹部末端。后足基跗节长于第2、第3跗节之和。喙末端和后足胫锯齿为黑褐色。雌虫外生殖器常分泌白绒状蜡粉状物;雄虫抱握器细长,呈剑状。[卵]长0.7~1 mm。为香蕉形,略弯曲,初产时呈白色,后变乳黄色。卵上覆有白蜡粉。[若虫]1龄后体背被有白色蜡粉或蜡丝,腹端拖出有5根尾丝,似金鱼形。尾丝随着龄期的增加而增长,在蜕皮时连同旧表皮一起蜕去,刚蜕皮若虫无蜡丝。1、2龄无翅芽,3龄后体变绿色,4龄前翅芽短于或接近后翅芽,5龄前翅芽完全覆盖后翅芽。

生活习性和发生规律 成虫和若虫均有群集性,有较强的趋嫩绿性,大多栖息在心叶和倒2叶上的中脉附近为害。在虫量较高时,整个茭株上都有分布。稍受惊动,若虫即横向爬行。成虫均为长翅型,能做短距离飞行,有一定趋光性,营两性生殖。雌成虫喜在嫩叶叶脉背面肥厚组织内的小隔室内产卵,产卵痕迹初呈水渍状,后分泌白绒状蜡粉,叶片出现伤口后失水变褐色。在虫量较高时,也能在茭株的其他部位产卵。卵单产或数粒排列,卵帽稍露,上面覆盖着浓厚的雌虫腹端分泌的白色蜡粉,每一隔室大多为1粒卵,极少为2粒卵,亦可形成较集中的卵块,每卵块一般有9~30粒卵。雌成虫有产卵前期,产卵前期经5~6天。每头雌虫可产卵150粒左右。产卵历期一般为12天。雌成虫昼夜均可产卵,以白天11~15时产卵最多。越冬代卵期为6~8个月,其他各代卵期为10~12天。若虫分5龄,历期26~38天。成虫寿命只有3~7天。气温在20℃~28℃时对该虫生长发育及繁殖有利,超过33℃时,卵、若虫发育受抑制。越冬卵抗寒性较强,并有一定抗水性。该虫还能传播病毒病。凡是茭株高大、嫩绿,田间密度高,通风透光不良的田块虫量大;反之,茭株老健,田间密度稀,通风透光良好的田块虫量低。

在长江中下游流域1年可发生5代,第2代、第3代后世代重叠。以卵在茭白、野茭白和蒲的枯叶中及叶脉、叶鞘内滞育越冬。翌年2月中下旬解除滞育,3月底至4月底陆续孵化,并危害夏茭白。全年长绿飞虱在田间形成4个发生危害高峰。第1发生危害高峰在5月上旬至5月中旬,这与田园清洁密切有关,如茭白的残茬没清除,越冬卵量较高,就可能造成夏茭白的局部危害。第2发生危害高峰在6月中旬至6月底,主要由第2代和少数早发育的第3代成虫、若虫组成,危害夏、秋茭白,以秋茭白为主。第3发生危害高峰在7月中旬末至8月初,主要由第3代和部分第4代成虫、若虫组成,总虫量为第2代的2~3倍,为全年防治该虫的关键时期。该期防治得好,下一发生危害高峰时危害程度就变轻。第4发生危害高峰在8月中旬至9月中下旬,主要由第4代和第5代成虫、若虫组成,此时由于经过上几代的繁殖,虫口基数大,发生量变大,发生时间也长,危害更重,必须重点防治。

防治方法

① 冬季清除茭白残体,降低越冬卵量基数。秋茭白收获后,及时割除茭白地上部分并将其带出田外集中销毁。翌年3月再全面清除一次,把残留的枯枝叶烧毁或深埋,老茭白田灌水3~5天,以淹杀越冬卵。

② 及时割除夏茭白残茬,减少秋茭白虫源。掌握第3代成虫、若虫在夏茭白上的发生情况,及时割除夏茭白残体,消灭虫卵可达80%以上,有利于控制第4、第5代在秋茭白上的危害。在8月上旬再对秋茭白打黄叶,降低虫卵量,又可增加田间通风透光性,造成不利于成虫、若虫的生存环境。

③ 保护和利用本地天敌。在茭白生长前期不施药或少施药,利用天敌对长绿飞虱的自然控制作用,能够取得比较满意的效果。长绿飞虱的天敌较多,主要有黑腹鳌蜂、龟纹瓢虫、草蛉、蛙类等10多种。

④ 适时药剂控制危害。掌握在茭白封垄前,低龄若虫(2~3龄)盛发期用药防治。可选用每亩(667 m^2)20%啶虫脒乳油100 mL,或10%吡虫啉可湿性粉剂20 g,或10%噻嗪酮乳剂20 mL,分别兑水250 kg进行大水泼浇,或兑水100 kg喷雾。在药液中添加少许中性洗衣粉可提高防效。由于茭白植株比较高大,每亩(667 m^2)茭白田一定要施足80 kg以上药液,因此,施药前后最好能保持田间1.5 cm的浅水层;还可用22.4%螺虫乙酯悬浮剂3 000倍液(应注意套养鱼虾的茭田不宜使用),或10%烯啶虫胺水剂2 000倍液,或10%溴氰虫酰胺可分散油悬浮剂2 000倍液喷雾。

4. 白背飞虱

学名 *Sogatella furcifera* Horvath,属同翅目飞虱科。

寄主 茭白、水稻、玉米、大麦、小麦、甘蔗、高粱、紫云英及稗草、看麦娘等禾本科杂草。

危害状 以成虫、若虫刺吸寄主汁液,被害处出现淡褐色至棕褐色针头大小的斑点。严重时叶片变枯黄,引起煤烟病,影响光合作用,茭肉细而少,产量降低,品质变差。

形态特征 [成虫]长翅型雌虫体长4~5 mm,雄虫体长3.2~3.8 mm。头顶显著突出,头部颜面有2条黑色纵沟。复眼及单眼为黑色。体呈灰黄色,有黑褐色斑。小盾板中央有呈五角形白色或黄白色斑,雌虫白斑两侧呈深褐色;雄虫小盾板两侧呈黑色,前端相连。前胸、中胸背板侧脊外方复眼后具一新月形暗褐色斑,中胸背板侧区呈黑褐色,中间具黄纵带。前翅半透明,端部有褐色晕斑。腹部腹面呈黑褐色,末端呈筒状。雄虫抱握器呈瓶状,端部分二小叉。

短翅型雌虫体长4 mm,体肥大,翅短,仅达腹部一半。[卵]长0.8 mm,呈新月形。初产时为乳白色,后变黄色,出现红色眼点,孵化前变为红褐色。[若虫]末龄若虫长2.9 mm,呈灰白色。3龄时翅芽明显,4龄后前翅芽长度相等或超过后翅芽。

生活习性和发生规律　成虫具趋光性、趋绿性,长翅型成虫飞翔力强。每头雌虫产卵85粒左右,产于叶鞘中脉内,单行排列,具卵几粒至20多粒不等,卵帽不外露。若虫多活动于茭株基部叶鞘上,卵期为7~11天。若虫共5龄,若虫期为20~30天。成虫寿命为16~23天。田间各代种群增长约2~4倍,田间虫口密度高时即迁飞转移。

在长江中下游流域1年发生4~7代。最初虫源从南方迁飞而来,属迁飞性害虫。第1代发生在4月下旬至5月下旬,第2代发生在6月下旬至7月中旬,第3代发生在7月下旬至8月中旬,第4代发生在8月下旬至9月上旬,第5代发生在9月中旬至10月。在茭田发生世代重叠,以第3代危害最重。

防治方法　参考长绿飞虱的防治方法。

5. 灰飞虱

学名　*Laodelphax striatellus* Fallen,属同翅目飞虱科。

寄主　茭白、水稻、玉米、大麦、小麦、甘蔗、高粱、紫云英及稗草、看麦娘等禾本科杂草。

危害状　以成虫、若虫刺吸寄主汁液,被害处出现淡褐色至棕褐色针头大小的斑点。严重时叶片变枯黄,引起煤烟病,影响光合作用,茭肉细而少,产量降低,品质变差。

形态特征　[成虫]长翅型雌虫体长3.3~4 mm,短翅型体长2.2~2.7 mm。呈淡黄褐色至灰褐色,头顶稍突出,额区具有黑色纵沟2条,额侧脊呈弧形。小盾片中间呈黄白色或黄褐色,两侧各有1个半月形褐色条斑纹。前胸背板、触角呈淡黄色,中胸背板呈黑褐色。前翅较透明,中间有1褐翅斑。雄虫抱握器不分叉。[卵]形状为香蕉形,双行排成块。卵帽微露卵痕外,呈鱼子状。初产时为乳白色略透明,后变淡黄色。[若虫]末龄若虫体长2.7 mm,前翅芽较后翅芽长。

生活习性和发生规律　在苏、浙一带1年发生5~6代。以3、4龄若虫在茭白墩和田边、河边等处禾本科杂草上越冬。若虫共分5龄。翌年早春平均温度高于10℃时,越冬若虫开始羽化。第1代发生在4月下旬至5月中下旬,第2代发生在6月,第3代发生在7月上中旬,第4代发生在8月上旬至9月上旬,第 5 代发生在 9 月上中旬至 10 月上旬,10 月中下旬若虫开始越冬。从第 2 代开始,田间出现世代重叠。发育适宜温度为 15℃～28℃,冬暖夏凉易发生。氮肥多,茭白生长嫩绿茂密,危害重。

防治方法　参考长绿飞虱的防治方法。

6. 蓟马

学名　危害茭白的蓟马有 *Stenchaetothrips biformis* Bagnall（稻蓟马）、*Haplothrips aculeatus* Febricius（稻管蓟马）、*Frankliniella intosa* Trybom（花蓟马），均属缨翅目,除稻管蓟马属管蓟马科外,另外两种蓟马属蓟马科。

别名　稻管蓟马又称薏苡蓟马、禾谷蓟马,花蓟马又称台湾蓟马。

异名　稻蓟马：*Thrips oryzae* Williams；花蓟马：*Frankliniella formosae* Moulton。

寄主　茭白、慈姑、水稻、小麦、玉米及禾本科杂草。稻管蓟马还能危害蚕豆、豌豆、苜蓿等。

危害状　蓟马口器为锉吸式口器,用口器挫伤茭白叶面,吸食汁液,受害处呈黄白色伤斑,造成植株失水,使叶片尖端向内纵卷,严重时失水发黄而枯萎死亡。

形态特征　三种蓟马的形态区别见表 1-1。

表 1-1　三种蓟马的形态区别

类别		种类		
		稻蓟马	稻管蓟马	花蓟马
成虫	体长	1.0～1.3 mm	2.0 mm	1.3～1.5 mm
	体色	黑褐色	黑褐色稍有光泽	赭黄色
	触角	鞭状 7 节	念珠状 8 节	鞭状 8 节
	前胸背板	后缘有鬃 4 根		后缘有鬃 6 根
	前翅	翅脉明显,上脉鬃不连续,7 根,端鬃 3 根,下脉鬃 9～11 根	翅脉不明显,无脉鬃,端部后缘有间插缨 5～8 根	翅脉明显,脉鬃连续,上脉鬃 19～22 根,下脉鬃 15～17 根
	腹部	末端不呈管状,锥形,雌虫有向下弯曲的锯齿状产卵器	末端呈管状,雌虫无锯齿状产卵器	同稻蓟马
卵		肾脏形,产于寄主组织内	椭圆形,产于寄主表面	卵圆形,产于寄主组织内
若虫		乳白色至淡黄色	淡棕色,腹侧有红色斑纹；3、4 龄腹末管状	橘黄色

生活习性和发生规律　成虫白天多隐藏在纵卷的叶尖、叶脉或心叶内,早

晨、黄昏或阴天多在叶上活动。活跃善飞,能随气流扩散。雌虫有明显的趋绿产卵习性,产卵时把产卵器插入茭叶表皮下,卵散产于脉间的叶肉内。成虫初期每昼产卵7~8粒,多的13~14粒,后期逐渐减少,终止产卵前几天,仅产卵3~4粒。卵多在晚上7~9时孵化,3~4 min后若虫离开卵壳,常在叶上爬行,数分钟后即能取食。若虫喜在卷叶状心叶内取食,当叶片展开后,3,4龄若虫多集中在叶尖部,使叶尖纵卷变黄。

在苏、浙一带1年发生9~11代。在田间形成3个危害高峰,第1个危害高峰在5月中旬至6月初,此正值秋茭第1次分蘖阶段,小苗被害后,即卷叶,后变枯焦。第2个危害高峰在6月底至7月中旬,第3个危害高峰在7月下旬至8月初。后2个危害高峰对茭白2次分蘖苗影响大。

防治方法

① 冬春两季铲除田边、沟边、塘边杂草,尤其是禾本科杂草,消灭虫源。

② 药剂防治。在若虫盛期用药,用10%吡虫啉可湿性粉剂1 500倍液,或6%乙基多曲古霉素悬浮剂1 000倍液,或22.4%螺虫乙酯悬浮剂3 000倍液(应注意套养鱼虾的茭田不宜使用),或50%氟啶虫胺腈水分散粒剂3 000倍液,或0.3%苦参碱乳油1 000倍液,或10%烯啶虫胺水剂1 500倍液喷雾。

7. 菰毛眼水蝇

学名 *Hydrellia magna* Miyagi,属双翅目水蝇科。另外还有 *Notiphila canescens* Miyagi(灰刺角水蝇)、*Notiphila sekiyai* Koiz(稻水蝇)等。

寄主 茭白、野茭白、水稻、看麦娘、绿萍、水花生等。

危害状 初孵幼虫大多从茭白叶鞘基部蛀入,先在叶鞘基部表皮内巡回蛀食,后向内蛀食,甚至危害到茭肉。虫道内堆积黄褐色碎屑或结成黄褐色块状。被害叶鞘常沿虫道腐烂折倒。危害茭肉时大多从基部蛀入,外表蛀孔不明显,待幼虫老熟后向外钻一孔,茭肉外表可见黄褐色斑孔。

形态特征 [成虫]体长2.4~3.2 mm。体呈黑灰色。额具密绒毛,触颖长,呈梳状。复眼具毛。中胸具背中鬃。前翅前缘有2个缺刻。触角第3节,足基节、胫节、跗节、下腭、平衡棒均为黄色,雄虫侧尾叶色略淡。[卵]长0.5~0.7 mm,宽0.2~0.3 mm。呈长梭形。初产时为乳白色,略有2~3条纵条纹。3~4日后色变深,上有7~8条明显的纵条纹。[幼虫]老熟时体长6~8 mm。呈长圆筒形。初孵时为乳白色,后变黄绿色。体表光滑,具刚毛,体分11节。口针呈黑褐色,后端分叉。前胸气门突起,突起末端具少数长指形构造,腹部末端有气门突1对。[蛹]体长5~9 mm,宽2~3 mm。呈圆筒形。化蛹初期为黄

绿色,后变棕褐色。体11节。头部前端有2丛黑鬃。尾部有1对黑色气门突。

生活习性和发生规律 以老熟幼虫在茭墩根茎壁上越冬。除茭白田正常过冬的茭墩外,老茭田铲除的雄茭、灰茭的茭墩内,以及田边、池塘堆放的茭墩残茬均是重要的越冬场所。每茭墩中有越冬虫1~5头。成虫对腐臭物及甜食有趋性,飞翔力不强,主要在田边1~3 m处活动,越远离田边成虫越少,并且田埂、河塘边杂草上成虫也比较多。成虫多在清晨3~5时羽化,羽化后第二天就能交尾、产卵,产卵期为5~6日,最短2日,最长15日。雌虫产卵量为18~60粒,一般为44~54粒。卵散产,主要产于茭白叶鞘背面(约占叶鞘上的产卵量的80.5%,叶鞘正面只占19.5%),少数产于茭叶、叶鞘正面或茭肉上。看麦娘、绿萍、水花生等杂草上也是产卵处。月平均温度为22℃~25℃,卵历期4~7日。初孵幼虫大多从茭白叶鞘基部蛀入,孔口离水面10~25 cm,先在叶鞘表皮内巡回蛀食,后向内蛀食,深度约为7 mm,潜道长80~260 mm,宽1.2~3.2 mm。季节变化其为害部位也会相应变化,4~6月主要在叶鞘上为害,较少危害茭肉,从7月始茭肉受害逐渐加重。幼虫有转移危害习性。幼虫老熟后在叶鞘内化蛹,叶鞘上残留羽化孔。幼虫期为18~25天,预蛹经1~2天,蛹期为7~10天,成虫期为20~35天。高温对该虫有抑制作用。田园环境卫生差,特别是腐烂物多的田块,以及田埂、路边、河边等处的瓜皮、果壳等腐败物多能引诱成虫密集活动,危害也就重。

在苏、浙一带1年发生4~5代。越冬代幼虫3月上中旬开始活动,向根茎壁转移化蛹,未老熟幼虫可转移到新抽发的叶片、叶鞘内潜食危害。越冬代幼虫3月中旬开始化蛹,化蛹高峰出现在4月中旬。成虫4月中旬开始羽化、产卵,羽化高峰在5月下旬,羽化最迟可到6月上中旬。越冬代蛹历期14~22天,幼虫化蛹期不整齐,前后达2个月之久。第1代幼虫危害发生在4月下旬至6月中旬;第2代幼虫危害发生在6月中旬至7月中旬;第3代幼虫危害发生在7月中旬至9月上旬;第4代幼虫危害发生在8月上旬至10月上旬;第5代为不完整世代,幼虫危害发生在9月下旬至10月中旬。由于越冬代发生时间不整齐,因此,第1代开始就世代重叠。幼虫9月下旬至10月中下旬进入越冬期。茭毛眼水蝇主要发生在5月上旬至10月中旬,危害高峰期为7月下旬至10月上旬。从8月上旬始种群数量激增,因此,秋季虫害明显重于春季。主要发生危害世代为第3代,其次是第4代。

防治方法

① 加强检疫措施,以防扩散传播。该虫在各地分布不均,危害程度差异大。

因此,在引种茭苗时应严把检疫关,特别是无该虫地区更要加强检疫措施,以免人为传播。

② 消除越冬场所,压低虫源基数。在秋茭收获后,将铲除的茭墩雄茭、灰茭、残茬晒干后集中烧毁,或者直接填埋水淹、沤肥。

③ 及时清洁田园,铲除田间杂草。在生长季节及时清除茭白地的杂草及田边瓜皮果壳等腐败物,减少成虫产卵场所和取食来源。

④ 利用灭蝇纸诱杀成虫。根据成虫有喜田边杂草活动习性,以及对腐臭物和甜食有趋性,选用市售苍蝇黏胶纸,在纸上滴5%~10%蜂蜜水,在成虫发生始盛期至盛末期,放置在茭田和四周田埂的杂草上进行诱杀。每隔15~20 m放置1张灭蝇纸,经3~4天后更换灭蝇纸1次。

⑤ 药剂防治。掌握主治第1代、第2代,控制第3代、第4代策略。灭杀初孵幼虫,兼治成虫,也可与防治茭白其他害虫结合用药。单治时药剂可选用4.5%氯氰菊酯乳油2 000倍液;或2.5%氟氯菊酯乳油3 000倍液(前二药应注意套养鱼虾的茭田不宜使用);或75%灭蝇胺可溶性粉剂3 000倍液;或50%辛硫磷乳油1 000倍液;或90%敌百虫晶体1 000倍液喷雾或大水泼浇。

8. 黑尾叶蝉

学 名 *Nephotettix bipunctatus* Fabricius,属同翅目叶蝉科。

别 名 黑尾浮尘子、蠓虫。

异 名 *N. cincticeps* Uhler。

寄 主 食性杂,能危害茭白、慈姑、甘蔗、水稻、小麦、大麦、看麦娘、狗尾草、稗草、结缕草、马唐等。

危害状 若虫群集茭丛下部危害,受害处成褐色斑,成虫危害形成白斑,致植株发黄或枯死。常在田边为害,后扩散到全田。

形态特征 [成虫]体长4.5~6 mm。体呈绿色,头呈黄色。头顶呈弧形,两复眼间有1黑色横凹沟。复眼为黑色,单眼为黄色。口喙达中足基节。前胸背板前半部为黄绿色,后半部为绿色,小盾片为黄色,中间有1横沟。前翅为绿色,雄虫翅端1/3处为黑色,雌虫为淡褐色。雄虫腹部为黑色,雌虫为淡褐色。[卵]长约1~1.2 mm。呈香蕉形,初产为白色,后变黄色。较细的一端出现1对红色眼点。[若虫]体为黄绿色。头顶有数个褐斑,中胸、后胸背面各有1个侧"八"字形褐斑。各腹节背面中央有1对褐色小点。

生活习性和发生规律 成虫有强烈的趋光性和趋嫩绿习性,受惊时,横行斜走或飞走。卵单层、整齐地产于茭白叶鞘边缘内侧组织中。产卵处为淡褐色,稍隆起,可看到其内的卵粒。若虫分4龄,有群集性,性格活跃,尤其是3~4龄特别活跃,常栖息于茭白丛基部或叶片反面取食。卵期为5~12天,若虫期为14~19天,成虫寿命为11~23天。少雨年份发生重。偏施氮肥,茭株徒长易受害。主要天敌有褐腰赤眼蜂、黑尾叶蝉缨小蜂、黑尾叶蝉头蝇、捕食性蜘蛛及白僵菌等。

在长江中下游流域1年发生4~5代。以若虫或成虫分散蛰伏于茭白墩和田边杂草及绿肥中越冬。越冬若虫大多在翌年4月羽化为成虫,迁入茭田或稻田为害。各代成虫盛发期分别为:越冬代在4月中下旬;第1代在6月中下旬;第2代在7月中下旬;第3代在8月中下旬;第4代在9月中下旬。一般越冬代和第1代发生期较整齐,世代明显,以后各世代重叠。危害严重的世代在长江中下游主要是第3、第4代,偏南地区以第4、第5代为主。

防治方法

① 在冬季、早春和打茭时,结合积肥,铲除田边、沟边、塘边杂草,减少虫源和过渡寄主桥梁。

② 合理施肥。避免偏施氮肥,防止徒长。

③ 注意保护利用天敌。

④ 物理防治。在成虫盛发期进行灯光诱杀。

⑤ 掌握虫情,及时用药。可选用20%异丙威乳油500倍液,或10%吡虫啉可湿性粉剂1 000倍液,或10%噻嗪酮乳剂1 000倍液,或10%烯啶虫胺水剂2 000倍液喷雾。

9. 中华稻蝗

学名 *Oxya chinensis* Thunberg,属直翅目蝗科。

寄主 茭白、莲藕、荸荠、玉米、水稻、麦类、高粱、甘蔗、甘薯、棉花、豆类、芦苇、蒿草、茅草等。

危害状 以成虫、若虫啃食叶片,咬断茎秆和幼芽,造成茭叶缺刻,严重时全叶吃光,仅残留叶脉。降低植株光合作用,影响产量和品质。

形态特征 [成虫]雌虫体长36~44 mm,雄虫体长30~33 mm。体呈绿色、黄绿色、褐绿色,或背面呈黄褐色,侧面呈绿色。头宽大呈卵圆形,头顶向前伸,颜面隆起且宽,两侧缘近平行,具纵沟。复眼呈卵圆形,为灰褐色。触角呈丝状。在复眼后方前胸背板两侧各有1条褐色纵带,直达前胸背板后缘。前翅前缘为绿色,其余为淡褐色;后翅为褐色,顶端部较暗,翅长超过腹末达到后足腿节中部。雄虫尾端近圆锥形,肛上板呈短三角形,平滑无侧沟,顶端呈锐角。

雌虫腹部第2～3节背板侧面的后下角呈刺状,有的第3节不明显,产卵瓣长,上下瓣大,外缘具细齿。[卵] 长约3.5 mm,宽1 mm。呈长圆筒形,中间略弯,为深黄色。胶质卵囊呈褐色,包在卵外面。卵囊大小为(9～16)mm×(6～12)mm,呈茄形,有盖。卵在卵囊内斜排成上下2行,不整齐,卵粒间具深褐色胶质物隔开。囊内有卵16～102粒,一般30余粒。[若虫] 体色为黄绿色或黄褐色。成长时体长约30 mm,2龄时头两侧纵纹开始明显,3龄时翅芽明显。

生活习性和发生规律　成虫具有趋光性,喜光,在夜晚闷热时有扑灯习性,白天常活动于阳光直射处。成虫具较强飞翔能力,但种群密度不大时,基本维持固定的活动范围。成虫喜在早晨羽化,羽化后15～45天开始交尾,一生中可交尾多次,成虫期为59～113天。雌虫每天可产卵1～3块,喜产在向阳、低湿、多草、沙质土中,在苏、浙一带多产卵于茭白田及稻田的田埂土中和芦苇与杂草丛中。卵期6个月。卵囊斜插入土内,深不过30 mm。卵囊比水轻,能浮于水面。若虫6龄,少数7龄。若虫期为42～55天,长者80天。低龄若虫多群集生活,取食杂草,3龄后扩散为害茭白、水稻或豆类等。

在苏、浙一带1年发生1代。以卵在田边、荒地等土中1.5～4 cm深处或杂草根际及茭墩内越冬。越冬卵受土质、地势、植被、温度、湿度的影响,其孵化进度参差不齐,历期较长。一般4月中旬越冬卵孵化,在积水荒地要等水退后到6月中旬孵化。成虫出现在7月下旬,盛发期在8月初,9月中旬至10月上旬为产卵期,11月下旬大批死亡。滨湖地区发生较多,干旱年湖水下落,湖滩扩大,有利于产卵繁殖。

防治方法

① 早春结合修整茭田埂,铲除田埂杂草,晒干或沤肥,以杀灭蝗卵,具有明显效果。在5月及时清除杂草,切断低龄蝗虫食料来源,减少虫源。

② 在春季处理茭墩时,打捞田间"浪渣",消除卵块。

③ 物理防治。利用灯光诱杀成虫。

④ 生物防治。利用捕食性天敌鸟、螳螂、蜘蛛、黑斑蛙等自然防控。

⑤ 茭田发生危害重时可喷药防治。掌握在若虫3龄以前集中在田边或杂草上为害时,用90%敌百虫晶体1 000倍液,或50%辛硫磷乳油1 000倍液,或5%啶虫隆乳油1 000倍液,或40%二嗪·辛硫磷乳油1 500倍液喷雾。

10. 稻负泥虫

学名　*Oulema oryzae* Kuwayama,属鞘翅目叶甲科。

别名　背屎虫、猪屎虫。

寄主　茭白、水稻、粟、芦苇、碱草等。

危害状　以成虫、幼虫啃食叶肉,残留叶脉或一层透明表皮,受害叶上出现白色条斑或全叶枯焦,严重时整株枯死。

形态特征　[成虫]体长3.7~4.6 mm,宽1.6~2.2 mm。头、触角、小盾片为黑色,前胸背板、足大部分呈黄褐色至红褐色,鞘翅呈青蓝色,具金属光泽,体腹部为黑色。头具刻点,触角长达身体之半,前胸背板长大于宽。小盾片呈倒梯形,鞘翅上生有纵行刻点10条,两侧近平行。[卵]长0.7 mm左右,呈长椭圆形。初产时为浅黄色,后变暗绿色至灰褐色。[幼虫]体长4~6 mm。头小,为黑褐色。腹部隆起很明显。幼虫孵化后不久,体背上堆积着灰黄色或墨绿色粪便。[蛹]长4.5 mm左右。蛹外包有白色棉絮状茧。

生活习性和发生规律　成虫把卵产在茭叶近叶尖处,少数产在叶背和叶鞘上,卵聚产,一般2~13粒排成2行。初孵幼虫多在心叶内为害,后扩展到叶片上。幼虫怕光,喜欢在早晨有露水时为害,晴天中午躲藏在叶背或心叶上。幼虫共4龄,末龄幼虫把屎堆脱去,分泌出白色泡沫凝成茧后化蛹在茧内。雌成虫寿命为309~328天,雄虫为245~277天。成虫交尾适宜温度在16℃~22℃,相对湿度80%,雌性能重复交尾,雄性则不能。日平均温度高于15℃开始产卵。

1年发生1代。以成虫在田埂、沟边、水塘附近背风向阳处越冬。翌春,越冬成虫先在禾本科杂草上为害,4月下旬至5月上旬,当茭秧苗露出水面时,即迁移到茭白上为害。5月上旬至7月上旬为幼虫危害期,5月下旬至6月上旬进入幼虫化蛹盛期,7月中旬至9月为成虫危害期,9月上旬后以成虫越冬。

防治方法

① 幼虫始发后把田水放干,撒石灰粉,然后把叶上幼虫扫落田中;也可在早晨露水未干时用扫帚扫除幼虫,结合耕地,把幼虫混糊到泥里,有良好效果。

② 在幼虫1、2龄阶段选用50%氟啶虫胺腈水分散粒剂3 000倍液,或50%辛硫磷乳油1 000倍液,或3%啶虫脒乳油1 000倍液喷雾。每亩(667 m^2)田要施用兑好的药液75 kg,视虫情隔10天左右再防治1次。

11. 稻水象甲

学名　*Lissorhoptrus oryzophilus* Kuschel,属鞘翅目象虫科。

寄主　茭白、水稻、玉米、大麦、小麦、甘蔗、牧草、禾本科杂草等。

危害状　成虫啃食茭叶,幼虫危害茭白根部呈孔洞,破坏根系生长,造成茭株黄化枯萎。

形态特征 [成虫]雌虫体长 3 mm。体表被浅绿色至灰褐色鳞片。从前胸背板端部至基部有一由黑鳞片组成的大口瓶状暗斑。由鞘翅基部向下至鞘翅 3/4 处具 1 黑斑。触角红褐色,索节 6 节。棒基处无毛,棒端密生细毛。前胸背板上无沟,中足胫节生有白长毛。[卵]呈圆柱形。为乳白色。[幼虫]体长 8 mm。为白色。在第 2 腹节至第 7 腹节的背面各具 1 对突起。[蛹]为白色。

生活习性和发生规律 成虫飞翔或借水流蔓延,主要通过运送稻草等进行远距离传播。成虫栖息在茭白、水稻等植株基部,黄昏时爬至叶尖,在水下的植物组织内产卵。产卵期为 1 个月,产卵量在 50~100 粒,卵期为 6~10 天。初孵幼虫取食叶肉 1~3 天,后落入水中,蛀入根内危害。幼虫共 4 龄,幼虫期为 30~40 天。老熟幼虫附着于根际,营造卵形土茧后化蛹。蛹期 7~14 天。

长江下游流域 1 年 1 代,南方年生 2 代。以成虫在田边、草丛、树林落叶层中越冬。4 月上旬成虫开始取食杂草叶片,随后转入茭白、水稻田为害。幼虫危害期为 6 月初至 7 上中旬。

防治方法

① 对来自稻水象甲疫区的稻草、牧草、草坪、腐殖土、包装材料和运输工具等进行严格检疫,防止侵入。

② 春耕灌水时彻底捞除"浪渣",铲除田边杂草。

③ 把茭白、水稻地整平,控制周围灌溉排水,田间尽量保持低水位至 0.5 cm,可减少成虫在水面下产卵,分蘖后晒田,减少幼虫残存。

④ 当茭白每丛有虫 0.5 头时,每亩(667 m^2)施用 5% 辛硫磷颗粒剂 3~4 kg,或 0.5% 噻虫胺颗粒剂 4~5 kg 撒施,茭白田需保持水位在 1 cm 左右。

12. 直纹稻弄蝶

学名 *Parnara guttata* Bremer et Grey,属鳞翅目弄蝶科。

别名 稻弄蝶、一字纹稻弄蝶、稻苞虫。

寄主 茭白、水稻、玉米、高粱、大麦、谷子、竹子、芦苇、白蜡、稗草、狗尾草等。

危害状 幼虫孵化后,爬至叶片边缘或叶尖处吐丝缀合叶片,做成圆筒状纵卷虫苞,躲在其中蚕食叶片,严重时可将叶片吃尽。

形态特征 [成虫]体长 17~19 mm,翅展 28~40 mm。体和翅呈黑褐色带金黄色光泽,头胸部比腹部宽,略带绿色。触角为棒状,末端弯成钩。前翅具 7~8 个半透明白斑排成半环状,下边 1 个大,后翅中间有 4 个白色透明斑,呈直线或近直线排列。翅反面色浅,被有黄色粉,斑纹与正面相同。[卵]呈半球形,直径为 0.9 mm。表面具六角形网状纹。初产时为灰绿色,后具玫瑰红斑,顶花冠具 8~12 瓣。[幼虫] 老熟时体长 27~28 mm。体呈黄绿色,背线为深绿色,臀板为褐色。体躯中间粗大,两头较小,似纺锤形。头大,呈淡棕黄色,头部正面中央有"↓"形褐纹。前胸收缩呈颈状,且具 1 条黑褐色横纹,第 4~7 腹节两侧各具白色粉状物。[蛹] 体长 22~25 mm。近圆筒形,为淡黄色,头平尾尖。复眼突出,为黄褐色,羽化前为紫黑色。体表被白粉,外裹白色薄茧衣。第 5、第 6 腹节中央各具一倒"八"字形纹。

生活习性和发生规律 成虫昼出夜伏,喜取食多种植物的花蜜。清晨羽化。卵散产在生长旺盛叶色浓绿的叶片上。幼虫分 5 龄,初孵幼虫先咬食卵壳,爬至叶尖或叶缘,吐丝缀叶结苞取食,清晨或傍晚爬至苞外。田水落干时,幼虫向植株下部老叶转移,灌水后又上移。末龄幼虫多缀叶结苞化蛹。气温高于 12℃时能取食。各虫态发育起点温度为卵 12.6℃、幼虫 9.3℃、蛹 14.9℃。卵期气温在 15℃~16℃时需 15~16 天,在 21℃~26℃时需 5 天。幼虫期气温在 26℃~28℃时需经 18~20 天,低于 24℃、高于 30℃时需经 21 天。越冬幼虫期长达 180 天。蛹期为 7~16 天。成虫寿命为 2~19 天。

长江流域 1 年发生 4~5 代。以中、小幼虫在背风向阳的田埂、渠边、沟边、茭白、小竹丛等禾本科植物上结苞越冬,或在茭白叶鞘间越冬。第 1 代主要发生在茭白上,以后各代主要在水稻上。冬春气温低或前 1 个月雨量大,雨日多易流行。

防治方法

① 冬春季成虫羽化前,铲除田边、沟边、积水塘边的杂草,以消灭越冬虫源。

② 利用幼虫结苞不活泼的特点,进行人工采卵灭幼虫。

③ 利用蜜源植物诱杀成虫。

④ 必要时喷洒 50% 辛硫磷乳油 1 000 倍液,或 90% 敌百虫晶体 1 000 倍液,或 10% 四氯虫酰胺悬浮剂 1 500 倍液,或 4.5% 氯氰菊酯乳油 3 000 倍液(应注意套养鱼虾的茭田不宜使用)。隔 10 天左右喷药 1 次,连续防治 1~2 次。

13. 稻小潜叶蝇

学名 *Hydrellia griseola* Fallen,属双翅目水蝇科小水蝇属。

别名 稻小潜蝇、稻小水蝇、夹叶虫、蛀叶虫、金狮头小苍蝇。

寄主 茭白、水稻、蒲菜、大麦、小麦及看麦娘、稗草等禾本科杂草。

危害状 幼虫潜入茭白叶片组织内锉吸叶肉,留下表皮,造成不规则的白色斑块,出现许多不规则的虫道。叶组织被破坏后,水分渗入,腐生菌繁殖,引

起叶片腐烂,影响植株养分及水分的输送和光合作用的进行,使移栽的茭苗活棵返青延迟,严重时致叶片变黄干枯或腐烂,产生萎蔫,甚至全株枯死,造成死苗缺秧。

形态特征 [成虫]体长2～3mm,是一种灰褐色的小蝇虫。头部为暗灰色,有一对棕褐色复眼,触角为黑色,第3节扁平,近椭圆形,具粗长的触角芒1根,芒的一侧具小短毛5根。胸部背面有刺毛,两行排列。1对翅,膜质透明,强光下有彩虹闪光。翅边缘第2室、第3室、第4室的比例为1.8∶1∶0.5,前缘脉有两处断开,无臀室。停息时翅重叠在体背上。后翅退化成黄白色平衡棒。足呈灰黑色,中、后足第1跗节基部呈黄褐色。[卵]长0.7mm左右,呈长圆柱形,为乳白色,上生细纵纹,接近孵化时为暗灰色。[幼虫]老熟时体长4～5mm,为白色小蛆虫。为乳白色至乳黄色。呈圆筒形略扁平,头尾两端较细。尾端具黑褐色气门突起2个。[蛹]长3～4mm,为褐色或黄褐色。尾端具黑色气门突起2个。

稻小水蝇在水生蔬菜上属于低温下多发性的一种害虫。在东北、陕西、宁夏、江苏、浙江、福建等地多有发生,北方1年发生4～5代,苏、浙一带可发生多代。以成虫和蛹在水沟边看麦娘、游草等杂草上越冬。翌春当气温平均在4.7℃～8.8℃时,成虫即开始活动,11℃～13℃时活动最为活跃。成虫多先在田边杂草中繁殖1代。4月上旬后于茭白出苗后,第1代成虫可在茭白幼叶上产卵,第1代幼虫危害茭白秧苗田。第2代幼虫危害茭白大田,以茭白返青后危害幼嫩分蘖上的叶片。成虫羽化后当天就交配,第2天白天产卵,并喜食甜味食物作补充营养。在田水深灌条件下,卵多散产在下垂或平伏在水面的叶尖上及叶鞘外侧,每叶产3～5粒卵,多的达10粒以上。卵孵化后幼虫潜叶危害也在水面叶上,所以生产上以深灌水、高密度种植、茭白秧苗生长瘦弱的茭田产卵量高,因此,受害亦重,而浅水灌溉、低密度种植的茭田,产卵量低,危害较轻。该虫是茭白苗期主要害虫,此时是防治关键期。待茭白缓苗后植株发育健壮,叶片增多,气温逐渐升高,再加上防治其他害虫时得到兼治,该虫逐渐迁至杂草上繁殖,茭白在生长中后期基本上不再受该虫危害了。幼虫老熟后在虫道内化蛹。

防治方法

① 加强田间管理,在冬春季清除田边、沟边、低湿地的禾本科杂草,减少寄主和虫源,压低虫源基数,从而减轻茭白受害。

② 培育茭白壮秧,增强抗虫能力。使苗不倒伏,增强抗侵害能力。

③ 早熟茭白定植后,应浅水勤灌,增施磷钾肥,既利于茭苗生长又利于控制稻小水蝇;当受害重时,可排水露田,控制其危害。

④ 诱板诱杀成虫。4月上旬在茭田埂四周放置带有香味的诱板诱杀成虫，减少产卵量。

⑤ 药剂防治。重点是茭秧苗田及早种的生长嫩绿的小苗大田，在移栽前一天可先对茭秧苗打一次药。药剂可选用90%敌百虫晶体1 000倍液，或50%辛硫磷乳油1 000倍液，或2.5%氟氯菊酯乳油3 000倍液（应注意套养鱼虾的茭田不宜使用），或25%噻嗪酮可湿性粉剂1 500倍液，或75%灭蝇胺可溶性粉剂3 000倍液喷雾或大水泼浇。

（三）茭白病虫害防控技术

茭白在中国分布较广，北至北京、南至广东均有栽种，而且栽培技术独特，有秋种两熟茭、春种两熟茭、一熟茭、高山茭、保护地茭等五大栽培类型。在田间一年四季均有茭白可见，病虫害种类多，发生危害频繁，又是多种水生蔬菜病虫害越冬寄主，对茭白病虫害的防治必须从农业生态系统总体出发，充分发挥自然控制因素的作用，因地制宜，协调应用必要的防治措施，将有害生物控制在经济阈值允许水平之内，以获得最佳的经济、生态和社会效益。

1. 强化运用农业防治措施

（1）第一年（秋茭）

其一，定植前主要措施。

① 选用良种。秋种两熟茭可选用苏州两头早、中蜡台、浙茭3号等。春种两熟茭可选用广益茭、刘潭茭、鄂茭2号等。一熟茭可选用白种、鄂茭1号、金茭1号等。

② 轮作换茬。秋种两熟茭一般采用前茬为"花藕""慢藕"的藕田，或双季前作稻田，或席草田作种植地。春种两熟茭常与旱生蔬菜田轮作，或与慈姑、荸荠、旱生蔬菜三者轮作。

③ 土壤处理。前茬茭白再种植茭白的连作田，一般土壤缺氧，而且还原性增强，酸性高，不利于茭白生长，易诱发病虫害。需在种植前清除前茬及田埂周边杂草后，每亩（667 m^2）施用生石灰80～100 kg，耕耘入土浇水，并保持水5天以上，同时清除田四角的"浪渣"带出田外烧毁或深埋，能推迟茭白纹枯病、胡麻叶斑病等病害的发生。春种两熟茭应早清园、早翻耕、早冻垡。在2月至3月，将土块捣碎耙平，施基肥后浅耕1次，然后放水5 cm左右，有利于减低越冬病虫害基数，改善土壤，提高秋茭产量。

④ 做好定植。秋种两熟茭每株茭秧要有1～2个硬薹管的分蘖苗；春种两

熟茭每小墩带苗 3~4 株。栽种宜在下午 3 时后进行,以防太阳直晒、高温,有利于促进茭秧早成活。定植方式以"宽窄行"为好,有利于田间操作,更有益于植株间通风透光。改善田间生态环境,抑制病虫害发生。

其二,定植后主要措施。

① 加强肥水管理。定植后水位要浅,促扎根;生长分蘖期水位应高,后期在 10 cm 以上利于孕茭;收获期水位变浅,利于收获;越冬时一薄层水,遇寒流时适当加深水层,可护苗防冻。春种两熟茭在 7~8 月即高温季节时要加深水位到 15 cm。出现 35℃以上持续高温天气时必须换水降温,既能抑制雄茭、灰茭产生,又利于早孕茭。茭株封行之前,一般追肥 3 次,以氮、磷、钾复合肥为主,注意避免偏施氮肥,否则易诱发纹枯病等病虫害。

② 及时拆箬。秋茭在定植后 15 天左右,开始剥去衰老枯黄叶、病叶,以后每隔 10 天左右进行 1 次,共 2~3 次。拆箬可以清除病叶、老叶和植株周围杂草,改善田间通风透光性,既有利于促进茭白分蘖和茭肉肥大,又可消灭螟虫蛹及飞虱的卵,剥下的残叶及杂草可揉成团踩入泥中作肥料,亦可带出田外销毁。

(2)第二年(夏茭)

① 割茭墩。秋茭收完后,在 12 月至来年 1 月间,用镰刀齐泥割平茭墩,并挖除雄茭和灰茭,能有效地铲除螟虫、飞虱、水蝇、蝗虫、稻负泥虫、胡麻叶斑病、纹枯病、黑粉病等多种病虫害的越冬场所。

② 管好肥水。为了促夏茭,早分蘖、早孕茭、早上市,必须早施肥、多施肥、巧施肥。一般从 12 月下旬至来年 4 月上旬至少追肥 3 次。在 4 月下旬喷 1 次药肥,70%代森锌可湿性粉剂 600 倍+96%磷酸二氢钾晶体 1 000 倍液,既可起到补充磷、钾、锌的作用,又保护茭株免受胡麻叶斑病等病菌侵染危害。

③ 中耕除草。茭株封行前完成操作,同时拔除田埂周边杂草,可防止水蝇转移寄主,危害茭秧。

2. 坚持科学的病虫害防治策略

综合防治的目的是把有害生物的种群控制在造成的损失保持在经济阈值允许水平下。这样不但可减少用药次数和数量,节省人工,而且可以起到"以害养益"的作用,有利于维持农田的生态环境平衡,达到保护人、畜健康和保障农作物高产优质安全的目的。

(1)茭白主要病虫害危害期及防治对策

茭白主要病虫害危害期及防治对策见表 1-2。

表1-2 茭白主要病虫害危害期及防治对策

病虫种类	发生数（代/年）	危害期	防治对策
大螟	3～4	第1代有2个危害高峰,第1危害高峰（5月下旬）轻,第2危害高峰（6月中旬）重,造成夏茭蛀茭,秋茭枯心。 第2代在7月下旬,造成秋茭枯心。 第3代在9月下旬至10月上旬,造成秋茭蛀茭、虫茭	大螟:主攻1代,兼治第2代、第3代。 二化螟:兼治1代,控制第2代、第3代。 采用"一拉、二清、三治"的对策。一拉:拆箬茭白黄叶,消灭2代蛹。二清:清除茭白残株,压低越冬虫口基数;清除田埂杂草,减少产卵场所。三治:卵孵化高峰和蚁螟转移高峰施药。对大螟要做好田边四周（2m内）的防治
二化螟	2～3	第1代在5月下旬至6月上中旬,造成枯心、枯鞘、蛀茭。 第2代在7月间,造成枯心、蛀茭、虫茭。 第3代在8月下旬至9月初,造成枯心、蛀茭、虫茭	
长绿飞虱	5	第1代在5月上中旬,夏茭局部危害,并向新茭田迁飞。 第2代在6月中下旬,危害夏、秋茭,以秋茭为主。 第3代在7月中旬至8月初,总虫量为第2代的2～3倍,是全年防治关键。 第4代在8月中旬至9月中下旬,发生时间长,发生量大,危害重,必须重点防治。 第5代为滞育越冬	由于飞虱繁殖力强,增长快,田间世代重叠,危害集中,因此,必须采用"压前控后"的防治对策。以老茭田为重点防治对象,农业防治与化学防治紧密结合,压低老茭田虫口密度,保护新茭田
蓟马	9～11	在田间有3个危害高峰,第1危害高峰在5月中旬至6月初,秋茭第一次分蘖阶段,小苗卷叶,后变枯焦。第2危害高峰在6月底至7月中旬。第3危害高峰在7月下旬至8月初。后2个危害高峰对茭白2次分蘖苗影响大	采用"压低越冬基数,狠治二、三高峰,护秧保苗"的防治对策

续表

病虫种类	发生数（代/年）	危害期	防治对策
菰毛眼水蝇	4~5	第1代幼虫危害发生在4月下旬至6月中旬。第2代幼虫危害发生在6月中旬至7月中旬。第3代幼虫危害发生在7月中旬至9月上旬。第4代幼虫危害发生在8月上旬至10月上旬。第5代为不完整世代,幼虫危害发生在9月下旬至10月中旬。危害高峰期为7月下旬至10月上旬。从8月上旬开始种群数量激增,因此,秋季明显重于春季。主要发生危害世代为第3代,其次是第4代	抓住越冬代,主攻第2代、第3代。药剂防治在卵孵高峰和成虫高峰。加强检疫防扩散
黑尾叶蝉	长江中下游3~4代,南方4~5代	成虫盛发期:第1代在6月中下旬;第2代在7月中下旬;第3代在8月中下旬;第4代在9月中下旬。危害严重的世代在长江中下游主要是第3代、第4代,偏南地区以第4代、第5代为主	清除越冬代,主攻第2代、第3代
中华稻蝗	长江以北1代,长江以南2代	危害盛期在8月初至11月上旬	掌握若虫在3龄之前集中在田边或荒地杂草上危害时歼灭
稻负泥虫	苏、浙一带1代	5月上旬至7月上旬为幼虫危害期。7月中旬至9月为成虫危害期	狠治幼虫灭成虫,加强检疫防扩散
稻水象甲	南方2代,其他1代	4月上旬成虫开始取食菱白危害。幼虫危害期在6月初至7上中旬	狠治越冬代成虫,兼治第1代幼虫,挑治第1代成虫。加强检疫防扩散
茭白胡麻叶斑病		5月至6月始发危害夏茭,在秋茭上6月下旬至7月上旬梅雨期为病害流行期,8月中旬至9月为全年发病高峰期。最适宜感病生育期为成株期至采收期	农业防治为基础,药剂防治争主动。严控管理粗放、长势衰弱的茭田。防治适期:发病始盛期第1次用药,隔7~10天第2次用药
茭白纹枯病		6月中旬至8月中旬是病害流行高峰期。最适宜感病生育期为分蘖期至孕茭期	狠治分蘖期,保护孕茭期的防治策略。防治适期:发病初期施药,隔10天施第2次药。孕茭后控制用药

续表

病虫种类	发生数（代/年）	危害期	防治对策
茭白锈病		4月初病害始发,5月上旬至6月中旬进入发病高峰。最适宜感病生育期为分蘖期至孕茭期	狠治分蘖期,保护孕茭期的防治策略。防治适期:发病初期施药,隔15天施第2次药。孕茭后控制用药
茭白黑粉病			以农业防治为主,严格挑选茭苗,定植大田后加强田间管理,管好水层调温,合理施肥促分蘖,创造有利于茭白黑粉菌营养生长而不利于生殖生长的生态环境

(2) 茭白病虫害总体防治策略

以防治茭白虫害为主,兼治病害及其他有害生物,在茭白整个生长期进行5次总体防治战。

其一,第1次病虫害总体防治战。

① 防治对策:狠治二蝇(即潜叶蝇、水蝇),兼治长绿飞虱,达到压秧保大田目的。

② 防治时间:4月中旬至5月上中旬。

③ 药剂选用:防治二蝇可选用75%灭蝇胺可溶性粉剂4 000倍液,或6%乙基多杀菌素悬浮剂1 000倍液喷雾。若有长绿飞虱发生,可添加10%吡虫啉可湿性粉剂1 000倍液,或60%烯啶·吡蚜酮水分散粒剂3 000倍液一并喷雾。

其二,第2次病虫害总体防治战。

① 防治对策:主治1代大螟,兼治二化螟、长绿飞虱、水蝇,监控纹枯病、胡麻叶斑病。1代大螟在茭田出现2个危害高峰,2个高峰期相隔15天左右,与1代二化螟发生相吻合。由于1代大螟发生量大,需在大螟第1个卵孵化高峰,即蚁螟转移前施用1次药,隔15天左右施第2次药。

② 防治时间:6月上旬至6月下旬。

③ 药剂选用:防治大螟、二化螟可选用20%氯虫苯甲酰胺悬浮剂4 000倍液,或10%四氯虫酰胺悬浮剂1 000倍液喷雾或大水泼浇。若有飞虱发生,可添加10%吡虫啉可湿性粉剂1 000倍液一并喷雾。若有水蝇发生,可添加75%灭蝇胺可溶性粉剂4 000倍液一并喷雾。若有纹枯病、胡麻叶斑病发生,可添加65%代森锌可湿性粉剂600倍液+96%磷酸二氢钾晶体1 000倍液一并喷雾。

其三,第3次病虫害总体防治战。

① 防治对策:主治3代长绿飞虱、水蝇,兼治胡麻叶斑病、纹枯病。此时是3代长绿飞虱、水蝇盛发期,田间世代重叠,虫量为2代时的2~3倍,又是秋茭生长旺盛期,通风透光性差,田间湿度大,加上梅雨季节的影响,胡麻叶斑病、纹枯病发病率迅速上升,是茭白病虫害全年防治关键期,需抓住3代长绿飞虱2龄若虫高峰期施药。

② 防治时间:7月上中旬。

③ 药剂选用:防治长绿飞虱可选用22%氟啶虫胺腈悬浮剂2 000倍液,或25%吡蚜酮悬浮剂2 000倍液,或25%噻嗪酮可湿性粉剂1 000倍液喷雾。若有纹枯病发生,可添加20%井冈蜡芽菌悬浮剂400倍液,或6%井冈·蛇床素可湿性粉剂800倍液一并喷雾。若有胡麻叶斑病发生,可添加25%咪鲜胺乳油1 500倍液,或50%异菌脲可湿性粉剂1 000倍液,或50%多菌灵可湿性粉剂800倍液一并喷雾。

其四,第4次病虫害总体防治战。

① 防治对策:主治胡麻叶斑病和2代二化螟,兼治大螟、长绿飞虱和水蝇。注意在二化螟卵孵化盛期,2龄蚁螟期施药。

② 防治时间:8月中下旬。

③ 药剂选用:防治二化螟、大螟可选用20%氯虫苯甲酰胺悬浮剂4 000倍液,或10%四氯虫酰胺悬浮剂1 000倍液,或24%甲氧虫酰肼悬浮剂4 000倍液喷雾或大水泼浇。若长绿飞虱发生,可添加60%烯啶·吡蚜酮水分散粒剂4 000倍液,或6%乙基多杀菌素悬浮剂1 000倍液一并喷雾。若有胡麻叶斑病发生,可添加25%咪鲜胺乳油1 500倍液,或甲基硫菌灵可湿性粉剂800倍液,或50%异菌脲可湿性粉剂1 000倍液一并喷雾。

其五,第5次病虫害总体防治战。

① 防治对策:主治3代二化螟,兼治长绿飞虱和水蝇。

② 几点建议:第5次病虫害总体防治在9月中下旬左右,此时茭白临近采收期。为了保障茭白安全质量,建议不再用药防治。若需施药,必须做到用药前采收一批后再施药,确保有10天以上安全间隔期。第3、第4两个总体防治时,正值高温季节,施药时要避高温,可在早、晚时候施药,以防人中毒。

以上茭白病虫害总体防治技术是在苏、浙一带茭白病虫害发生规律的基础上制定的,各地病虫害发生规律有所不同,必须因地制宜采用。

3. 严格实施植物检疫制度

植物检疫又称"法规防治",具有独立性,但同时又是整个植物保护体系中不可分割的一个重要组成部分,是从根本上杜绝危险性病、虫、草危害的基本措施之一,是综合防治的重要手段。如茭毛眼水蝇在各地分布情况不同,危害茭白的程度差异较大。据在江苏省的调查,该虫在苏南地区发生较重,苏中地区发生较轻,江苏淮阴以北地区还未发现。又如稻负泥虫、稻水象甲、稻小潜叶蝇、福寿螺等在全国仅是少数地区发生危害,大部分区域未见发生危害。因此,各地在引进茭种时必须严格进行检疫,把好第一关,防止人为因素导致的传播扩散。

(四)强化选种,提纯品性,抑制雄茭、灰茭产生

1. 茭肉的形成

茭白是水生蔬菜中特殊的一种作物,其产品器官——肥大的肉质茎是受菰黑粉菌侵染寄生后诱导茎端不正常膨大形成的。菰黑粉菌是专性侵染茭白植株的一种内生活体营养真菌,其在茭白植株地上茎基部完成菌丝生长和厚垣孢子形成,并能侵染新生芽。当日平均气温为15℃～20℃,相对湿度在85%以上时,茭白孕茭上菰黑粉菌的厚垣孢子萌发,侵入茭白植株体内,且与茭白寄生建立共生关系,产生菌丝体,侵入茭白植株的生长点繁殖,并分泌吲哚乙酸刺激茭白花茎膨大而形成茭肉。

2. 雄茭、灰茭产生原因

在茭白田内,人们往往会发现一些株形高大,在孕茭期不能结茭白的植株,其中有些植株可以抽穗开花,这些茭白植株主要未受菰黑粉菌侵染,因此,不能形成膨大茎,生产上称之为"雄茭"。同时也会发现虽然结茭白,但肉质茎较小、包叶不开裂,肉质茎剖开后,其中充满灰黑色粉末状物,这类茭白不能食用,生产上称之为"灰茭"。正常茭和灰茭均可形成膨大肉质茎,二者分别由菰黑粉菌的不同生理小种侵染后形成,正常茭是由菌丝型菰黑粉菌侵染后形成的,其膨大茎可食用;而灰茭是由孢子型菰黑粉菌侵染后形成的,其膨大茎内部充满灰黑色的冬孢子堆,不能食用。雄茭与灰茭均无商品性,并具有遗传性,对茭白的正常生产威胁很大,因此,一旦发现,应立即人工除去。

雄茭、灰茭产生的原因目前还不十分清楚,但从生产实践中观察,与菰黑粉菌侵入量及茭田的生态环境有十分密切的相关性。茭白在生长过程中,菰黑粉菌与寄主的任何一方性态的改变,都会引起菰黑粉菌与茭白之间共生平衡失调,就不能建立良好的共生关系,从而产生出雄茭或灰茭的植株。

(1)产生雄茭的影响因素

茭白植株产生膨大茎是因为受到了菰黑粉菌的侵染,因此,不利于菰黑粉

菌生长和繁殖的因素都可能导致雄茭的产生。雄茭的分化形成是分蘖期母茎中的菰黑粉菌菌丝未能入侵新生分蘖腋芽所致,茭白植株长势特别强,菰黑粉菌不能在茭白体内与之寄生建立共生关系产生菌丝体,最终不能正常孕茭,这些茭白就形成雄茭。地上茎膨大过程与菰黑粉菌密切相关,足够量的菰黑粉菌菌丝生长是茭白地上茎膨大的必要条件。若使用杀菌剂不当,如酮类、醇类、唑类等杀菌剂对菰黑粉菌十分敏感,施药后会杀死茭白植株中的大量菰黑粉菌,易导致雄茭产生。因此,生产上一些田块雄茭发生率很高,这很可能与杀菌剂的不正确使用有关。所以,为了防止雄茭形成,生产上防治茭白锈病等真菌病害时要规范使用杀菌剂。

（2）产生灰茭的影响因素

有些茭白植株与菰黑粉菌虽建立了共生关系后产生菌丝体,但因外界环境发生了变化,如干旱缺水、气温太高或太低、肥料过多或过少、茭白分蘖过多、茭白田块缺肥及灌水不当等,菰黑粉菌菌丝在茭白体内潜育期较短,往往灰茭率明显提高,从而导致寄主体内营养物质产生变化,促使菰黑粉菌营养生长(菌丝体)转变成生殖生长,在茭株体内产生大量厚垣孢子形成灰茭,或在茭肉中有一小黑点(孢子堆)形成灰心茭,也就是茭白常见的黑粉病。尽管正常田间栽培条件下正常茭也会变成灰茭,自然条件下的灰茭率远远低于 ^{60}Co 辐射导致的灰茭率。20 世纪 80 年代中期,苏州市蔬菜研究所开展了辐射育种 ^{60}Co 1 000 伦琴、3 000 伦琴和 5 000 伦琴 α 射线辐照,第二年 90% 以上的茭白变成灰茭。电离辐射可通过对 DNA 的损伤而杀死微生物,所以辐照对菰黑粉菌来说是一种不良环境。

3. 雄茭和灰茭的遗传特性

根据多年观察,雄茭基本可以多代遗传,也说明雄茭很难在田间条件下再次被菰黑粉菌侵染。灰茭多年种植的后代全是灰茭,说明灰茭具有遗传稳定性。该病多由种茭带菌引起,因此,如果选留种不当,那么病害就重。正常田间栽培条件下,正常茭可以分化出灰茭,但灰茭不会分化出正常茭。事实上,经过扩繁和一段时间的自然选择及人工选择,茭白植株种性容易发生变异。在自然界中,植物芽变的频率是非常低的,因此,茭白植株的遗传变异很可能主要是由菰黑粉菌的变异引起的。为保持茭白品种的优良种性,必须注意精选种株,坚持年年选,降低雄茭和灰茭的发生率,这是保证茭白产量和质量的关键,也是维持茭白种性的重要措施。

4. 雄茭、灰茭和正常茭的形态鉴别比较

雄茭、灰茭和正常茭在植物学和生理特性上存在差异。雄茭在株高、假茎粗度和出叶数等方面与正常茭差异明显,雄茭植株的长势比正常茭强;灰茭株高也比正常茭高,表明灰茭长势比正常茭强。雄茭的出叶数大于正常茭。雄茭、灰茭和正常茭的叶脉数不同。雄茭、灰茭和正常茭叶片叶绿素含量和光化学效率也存在差异。雄茭相比灰茭和正常茭植株分蘖数增加得多。根状茎萌发的分蘖苗易形成雄茭,而地上茎萌发的分蘖苗的雄茭形成概率较低。

雄茭、灰茭、正常茭的形态鉴别比较见表1-3。

表1-3 雄茭、灰茭、正常茭形态鉴别

项目	类别		
	雄茭	灰茭	正常茭
植株高度	高大,240 cm以上	较高,220～240 cm	一般,200～220 cm
长势	强	好	中等
分蘖	多	一般	稀疏
叶色、叶宽	叶宽、叶尖下垂	叶色较绿、较宽	叶色较浅、较窄
叶二间脉间的细脉最大值	11条	10条	9条
茭茎	圆形、不膨大、中宽、薹管细长	秋季孕茭初期切开茭肉可见黑色斑点(孢子堆)	茭茎膨大
地下茎长度	发达,100 cm以上	较发达,60～100 cm	不发达,50～70 cm株高的茭白,无地下茎
茭肉	中空(纵切面)	厚垣孢子堆(纵切面)	(纵切面)

5. 在田间如何识别雄茭、灰茭

在同一品种中,雄茭不管是在苗期还是在成株期,植株都比正常的植株高大,叶色深绿,叶片更长、更宽,先端下垂,分蘖力更强,孕茭期不能形成肉质茎,部分植株可抽穗开花。灰茭的生长势也略强于正常茭,成茭较晚,肉质茎叶鞘不开裂,肉质茎较小,其内充满菰黑粉菌的冬孢子堆,与正常茭有明显区别。通过解剖灰茭和正常茭结构比较发现,灰茭在孕茭开始时即为灰茭,而少数正常茭在膨大肉质茎完全老熟后才出现零星的冬孢子堆,并且不会变为严格意义上的灰茭。在双季茭中,夏茭不形成灰茭,有部分灰茭植株能结正常的茭白,有些不结,但这些灰茭植株在秋季同样形成的是灰茭。

6. 预防措施

一般预防雄茭、灰茭在秋茭田内进行,即在茭白的采收过程中,对雄茭、灰茭的茭墩做上标记(插竹竿、系绳等)。在采收完茭白后,将其挖去,一定不能作为第二年的种源。另外,由于茭白肉质茎是茭白与菰黑粉菌共同作用的结果,其种性较一般无性繁殖作物更易出现变异,除雄茭、灰茭外,在熟性、整齐度、薹管高度等方面都会出现变化。因此,选种是目前防止茭白产生雄茭、灰茭的有效手段。

① 精选茭种。茭白选种工作在茭白生产传统地区做得较好,而一些新产区往往忽视这一重要环节,通常是引种第 1 年生产较好,第 2 年则开始出现雄茭、灰茭现象,第 3 年种墩就不能做种,出现大量雄茭、灰茭,产量大幅度降低。若用雄茭、灰茭的种墩或分株做种,第 2 年还是雄茭和灰茭,绝不会成为正常茭。茭白的引种,必须掌握好选留种技术才能成功。

应选用健壮和未见菰黑粉菌孢子堆的茭株留种。所选的茭白外表必须与所选品种的典型种性特性相符合,分蘖生长整齐,薹管短,结茭部位低,结茭多,茭肉白嫩、光洁,成熟一致,单茭重在 50 g 左右,茭白眼(叶枕)呈乳白色,具有上述种墩的地下茎所产生的分株才能作为原种。

茭种选育可采用"鲇鱼须"选种法、墩选、苗茭选、反季节栽培育种等方法。所谓"鲇鱼须"选种法,就是其分株必须孕茭早,茭肉粗壮丰满,形态要和所选品种一致,茭肉两侧各带一个相对的分蘖,形似鲇鱼的一对须(图1-1)。但该选种方法易产生雄茭,需与墩选、苗茭选方法等交替进行。由于选种标准严格,符合上述标准的分株较少,因此,需经 2 年培育一级种,扩大繁殖系数,才能为茭白生产提供足够的一级种苗。在生产上必须年年不间断地进行选种,提纯茭白品性,才能确保茭白的优良种性得以保持,减少雄茭、灰茭的产生。因此,茭白选种繁殖是茭白生产中不可缺少的极其重要的一项农事。

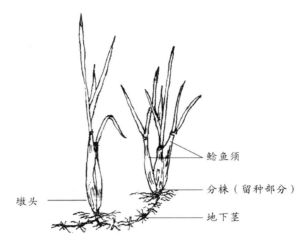

图1-1　秋种两熟茭"鲶鱼须"图

②加强田间管理。及时做好茭墩清选,春季要割老墩,压茭墩,降低分蘖节位;老墩萌芽初期,及时疏除过密分蘖,促萌芽整齐。茭白定植以宽窄行栽培较佳,利于通风透光,改善田间小气候,方便田间操作。定植后做好水浆管理,保持茭田湿润和间歇湿润,绝不能断水。分蘖前期灌浅水,中期适当搁田,高温时深灌水,抑制后期分蘖。施足基肥,前期及时追肥,促分蘖;高温控制追肥,防徒长;适时追施分蘖肥、长粗肥、孕茭肥、腊肥。及时中耕除草,夏秋季及时摘除黄叶、病叶,折箬去雄除灰。防病治虫,保持茭田通透性。

③防高温影响。高温季节加深茭田水位到15 cm。若出现35℃以上持续高温天气,傍晚或下午3时后对茭田进行换水,有条件的地方灌深井水更好。

④科学选用杀菌剂。茭白是水生蔬菜中特殊的一种作物,在选用杀菌剂防病时一定要谨慎,尤其要注意属于酮类、醇类、唑类等的杀菌剂不宜施用,施用后易产生雄茭、畸形茭,严重时全田都是不孕茭。

⑤避免对茭种进行辐射。生产上在选留茭种时慎用辐射技术。种植茭白的田块也应远离高压电力等辐射强的设施。

(五)茭白病虫害防控示意图

秋种两熟茭病虫害防控示意图如图1-2所示。

一、茭白

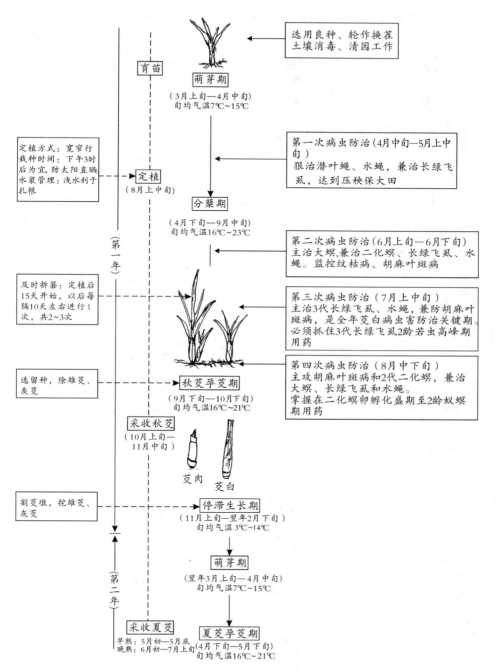

图1-2 秋种两熟茭病虫害防控示意图

春种两熟茭及一熟茭病虫害防治示意图如图1-3所示。

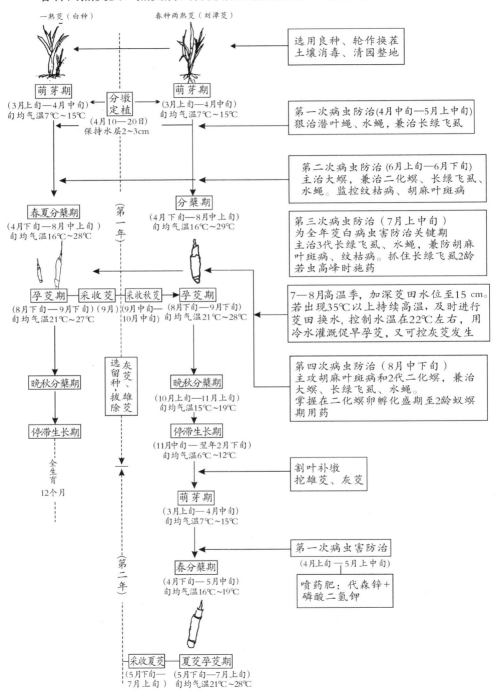

图1-3 春种两熟茭及一熟茭病虫害防控示意图

二、莲　藕

莲藕,学名为 *Nelumbo nucifera* Gaertn,英文名为 lotus root,别名莲、藕、荷,古称芙蓉、芙蕖、水华、芙、水芙蓉等,为睡莲科莲属多年生宿根性草本水生蔬菜,异花授粉。莲藕起源于中国、印度。莲藕在我国分布极广,北至辽宁,南至海南,各地均有栽培。全国莲藕种植面积近 400 万公顷,为各水生蔬菜之首。喜温暖,生长的适宜温度为 20℃～30℃。要求光照充足、水深为 10～20 cm 的环境。对土质要求不严格,可在水田或池塘种植。莲藕按食用产品器官分为藕莲和子莲 2 种类型。莲藕采用根状茎繁殖。春季以老藕作种,夏季开始采收嫩藕,秋冬采收老熟藕和莲子。

莲藕经济价值极高,莲藕的根、地下茎、藕节、叶、梗、花、果实、种子等均可食用。莲藕又是名贵中草药,全身都是宝,富含淀粉、蛋白质、维生素 C、糖和多酚化合物等,其所含的主要药用成分为焦性儿茶酚、过氧化物酶。莲藕性平、味甘、涩,有止血散瘀、止渴除烦、安神健胃等功能,可交心肾、固精气、强筋骨、补虚损、利耳目、厚肠胃、除寒湿、止脾泄久痢、赤白浊。莲藕还能纯化水质,优化生态环境。

（一）莲藕病害

1. 莲藕腐败病

症状　又称枯萎病、腐败枯萎病、根腐病。主要危害莲藕地下茎和根部,但地上部叶片、叶柄、花蕾等亦表现症状,严重时整株死亡。发病初期先从地下茎内部腐烂,早期茎节外表症状不明显,但将病茎横切检查,其内部维管束变淡褐色或褐色;后期随着病情扩展,变色部位逐渐扩大,由种藕蔓延及新生的地下茎,茎节由里到外呈褐色或紫褐色,全部腐烂。故发病轻者被称为黑心病,重者被称为烂藕。病株初期抽出的叶片呈淡绿色,逐渐整叶从叶缘开始呈淡褐色并干枯,后整片叶卷曲成青枯状。叶柄顶端多呈弯曲状,变褐色并干枯。发病严重时全田一片枯黄,似火烧状,变黄,枯死。从病茎抽出的花蕾瘦小,慢慢从花瓣尖缘干枯,最后整个花蕾枯死。挖出病株地下茎,有时可见藕节上生有蛛丝状白色菌丝体和粉红色黏质物即分生孢子团,有的病藕表面呈现水渍状斑,褐色病斑外观呈沸水烫伤状。

  病原 学名为 *Fusarium oxysporum* Schl. f. sp. *nelumbicola*（Nis. & Wat.）Booth. n. comb., 是尖镰孢菌莲专化型,属半知菌亚门镰刀菌属的真菌。该菌有大型分生孢子呈镰刀状,无色透明,有 3 个膈膜,少数为 1~2 个或 4~5 个膈膜,大小为 (37.7~52)μm×(3.25~4.55)μm。小型分生孢子的孢子梗短,顶生孢子,单生或聚生。孢子呈椭圆形、圆柱形或呈弯曲状,无色,单孢,少数具 1 隔,大小为 5.2μm×(1.95~3.9)μm。厚垣孢子顶生或间生,呈球形或近球形,为淡褐色。该病还有其他多种病原真菌可侵染引起,不同地区病原有所不同,有 *F. moniliforme* Scheld,为串珠镰孢菌；*F. solani*（Mart.）App et Wollenw,为腐皮镰孢菌；*F. semitactum* Berk. et Rav.,为半裸镰孢菌；*F. sambucinum* Fuck.,为接骨木镰孢菌。在国内其他产区,也有认为是 *F. bulbigenum* var. *nelumbicolum* Nisikado et Watanabe,为球茎状镰孢菌莲变种可引起本病。上海产区认为病藕表面水渍状斑乃由 *Pythium* sp.[一种腐霉菌（属鞭毛菌亚门）]侵染引起。

  侵染途径和发病条件 病菌以菌丝体、厚垣孢子和分生孢子在病残体、种藕内和土中越冬。厚垣孢子能在土中存活 8 年以上。带菌种藕和带菌土壤是本病发生流行最主要的因素。用带菌的种藕栽种,长出的幼苗则成为发病中心,先是地下茎及根系发生病变,颜色变为褐色,然后腐烂,接着殃及叶柄和叶片等,导致地上部叶片、叶柄、花蕾变色枯死。在田间再次侵染源是病斑上的分生孢子,分生孢子随水流在莲藕间相互接触摩擦侵入健康组织。用无病种藕在病田中栽种,病菌从藕根、藕节或生长点的伤口侵入,经茎内蔓延、发病并危害。因此,用带病种藕作种或从病田内直接留种的田块发病重,连作多年的藕田发病重,并随连作年限的增加而有加重发病的趋势,一般新开发的藕田几乎不发病。菌丝和分生孢子在 18℃~30℃ 均能生长,菌丝最适宜的生长温度为 22℃~25℃,分生孢子最适宜的生长温度为 24℃~28℃,萌发率达 95% 以上,超过 32℃,菌丝和分生孢子停止生长和萌发。当日平均温度为 25℃~30℃ 时发病最严重。该病一般在 6 月初开始发病,6 月下旬至 7 月下旬发病进入高峰期,8 月后病害逐渐停止发生。

  病害发生与土质关系密切,凡土质黏性重,连作多年的水田通透性差,土壤腐殖质含量高,酸性大的田块发病重,因此,水稻田改种莲藕的田块易发生病害。单施化肥或偏施氮肥亦有利于发病,主要是藕营养生长偏旺,藕叶养分大,生殖生长减弱,造成地上部分生长过旺,通风透光性不好,后期结藕形成期养分积累不足,地下茎不充实而抗病性变差。高温季节施用未腐熟的有机肥,易造成有机肥在藕田里发酵引起水温增高而烧根,因此,病害重。浅水藕田,水温高易诱发病害发生。在莲藕品种上感病性有差异,一般深根性品种比浅根性品种发病轻。同一品种出藕上市越早,病害表现越轻。冬春季节田间湿润发病轻,田间断水干裂有利于病菌的生长繁殖,因此,发病重。此外,污水入田、食根金花虫为害猖獗,田块易发病。阴雨连绵、日照不足或暴风雨频繁易诱发该病。

防治方法

① 轮作换茬。对于发病田块实行3年以上轮作,尤其是上一年发病较重的藕田,换作大蒜、芹菜等其他经济作物,可有效减少病菌积累,降低发生危害的概率。实行水旱轮作,是防治该病的最佳方法。

② 因地制宜选用抗病性较强的品种。注意选用无病种藕和在无病田留种藕的作藕种。

③ 及时清洁藕田。采收莲藕后尽量清除田内莲藕残体。进入冬季后在藕田浸水,开春后及时换水能有效地减少病害发生。也可以在立冬后进行土壤消毒处理,每亩($667 m^2$)用50%多菌灵可湿性粉剂2 kg拌细土100 kg撒施,然后深翻耕地、冬闲冻垡。

④ 科学运筹肥水。选择土质好,灌水方便的田种莲藕,施足腐熟有机肥,适时适量追肥,避免偏施氮肥,应施有机肥与化肥相结合,增施磷、钾肥,在莲藕的生长期间追肥注意氮磷钾的配合使用,增强抗病力。对酸性较强的藕田可用生石灰进行处理,方法是在种藕前整地时每亩($667 m^2$)用生石灰80~120 kg撒施。水层管理应依据莲藕的生长发育阶段进行,即莲藕生长前期,此时气温较低且莲藕的立叶少,水层宜浅,中期高温季节水层宜深,后期水层又适当放浅,以便于长藕和氧气交换,这样可以水调温调肥,防止水温过高或长期深水加重病害发生。

⑤ 及时治虫减少植株伤口。出现有莲藕食根金花虫危害,应立即用杀虫剂防治。在进行田间管理时应防止损伤植株,以减少莲藕伤口,减少病害发生。

⑥ 搞好种藕消毒。栽种前,将种藕在50%多菌灵可湿性粉剂600倍液中浸20~30 min。也可以用50%多菌灵可湿性粉剂+75%百菌清可湿性粉剂按1∶1比例混合后兑水800倍液对种藕喷雾,然后用塑料薄膜覆盖密封24 h,晾干后种植。

⑦ 药剂防治。栽前藕田每亩($667 m^2$)用50%多菌灵可湿性粉剂0.5 kg,

或70%甲基硫菌灵可湿性粉剂0.5 kg,加干细土10~15 kg拌匀撒施。或者在发病后用上述毒土直接撒入浅水层。在发病初期,若发现病株应及时拔除,并带出田外烧毁或深埋,再每亩(667 m²)选用3.5%甲霜·咯菌腈悬浮剂100 mL配制成毒土15~20 kg撒施在发病田中。水面上植株选用70%甲基硫菌灵可湿性粉剂+75%百菌清可湿性粉剂按1:1比例混合后兑水800倍液,或25%咪鲜胺乳油1 000倍液,或25%吡唑醚菌酯乳油1 500倍液,或10%苯醚甲环唑水分散颗粒剂1 000倍液喷雾防治。每隔7~10天喷药1次,连续用药2~3次。

2. 莲藕褐纹病

症状　又称莲叶斑病、黑斑病、褐斑病、交链霉黑斑病。主要危害莲藕叶片,叶柄上较少表现病症。在藕叶正面上初始产生针头大小的圆形黄褐色小斑点,在叶背面尤为明显,以后逐渐扩大成0.5~2 cm大小的圆形或不规则形褪绿呈褐色大斑或暗褐色枯死病斑,叶背面病斑颜色较叶正面略浅,呈褪绿色的大黄斑。病斑稍凹陷,病斑上有或无明显的褐色同心轮纹,病健边缘清晰,四周具细窄的褪色黄晕。浮叶正面的病斑多呈深褐色,中后期病部易腐烂,用手触摸,上表皮易脱落,但不穿孔;离叶的病斑上表皮虽已坏死,但不易脱落。中后期往往数个病斑扩大融合成大的不规则形焦枯病斑,严重时除叶脉外,整个叶面上布满病斑,致使半叶至全叶干枯发黄死亡。刚开始该病在田间零星植株叶片发病,后逐渐发展成连片流行发病,远眺藕田病区似火烧状。

病原　学名为 *Alternaria nelumbii* (Ell. et Ev.) Enlows et Rand,是睡莲链格孢菌,属半知菌亚门交链孢属真菌。分生孢子梗单生或2~6支簇生,无分枝,呈褐色,具膝状节0~1个,有1~3个膈膜,大小为(55~88) μm×(5~7) μm。分生孢子大小为(35~65) μm×(10~16) μm,呈卵形或近椭圆形,也呈褐色,具1~6个横膈膜,有0~4个纵膈膜,膈膜处稍缢缩,咀喙短。

侵染途径和发病条件　病菌以菌丝体或分生孢子梗在病残体或留种藕株上存活和越冬。一般翌年5月气温升高时,当藕叶露出水面形成浮叶时,病菌孢子便萌发侵入浮叶产生危害,以后随着气温逐渐升高,湿度变大,产生分生孢子,借助风雨或灌水传播进行初侵染,危害其他浮叶或离叶。经2~3天潜育发病,在病部产生新的分生孢子进行再次侵染,形成发病田。在田间一般5月中旬始发,6月下旬至7月中旬和8月下旬至9月上旬为发病高峰期。

流行发病因素主要有:

① 带菌种藕或病残体多是本病发生、流行最主要的因素。用带菌的种藕直接栽种,则长出的藕苗成为初次发病源,侵入幼叶危害早,再在初发的病株上产

生分生孢子,经由风雨传播感染其他植株的叶片。因此,用带菌种藕作种或从病田内直接留种栽培的藕田发病流行十分严重。连作多年的藕田、深水田发病重,主要是病残体积累多,连作年限越多的藕田其加重发病的趋势越发明显,新建设的藕田当年一般几乎不发病。

② 连绵阴雨、光照少或暴风雨频多利于本病加速流行。春季温度回升早且越高,降雨次数与量越多,发病危害越早,使得病原菌基数积累多,莲藕生长中后期越易流行发病且重。7~9月遇高温多雨气候本病盛发流行,尤其是多暴风雨的年份病害往往会更流行,危害也会加重。

③ 其他影响发病流行的因素。凡田块贫瘠、迟栽迟发、莲藕生长不良或藕叶有伤口,多易诱发病害。过多偏施氮肥会促使莲藕地上部分营养生长偏旺,造成田间通风透光性变差,抗病性亦下降。浅水灌溉或常断水的藕田,当藕田水温大于35℃时易诱发病害发生。此外,蚜虫等害虫为害猖獗田块也易诱发病害发生,且后果严重。

防治方法

① 轮作换茬,避免连作。实行水、旱作物轮作,是防治该病的最佳方法。发病田块一定要实行3年以上轮作,尤其是上年度发病较重的藕田,可与水稻等禾本科作物或大蒜、药芹等其他经济作物换作,可有效减少病菌在田间积累,减轻侵染危害。有条件的地方可选择地势较前两年藕田高的塘堰或田块种植。

② 因地制宜选用抗病耐病性较强品种。鄂莲4号、鄂莲5号具有较强抗病性,且品质优、产量高。必须选用无病种藕和在无病田留种藕的作藕种。种藕应选用前端肥大的2~3节正藕作为用种,因其营养丰富,藕叶可较早伸展出水面,有利于增强抗病性,减少病菌初侵染机会。

③ 及早清洁藕田。在莲藕生长中后期随时采摘病叶,带出藕田外集中深埋或烧掉,可减少病菌传播概率,但需注意不要折断藕叶柄,以免雨水或塘水灌入叶柄通气孔,引起地下茎腐烂。收获莲藕前将病叶清除,采收莲藕后尽量清除田内莲藕残体,立即集中藕田外深埋或烧毁,以减少来年的初侵染源。另外,在立冬后对藕田土壤进行消毒处理,每亩($667\ m^2$)用50%多菌灵可湿性粉剂2 kg拌细干土100 kg混匀后撒施,然后深翻耕地、冬闲冻垡。

④ 适时播种,合理密植。不能一味为了提高产量而增加单位面积的种植密度,否则易造成田间郁蔽,单株生长空间过小,进而出现逆性变差;只有合理密植才能使田间通风、透光性能良好,藕株生长健壮。播种后宜灌浅水,有利于温度升高,使其种藕提早发芽生长。

⑤ 运筹好肥水管理。选择土质好,灌水方便的田块种莲藕。施足经酵素菌沤制的堆肥或充分腐熟有机肥作基肥,在莲藕生长期间追肥应注意适时适量,应施有机肥与化肥相结合,氮磷钾也应配合使用,适当增施磷、钾肥,避免过量偏施氮肥,有利于增强抗病力。应依据莲藕的生长发育阶段进行水层管理,即莲藕生长前期,此时气温较低且莲藕的立叶少,水层宜浅,中期高温季节水层宜深,后期水层又适当放浅,以便于长藕和氧气交换,这样可达以水调温调肥,防止水温过高或长期深水加重病害发生的目的。水温注意控制在35℃以下,在台风、暴风雨来临时及时将藕田水灌足、灌深,防止狂风暴雨对莲藕植株造成伤害,使其产生伤口;风雨过后及时排水。

⑥ 及时治虫,减少植株虫伤口。有蚜虫等害虫危害时,应立即用杀虫剂防治控制危害。进行田间操作管理时应注意防止对植株的损伤,以减少莲藕植株伤口,减轻病害发生。

⑦ 种藕消毒。种植前对种藕进行消毒处理,将种藕在50%多菌灵可湿性粉剂800倍液中浸20～30 min。也可以用50%多菌灵可湿性粉剂+75%百菌清可湿性粉剂按1∶1比例混合后兑水800倍液对种藕喷雾,然后用塑料薄膜覆盖密封24 h,晾干后种植。

⑧ 种藕田预防处理。在上年有发病的田块,栽种藕前每亩(667 m^2)用50%多菌灵可湿性粉剂0.5 kg,加干细土10～15 kg拌匀撒施消毒土壤。也可以每亩(667 m^2)用生石灰100～150 kg消杀病原菌,该方法经济实惠,操作简便,不污染环境,还可补充莲藕所需的部分钙元素。

⑨ 用药防治。浮叶一般首先受害,应喷叶片正面;中后期以离叶受害为主,应喷叶片正反两面。在发病初期,及时选用70%甲基托布津可湿性粉剂+75%百菌清可湿性粉剂,按1∶1比例混匀后兑水800倍液,或1∶1∶200倍式波尔多液,或77%氢氧化铜可湿性微粒粉剂700倍液,或50%咪鲜胺可湿性粉剂1 500倍液,或20%苯醚甲环唑微乳2 000倍液,或25%嘧菌酯悬浮剂2 000倍液,或40%氟硅唑乳油5 000倍液,或64%噁唑烷酮·代森锰锌(杀毒矾)可湿性粉剂600倍液喷雾防治。喷药时先喷田块中间的植株,后喷四周的植株。由于叶片上蜡质较多,因此,在喷雾时最好加少量洗衣粉,以增强药液在叶表面的黏着力,选择无风晴天喷药为好。每隔7～10天喷药1次,连续用药2～3次。若施药后遇雨天应及时补治。

3. 莲藕花叶病毒病

症状　病株较健株矮,叶片变细小,将病叶对着日光观看,可见浓绿相间的斑驳。有的叶片局部褪黄,叶脉突起,叶畸形皱缩;有的病叶包卷不易展开。

病原 学名 *Cucumber mosaic virus*,简称 CMV,是黄瓜花叶病毒。该病毒寄主广,可寄生 39 科 117 种植物。

侵染途径和发病条件 病毒潜伏在种藕内或多年生宿根性杂草、菠菜、芹菜等寄主上越冬。越冬寄主是初侵染源,通过植株间摩擦和蚜虫传毒。浅水田,缺肥,管理粗放的田块发病重。

防治方法

① 选用抗病高产品种。

② 加强田间管理,及时治蚜虫,同时拔除病株,以防扩散。增强莲株抵抗力,可适当施肥或对叶面喷肥,如选用氨基酸液肥 500~800 倍液,或 96% 磷酸二氢钾晶体 1 000 倍液喷施。

③ 发病初期喷施 1.5% 烷醇·硫酸铜乳剂 1 000 倍液,或 20% 盐酸吗啉胍·铜可湿性粉剂 500 倍液,或 31% 吗啉胍·利巴韦林可溶性粉剂 1 000 倍液,或 1% 香菇多糖水剂 600 倍液,或 2% 氨基寡糖素水剂 400 倍液。隔 7~10 天喷 1 次,连续防治 2~3 次。

4. 莲藕炭疽病

症状 主要危害叶片,严重时亦危害茎,全生育期都可发生。幼叶病斑呈近圆形,紫黑色,轮纹不明显。叶上病斑多从叶缘开始,呈近圆形、半圆形至不规则形,略凹陷,为红褐色,具轮纹;后期病斑上生许多小黑粒点,为病原菌的分生孢子盘。严重时病斑密布,叶片局部或全部枯死。茎上病斑近椭圆形,呈暗褐色,生很多小黑点,致使全株枯死。

病原 学名为 *Colletotrichum gloeosporioides*(Penz.)Sacc.,是胶孢炭疽菌(盘长孢刺盘孢),异名为 *Gloeosporium nelumbii* Tassi,属半知菌亚门真菌。有性态 *Glomerella cingulata*(Stonem.)Spauld. et Schrenk,为围小丛壳,属子囊菌亚门真菌。子囊壳近球形,基部埋在子座中,散生,咀喙明显,孔口处呈暗褐色,大小为(180~190)μm ×(132~144)μm。子囊呈棍棒形,单层壁,内含 8 个子囊孢子,大小为(48~77)μm ×(7~12)μm,未见侧丝。子囊孢子单行排列,无色单胞,长椭圆形至纺锤形,直或微弯,大小为(15~26)μm × 4.8 μm。分生孢子盘呈圆形至扁圆形,为黑褐色,大小为(90~250)μm,分生孢子梗短,密集。产孢细胞呈瓶状,分生孢子单孢无色,呈短圆柱形至近椭圆形,有的一端略小,大小为(5.63~11.25)μm ×(2.25~5.0)μm,多数孢子具油球 2 个,少数 3 个,刚毛少见。附着胞初无色,后变褐色,近圆形,个别不规则。

侵染途径和发病条件 以菌丝体和分生孢子座在病残体上越冬。以分生孢子进行初侵染和再侵染,借气流或风雨传播蔓延。分生孢子在10℃~35℃时萌发,温度为20℃~28℃时发芽势强,孢子萌发最适宜的相对湿度为100%,适应pH为3~11,pH为4~8时发芽率高,温度达到51℃持续10 min可致死。高温多雨尤其暴风雨频繁的年份或季节易发病;连作地或藕株过密、通透性差的田块发病重;偏施氮肥生长过旺易发病。

防治方法

① 注意田间卫生,收获时或生长季节收集病残体深埋或烧掉。

② 重病地实行轮作。

③ 合理密植,巧施氮肥,增施磷钾肥。

④ 发病初期喷洒40%氟硅唑乳油5 000倍液,或43%戊唑醇悬浮剂3 000倍液,或25%嘧菌酯悬浮剂2 000倍液,或20%苯醚甲环唑微乳剂1 500倍液。隔7~10天喷1次,连续防治2次。

5. 莲藕烂叶病

症状 又称斑枯病、叶点霉烂叶病、叶点霉斑枯病。主要发生在叶片上,初期病斑呈暗褐色水渍状不规则形,多从叶缘发生,后发展成近圆形坏死病斑,有的受叶脉限制呈扇形大斑,或相互连接成不规则形大斑,后病斑中部为灰白色,边缘呈暗褐色,有时具轮纹,后期病斑易穿孔脱落,上密生小黑点,为病原菌分生孢子器。病害严重时病斑相互连接形成大型孔洞,致病叶枯死。空气潮湿时病叶易腐烂。

病原 学名为 *Phyllosticta hydrophila* Speg.,是喜湿叶点霉,属半知菌亚门真菌。分生孢子器呈褐色,近球形,初埋生在叶表皮内,后稍凸起,大小为136~195 μm。分生孢子无色,单胞,纺锤形至椭圆形,略弯曲,两端略尖,大小为(6~9)μm×(2~3)μm,有1~2个油球。

侵染途径和发病条件 以分生孢子器在病残体上越冬。翌年条件适宜时产生分生孢子,借雨水、风和食叶害虫传播,发病后病部又产生分生孢子进行再侵染。病菌生长适宜温度是20℃~25℃。7月中旬始发,8月至9月高温、多暴风雨或台风多的年份发病重。植株长势弱的老叶易发病,浮叶受害程度重于立叶。偏施氮肥,长势茂盛郁蔽的田块发病重。

防治方法

① 种植浙湖1号、2号,鄂莲1号、2号、3号,扬藕1号,科选1号等莲藕新品种。

② 零星发病时，可及时摘除病叶带出田外处理，避免危害扩散。

③ 提倡施用酵素菌沤制的堆肥。

④ 发病初期喷洒 50% 甲基硫菌灵·硫黄悬浮剂 500 倍液；或 75% 百菌清可湿性粉剂 + 50% 多菌灵可湿性粉剂，按 1∶1 比例混匀后兑水 1 000 倍液；或 77% 氢氧化铜可湿性微粒粉剂 700 倍液。在实际使用时药液中可加 0.1% 洗衣粉，以增加在藕叶上的黏着力，提高防效。

6. 莲藕叶疫病

症状 主要危害浮贴水面的叶片，叶面或叶缘呈现黑褐色近圆形至不规则形湿腐状病斑，病斑颜色分布不均匀，多个病斑相互连接引起叶片变褐色腐烂或干腐，贴水叶片不能抽离水面。严重时叶柄亦因病坏死腐烂。

病原 学名为 *Phytophthora* sp.，是一种疫霉菌，属鞭毛菌亚门疫霉菌属真菌。孢子囊呈长梨形，长宽比约为 2.5∶1～3∶1；顶部具乳头状突起，基部有短柄，大小为 (11～12) μm × (3～4) μm。

侵染途径和发病条件 病菌在病株组织内或以散布在田间的卵孢子越冬。以孢子囊及游动孢子作初侵染和再侵染，从叶片气孔侵入。病菌借水流传播蔓延。多发生在 6 月至 8 月高温多雨的季节。水质差、被污染田发病重。

防治方法

① 选用抗病品种，栽种不带病种藕，发现病株及时拔除，补植新苗。

② 加强水的管理，遇有水涝或水退后要及时用清水冲洗叶面。

③ 发病初期喷洒 50% 烯酰吗啉可湿性粉剂 1 500 倍液，或 50% 啶酰菌胺水分散粒剂 700 倍液，或 75% 丙森锌·霜脲氰水分散粒剂 1 000 倍液，或 58% 甲霜灵·锰锌可湿性粉剂 800 倍液，或 10% 氟噻唑吡乙酮可分散油悬浮剂 2 500 倍液，或 25% 嘧菌酯悬浮剂 1 000 倍液。

7. 莲藕紫褐斑病

症状 又称褐纹病、假尾孢褐斑病。主要危害莲藕立叶，初生小褐点，后形成圆形或不定型病斑，大小不等，正面呈紫褐色，背面稍淡，病斑边缘色深，呈明显或不明显的角状突起，有时现同心轮纹，湿度大时生有暗灰黑色霉层，为病菌分生孢子梗及分生孢子。严重时病斑密布并连合成斑块，病叶局部干枯。

病原 学名为 *Pseudocercospora nymphaeacea* (Cke. et Ell.) Deighton，是睡莲假尾孢菌，属半知菌亚门尾孢属真菌。子实体生在叶面，子座呈小球形，为暗褐色，生在气孔下，大小为 15～36 μm。分生孢子梗 10～20 根簇生或单生，为淡橄榄褐色，不分枝，顶端略狭，膈膜不明显，具 0～1 个膝状节，大小为 (20～98) μm ×

(2.5~4)μm。产孢细胞合轴生,孢痕不明显。分生孢子为线形,或直或弯,顶端较尖,膈膜不明显,近无色,脐点不明显,大小为(8.62~106)μm×(2~3.5)μm。

侵染途径和发病条件 以菌丝体及分生孢子随病残体遗落在藕田中或在病株上越冬。以分生孢子为初侵染和再侵染,依靠风雨传播,从伤口、气孔或直接侵入。暴风雨多的年份发病重,偏施氮肥植株徒长有利于危害发生。

防治方法

① 做好藕田清洁卫生,在藕收获后及时清除病残体。

② 发病初期喷施70%代森锰锌可湿性粉剂(或77%氢氧化铜可湿性微粒粉剂)+75%百菌清可湿性粉剂,按1∶1比例混合后兑水1 000倍液;或50%烯酰吗啉可湿性粉剂2 000倍液;或25%嘧菌酯悬浮剂2 000倍液。隔7~10天喷1次,连续防治2~3次。

8. 莲藕小菌核叶腐病

症状 又称莲叶腐病。主要侵染浮贴水面的叶片,病斑不定型,有的呈蚯蚓状或"S"形,为黄褐色至黑褐色,病叶上病斑多密布连片,短期内病叶即变褐坏死,坏死部分易脱落穿孔,被害浮叶呈破烂状。后期出现白色蛛丝状菌核及白色皱球状菌丝团,后形成茶褐色菜籽状小菌核。严重时叶片和叶柄都变褐色腐烂,新生叶难以抽离水面。

病原 学名为 *Sclerotium hydrophilum* Sacc.,是喜水小核菌(球小菌核),属半知菌亚门真菌。菌核呈球形、椭圆形或洋梨形,初期为乳白色,后变黄褐色至黑褐色,表面粗糙,大小为(315~681)μm×(290~664)μm,外层的深褐色细胞大小为(4~14)μm×(3~8)μm,内层无色至淡黄色,结构疏松,组织里的细胞大小为3~6 μm。

侵染途径和发病条件 以菌丝体和菌核随病残体遗落在藕田中越冬。翌年菌核借助灌溉水传播,飘浮在水中,接触莲藕浮叶后即萌发产生菌丝侵入致病。发病部位又产生菌丝、菌核,不断进行再侵染,使病害蔓延扩展。病菌发育适宜温度为25℃~30℃,高于39℃或低于15℃不利于发病。夏秋高湿多雨季节易发病。

防治方法

① 减少菌源,采收时清除病株残体,栽藕时清除下风塘田边的"浮渣",带出田外烧毁或深埋。

② 发病初期喷施或泼浇40%嘧霉胺悬浮剂1 000倍液,或40%多·井胶

悬剂 500 倍液,或 50% 啶酰菌胺水分散粒剂 1 000 倍液,或 20% 噻菌铜悬浮剂 400 倍液。隔 10 天喷 1 次,连续防治 2 次。

9. 莲藕棒孢霉褐斑病

症状 主要危害立叶和叶柄。危害叶片初生绿褐色小斑点,后扩展成近圆形或不定型,大小为 2~8 mm,呈褐色至紫褐色,边缘有黄褐色晕圈,病斑上具有同心轮纹。后期病斑常连成大的斑块,致病部变褐干枯。叶柄受害后易折断下垂。空气潮湿时病斑表面产生灰褐色稀疏霉层,即病菌的分生孢子梗和分生孢子。

病原 学名为 *Corynespora cassiicola* (Berk. et Curt.) Wei,是山扁豆生棒孢菌(多主棒孢霉),属半知菌亚门真菌。分生孢子梗从菌丝上垂直生出,有时膨大,长约 600 μm,直径为 3.8~11.3 μm。分生孢子呈倒棍棒形至圆筒形,略弯曲,顶生或单生,偶尔 2~6 个孢子接成短链,分生孢子具膈膜 4~16 个,大小为 (32~220) μm×(8.4~22.4) μm。

侵染途径和发病条件 以菌丝体和分生孢子随病残体遗落在藕田中或在病株上越冬。以分生孢子作为初侵染和再侵染,病菌通过气流传播。一般在 5 月至 9 月发生。月平均温度为 20℃~30℃、阴雨天多、高温高湿有利于病害发生。

防治方法 参考莲藕炭疽病。

10. 莲藕尾孢叶斑病

症状 又称莲藕尾孢褐斑病。主要危害叶片,初在叶上出现浅红褐色小点,后发展成圆形或近圆形病斑,大小不一,呈红褐色至淡褐色,边缘常具有不均匀黄色晕环,有时可见同心轮纹。空气潮湿时病斑表面产生灰褐色霉层。严重时病斑密布并连成块,病叶局部干枯。

病原 学名为 *Cercospora nymphaeacea* Cke. et Ell.,是莲褐斑尾孢菌,异名为 *C. enotica* Ell. et Ev., *C. nelumbonis* Tharp,属半知菌亚门真菌。分生孢子梗散生或数根丛生,不分枝,呈淡橄榄褐色,大小为 (10~50) μm×(2.5~4) μm。分生孢子呈倒棍棒形至线形,颜色为无色至淡色,或直或弯曲,膈膜多达 10 个以上,壁薄,基部脐痕明显,大小为 (25~125) μm×(2~3.5) μm。

侵染途径和发病条件 以菌丝体和分生孢子座随病残体遗留在土中越冬。翌年春季莲藕生长时萌发产生分生孢子进行初侵染和再侵染,借助气流或风雨传播蔓延。高温多雨季节,尤其是夏季多雷阵雨后发病重。连作田或藕株过密,田间通风透光性差的田块发病重。

防治方法　参考莲藕炭疽病。

11. 僵藕

症状　病株生长势衰退,萌发迟,休眠早,立叶矮小。藕身僵硬瘦小,上有黑褐色坏死条斑,顶芽扭曲畸形,易折断。产量和品质严重受损,甚至不能食用。

病原　据扬州大学农学院赵有为教授研究,系僵藕病毒引起。

侵染途径和发病条件　病毒在种藕内或随病残体遗留在土中越冬,成为翌年初侵染源。病毒主要通过汁液接触传播,从寄主伤口侵入。带病毒的种藕为远距离传播的毒源。藕田瘠薄、板结、黏重,有利于病害发生且较为严重,连作田易发病。在莲藕生长期,多暴风雨易引起发病。

防治方法

① 建立莲藕良种繁育田,选用无病的藕田留种。

② 实行合理轮作。发病重的藕田改种水稻或其他经济作物。

③ 增施腐熟的有机肥和氮、磷、钾含量齐全的复合肥相结合。冬季时冬耕晒垡或种植绿肥,以改善土壤理化性质。

④ 药剂防治。发病初期喷洒1.5%烷醇·硫酸铜乳剂1 000倍液,或20%盐酸吗啉胍·铜可湿性粉剂500倍液,或31%吗啉胍·利巴韦林可溶性粉剂1 000倍液,或20%吗啉胍·乙酮可湿性粉剂1 000倍+96%磷酸二氢钾晶体1 000倍液。隔7~10天喷1次,连续防治3~4次。

12. 莲藕黑根病

症状　主要是茎节受害,发病后茎节呈褐色至黑褐色,后期腐败变质,不能食用。抽生的叶片在初期叶脉间褪绿,后渐变为褐色或紫褐色,由叶缘向内扩展,最终导致全叶枯死。

病原　生理性病害。

侵染途径和发病条件　此病的发生主要是由于过多过晚压青、气温高、施用未腐熟的有机肥,莲藕发生生理性障碍。一般稻田改种莲藕、夏秋季高温则发病重。

防治方法

① 在冬季保持深水泡田,所用有机肥必须充分腐熟。

② 适时管水,压青最晚不迟于第4片立叶伸展期。发现黑根病后应及时采用耘田或搁田措施,可减轻发病危害。

13. 莲藕根腐病

症状　此病常与莲藕腐败病混合发生。主要危害茎节,多从节间开始侵

染,逐渐向里扩展蔓延,使茎节呈变褐不规则水渍状腐败,在病部表面产生稀疏平铺状白色菌丝层,最终导致茎节全部腐朽,不能食用。地上部叶片随病害发展呈褪绿变黄状,由叶缘向里萎蔫坏死,直至最后枯死。

病原　学名为 *Pythium* sp.,是腐霉菌的一种,有待进一步鉴定,属鞭毛菌亚门真菌。

侵染途径和发病条件　病菌随病残体或以卵孢子散布在田间越冬。借助水流传播蔓延。高温多雨有利于病害发生。品种间存在抗性差异。

防治方法

① 因地制宜选用抗病品种。严禁移栽带病种苗,发现病株及时拔除。

② 轮作换茬。对于发病田块实行3年以上轮作,尤其是上年发病较重的藕田,换作大蒜、芹菜等其他经济作物,可有效减少病菌积累,减轻发生危害。实行水旱轮作,是防治该病的最佳方法。

③ 发病初期可选用50%烯酰吗啉可湿性粉剂,或75%丙森锌·霜脲氰水分散粒剂,或58%甲霜灵·锰锌可湿性粉剂,或10%氟噻唑吡乙酮可分散油悬浮剂等药剂,采用撒毒土法,每亩(667 m^2)用药量在$0.2 \sim 0.3 \text{ kg}$,拌湿细土50 kg后撒施田间,但应注意施药时田里只需保持浅水层。

14. 莲藕绵腐病

症状　主要危害叶和叶柄,晒田和贮运期可危害茎节。叶片多在暴雨后发病,形成不定型暗绿色水渍状大斑,病部呈湿腐状,表面产生白色絮状菌丝,若空气干燥则呈灰白色,易破裂干枯。叶柄多侵染较幼嫩茎秆,呈绿褐色水渍状腐烂,病部易倒折,湿度大时病部可产生少许白霉。茎节染病呈水渍状腐败变褐,表面产生浓密白色絮状菌丝团,最终茎节全部腐烂变褐,失去食用价值。

病原　学名为 *Pythium aphanidermatum*(Eds.)Fitzp.,是瓜果腐霉菌,属鞭毛菌亚门真菌。菌丝无色无隔,孢子囊由丝状至分枝裂瓣状,呈不规则膨大。孢子囊萌发时产生球形泡囊,由内放出几个至几十个游动孢子。藏卵器呈球形,雄器呈袋状,两者结合后形成卵孢子。卵孢子为球形,厚壁,呈淡黄褐色。

侵染途径和发病条件　以卵孢子在藕田边际土壤表层越冬,也可以菌丝体在土中病藕叶越冬。条件适宜时卵孢子萌发或土中菌丝产生孢子囊,孢子囊萌发释放出游动孢子,借助灌溉水或雨水反溅到藕叶上发病。高温高湿有利于病害发生。孢子囊萌发释放出游动孢子需有水存在。莲藕生长期高温多暴风雨,病害发生相对较重。

防治方法

① 发现病害后及时人工清除染病叶片和叶柄即可控制病害进一步发展。

② 必要时可喷洒50%烯酰吗啉可湿性粉剂1 500倍液,或75%丙森锌·霜脲氰水分散粒剂1 000倍液,或58%甲霜灵·锰锌可湿性粉剂800倍液,或25%嘧菌酯悬浮剂1 000倍液。

(二) 莲藕虫害

1. 莲缢管蚜

学名 *Rhopalosiphum nymphaeae* Linnaeus,属同翅目蚜科。

别名 腻虫。

寄主 莲藕、慈姑、菱、水芹、芡实、水芋、莼菜、香蒲、水浮莲、绿萍、眼子菜等水生植物。

危害状 莲缢管蚜偏嗜嫩茎、嫩叶,以若蚜、成蚜群集于刚出水面的嫩叶、浮叶、立叶、叶柄上刺吸叶汁,大部分集中在心叶和倒2叶叶片与叶柄上。受害轻者呈现出黄白斑痕,逐渐致使叶片发黄,生长不良,受害植株生长量减少,出叶速度缓慢。严重时在花葶、花瓣等上都有危害,甚至能使卷叶难以展开,立叶枯萎,花蕾萎蔫,影响到地下茎的生长,进而降低产量,使其品质变差。

形态特征 成蚜有无翅胎生雌蚜、有翅胎生雌蚜、雌性蚜、雄性蚜、性母、干母等6个形态型。无翅胎生雌蚜、有翅胎生雌蚜最为常见。[无翅胎生雌蚜]体长2.5 mm,宽1.6 mm。卵呈圆形,颜色为褐色至褐绿色或深褐色,被薄蜡粉。额瘤不明显,有6节触角。胸腹部背面具小圆圈连成的网纹。腹管为长筒形,中部和顶部缢缩,端部膨大,腹管长于触角第3节。尾片具4~5根长曲毛。腹部2~6节有缘瘤。[有翅胎生雌蚜]体长2.3 mm,宽1.0 mm。长卵形,头部、胸部为黑色,腹部为褐绿色或深褐色。额瘤不明显,有6节触角,第3、第4节有感觉圈。腹管为长筒形,长于触角第3节。尾片为锥形,具毛5根。腹部第2节~第6节有缘瘤。[卵]长0.55~0.71 mm,宽0.3~0.39 mm。长卵呈圆形,为黑色。[若蚜]体形与无翅胎生雌蚜相似,但体小。

生活习性和发生规律 莲缢管蚜一般一生蜕4次皮,若蚜有4龄,少数有3或5龄。有趋绿性、趋嫩性,喜聚集在嫩绿幼叶、嫩芽上危害。无翅胎生雌蚜的寿命、产卵量与温度、湿度有关,20℃~28℃是莲缢管蚜生存繁殖的最适温度范围,夏季高温,生长发育、繁殖会受抑制。该蚜喜偏湿环境,相对湿度为81%~92%时,有利于成蚜的生长和繁殖,蚜的寿命也长;相对湿度低于80%时,蚜的

寿命、繁殖率显著下降。莲缢管蚜这种对湿度的适应性,与它长期生活于水生植物环境中有关。该蚜的生存环境与其他危害旱生蔬菜的蚜虫有较大区别,需要在偏湿生长环境下才会大量发生危害,所以它主要危害水生类植物。因此,在长期积水、生长茂密的田块发生较重,而缺水的田块发生较轻。在莲藕、慈姑、绿萍等春、夏茬混栽区,早春蚜虫发生早、数量多、危害重,纯夏茬水生蔬菜则发生迟、危害轻。大雨对该虫有冲刷致死作用。在24℃时平均每头雌蚜产蚜量可达61头,成蚜寿命随温度的增加而明显缩短,在20℃~28℃时平均寿命为24.3~15.5天。

莲缢管蚜在全国各地都有分布,在江苏1年可发生25~30代,为全周期生活型(北纬30°以南地区主要以无翅胎生雌蚜越冬,营孤雌生殖,为半周期生活型),发生危害呈现多峰。冬季以卵在桃、李、杏、梅、樱桃等核果类树枝条叶芽、树皮下越冬。当日平均气温稳定在12℃左右,即在3月初越冬卵开始孵化为干母,经孤雌生殖,在冬寄主上繁殖4~5代。4月下旬至5月上旬产生有翅蚜迁移,出现第1次迁飞高峰,迁入莲藕、慈姑、菱等水生蔬菜和其他水生植物上繁殖危害20~25代。5月下旬至6月中旬在水生蔬菜上出现第一次持续危害高峰期,6月下旬后本地进入盛夏高温季节,对该蚜生长发育不利,蚜量骤降。8月下旬至9月上中旬在水生蔬菜上出现第二次持续危害高峰期,此时蚜量大,受害重,是防治的关键期。有翅产雌性母蚜于10月中下旬在夏寄主(莲藕、慈姑、菱、芡实、莼菜、水芹、水芋、水浮莲等)上产生有翅蚜,陆续回迁至冬寄主(桃、李、杏、樱桃等核果树)上。同时,无翅产雄性母蚜在夏寄主上陆续产生有翅雄性蚜,并回迁到冬寄主上。11月上中旬交配产卵,雌性蚜喜在核果类树的枝条上的叶芽、分枝、树皮等处产卵,卵主要分布于离地面1~2m高的直径为10~15mm的枝条上。雌性蚜产卵历期持续时间较长,暖冬年份,从11月中旬一直可持续到翌年3月上旬。越冬卵抗寒性强,孵化率也高。

防治方法

① 水生蔬菜如莲藕、慈姑、芡实、水芹等在有条件的地方最好单独成片种植,避免插花种植。减少春、夏茬混栽。

② 选择种植水生蔬菜的田块最好远离冬寄主的果树区。在早春时对水生蔬菜田块附近的冬寄主果树要及时主动防治蚜虫,减少迁飞虫口基数。

③ 合理控制种植密度,及时调节田间水层,看长势掌握施氮肥量,适当多施磷钾肥。

④ 及时清除田间绿萍、浮萍、眼子菜等水生杂草,以减少虫口数量。

⑤ 保护瓢虫、蚜茧蜂、食蚜蝇、草蛉、食蚜盲蝽等食蚜天敌。

⑥ 物理防治。放置黄色黏胶板诱黏有翅蚜；采用银白色锡纸反光,拒避有翅蚜迁入。

⑦ 化学防治。在莲缢管蚜初发时期,即有蚜株率达20%,百株蚜量在200~300头时可施药防治。由于蚜虫繁殖快,又在未展开的嫩叶及幼叶柄上,药剂黏着困难,因此,选择的药剂要有能够触杀、内吸、熏蒸三重作用为佳。可选用10%吡虫啉可湿性粉剂2 000倍液,或25%吡蚜酮可湿性粉剂3 000倍液,或22%氟啶虫胺腈悬浮剂2 000倍液,或25%噻虫嗪可湿性粉剂5 000倍液,或10%烟碱乳油500倍液,或1.1%苦参碱粉剂1 000倍液,或3.2%烟碱·川楝素水剂300倍液,或3%啶虫脒乳油1 500倍液喷雾。由于药液在水生蔬菜上不易被黏着,因此,在喷施前可在药液中添少许洗衣粉以增加黏着性。施药后遇雨天,天气转好后要及时补喷。

2. 莲藕潜叶摇蚊

学名 *Stenochironomus nelumbus* Tokunage et Kuroda,属双翅目摇蚊科。

别名 莲窄摇蚊、水蛆。

寄主 莲藕、芡实、菱、萍等。

危害状 由于该虫不能离开水,因此,对莲藕立叶无害,只危害贴于水面的浮叶和实生苗叶。主要以幼虫潜伏在莲叶内啃食叶肉,叶面初出现线形状潜道,随着幼虫的逐渐取食、长大,潜道成喇叭口状向前扩大,最终形成短粗状紫黑色或酱紫色蛀道。大龄幼虫将虫粪堆积在虫道两侧,因而潜道内有一段深色形似平行线的排列形状。大发生时浮叶100%受害,受害严重的浮叶叶面布满虫斑,几乎没有绿色面积,数十或上百条幼虫纵横交错蚕食,各虫道相连,叶面上布满紫黑色或酱紫色虫斑,引起受害处四周腐烂,使受害莲叶失绿、坏死,终致整个浮叶枯萎,进而造成莲藕、籽莲的产量下降,品质变劣,花莲失去观赏价值。

形态特征 [成虫]体长8~9 mm。颜色为淡绿色,腹部末端为淡褐色。头小,复眼中部是褐色,周围为黑色。中胸特发达,背板前部隆起,呈驼背状,后部两翼各具1个黑褐色梭形条斑,小盾片上有倒"八"字形黑斑。前翅为淡茶色,最宽处有黑斑,外缘黑斑不规则。触角呈羽毛状,具14节,基部为褐色,前端为黑褐色。足纤长,前足是体长的2倍多,前足胫节为黑色,腿节先端有一段黑色。腹末端第5、第6节背面前缘具褐斑。[卵]长椭圆形,呈乳黄色,数十至百粒聚集成卵囊。[幼虫]体长11~14 mm,呈淡黄绿色。头为褐色,有5节触

角,口器呈黑色,头部有一部分缩在前翅内,侧面观为三角形,额基片宽而扁平。口器下唇齿板粗壮发达,大颚扁,呈锯齿状。中后胸宽大,腹部呈圆筒状,分节明显,腹末有2对短小的刚毛。肛门鳃较长。前后足退化。[蛹]体长4～6 mm,为翠绿色。头胸特别发达,翅芽明显,腹部各节逐渐细小。复眼为红褐色。蛹前端、尾部具短细白绒毛。前足明显游离蛹体,蜷缩在胸、腹前。

生活习性和发生规律　成虫飞翔速度较慢,有趋光性,白天栖息不动,不直接为害莲藕。成虫在傍晚时羽化,成虫寿命为3～5天。雌雄成虫交尾后于夜间产卵于莲藕浮叶边缘水中,卵粒均匀悬布于胶质卵块中。卵期为3～5天,孵化期不整齐。幼虫孵出后并不游离出去,而是在卵块中取食胶质物,虫体迅速增长。幼虫稍大后游至莲藕浮叶背面蛀入,潜食叶肉。幼虫为专主寄主,同一水体中只为害莲藕。每个幼虫占一个单独坑道,可取食1.5～2 cm^2 叶面积。幼虫期为14～17天。幼虫老熟后将头部前方的叶片上表皮顶破,而后在虫道内做丝茧化蛹。蛹期为3～7天。羽化时从叶面的破表皮里飞出,交配产卵。幼虫需在水中进行气体交换,当浮叶高出水面后,幼虫迅速转移至水中生活或化蛹,蛹浮到水面羽化为成虫。

莲藕潜叶摇蚊全年发生6～7代,在田间各世代重叠发生。每年10月下旬,莲叶枯萎时有些幼虫羽化为成虫,大部分以幼虫随叶片枯萎而沉入水底越冬。翌年3月化蛹,到水面羽化为成虫。1年中成虫在4月至5月、9月至10月有2个盛发期。幼虫危害期较长,从4月一直持续危害至10月,一般4月至5月起危害逐渐加重,全年在7月至8月危害最严重,至10月中下旬后停止危害。凡是偏施氮肥,莲藕生长过旺、嫩绿,危害程度就重。

防治方法　莲藕潜叶摇蚊是比较容易防治的害虫,在实际生产中应以农业防治手段为主,其他防治措施为辅。针对虫口密度大的莲藕田块须采用重点施药措施防治。

① 人工及时摘除有虫道的浮叶。将摘除下来有虫道的叶片埋入田间土中深层,或带出田间集中烧毁或深埋,以灭杀幼虫。小面积池栽莲藕可将浮叶支撑起来离开水面,迫使幼虫转移或失水而亡。

② 在上年虫害状况严重的田块要考虑水旱轮作种植。发生较轻的田块一定要清除莲藕残叶,消灭越冬虫源,或通过排水晒田,控制其危害。也可在莲叶萌发前结合春耕,排除田间积水,每亩(667 m^2)用3%辛硫磷颗粒剂2.5～3 kg撒施,并适当翻耕,杀灭越冬幼虫。

③ 严禁从有该虫发生的地区引种。该虫能随种苗、带土种茎等进行远距离

传播。如一定要从危害较重地区引种,应彻底洗清种苗上的污泥和其他杂物。必要时可以对外地引入的种苗喷 90% 敌百虫晶体 1 000 倍液或 80% 敌敌畏乳油 1 000 倍液,再盖上塑料薄膜,2~3 h 后再播种。

④ 药剂防治。发现浮叶上有虫道时,可选择喷洒 50% 灭蝇·杀单可湿性粉剂 3 000 倍液,或 90% 敌百虫晶体 1 000 倍液,或 50% 灭蝇胺可湿性粉剂 3 000 倍液,或 80% 敌敌畏乳油 1 000 倍液,或 50% 蝇蛆净(环丙氨嗪预混剂)可湿性粉剂 2 000 倍液,或 2.5% 高效氯氟氰菊酯乳油 2 500 倍液(应注意套养鱼虾的藕田不宜使用)。每隔 7 天喷 1 次,连喷 2~3 次。为了提高药液在莲叶上的黏着性,在配制的药液中可适量加入洗衣粉或其他黏着剂。另外,要注意拟除虫菊酯类农药在水田的慎用,以防对鱼类的危害。

3. 斜纹夜蛾

学名 *Prodenia litura* Fabricius,属鳞翅目夜蛾科。

别名 莲纹夜蛾、莲纹夜盗蛾、夜盗虫。

异名 *Spodoptera litura* Fabricius。

寄主 是杂食性害虫,危害的植物达 99 科 290 多种,其中喜食的有 90 种以上,如莲藕、水芋、芡实、苋菜、蕹菜、白菜、甘蓝、萝卜、落葵、豆类、瓜类、茄科蔬菜等。

危害状 初孵幼虫群集叶背面啃食叶肉,仅留叶脉,似纱窗网。3 龄后分散危害,蚕食莲叶成缺刻。发生多时叶片被吃光,甚至咬食幼嫩叶柄和莲花。

形态特征 [成虫]体长 14~30 mm,翅展 35~40 mm。头、胸、腹均为深褐色,胸部背面有白色丛毛,腹部前数节背面中央具有暗褐色丛毛。前翅为灰褐色,表面多斑纹,内横线及外横线为灰白色,呈波浪形,中间有白色条纹,环状纹不明显,肾状纹前部呈白色,后部为黑色,在环状纹与肾状纹间,由前缘向后缘外方有 3 条白色斜纹。后翅为白色,无斑纹。前后翅常有水红色至紫红色闪光。[卵]直径为 0.5 mm。呈扁半球形,表面有网纹。初产时为黄白色,近孵化时为紫黑色。卵粒集结成 3~4 层卵块,外覆盖灰黄色绒毛。[幼虫]老熟时体长 35~47 mm。头部为黑褐色,胴部体色因寄主和虫口密度不同而异,有土黄色、青黄色、灰褐色或暗绿色等。背线、亚背线及气门下线均为灰黄色或橙黄色。从中胸至第 9 腹节在亚背线内侧有近似三角形的黑斑 1 对,其中第 1、第 7、第 8 腹节的黑斑最大。后胸的黑斑外侧伴以黄白色小点,气门为黑色。[蛹]体长 15~20 mm,为赫红色。腹部背面第 4 节至第 7 节近前缘处各有 1 个小刻点。臀棘短,有 1 对强大而弯曲的刺,刺的基部分开。

生活习性和发生规律　成虫昼伏夜出,晚上活动、取食、交配、产卵。飞翔力强,有趋光性,特别对黑光灯有强烈的趋性,对糖、醋、酒及发酵的胡萝卜、豆饼、麦芽、牛粪等有趋性。成虫需补充营养,取食糖蜜。产卵前期1~3天,每头雌蛾可产3~5个卵块,一般每卵块有100~200粒卵,成虫寿命为7~15天。卵多产在叶背面叶脉分叉处。卵期随季节和不同世代而长短不一,在日平均温度22.4℃时为5~12天,25.5℃时为3~4天,28.3℃时为2~3天。幼虫共6龄,有假死性,初孵幼虫群集危害,3龄后分散取食,4龄时出现背光性,昼伏夜出,进入暴食期。幼虫发育适温为25℃~30℃,历期在日平均温度21℃时为27天,26℃时为17天,30℃时为12.5天。老熟幼虫沿叶柄和花梗向下,浮于水面,并以腹部后端在水中反复屈伸游至岸边,在旱地入表土1~3 cm做土室化蛹。蛹历期在日平均温度29℃~30℃时为8~10天,23℃~27℃时为13天。

在长江流域1年发生5~6代,南方全年可发生,无越冬现象,幼虫、蛹在江苏不能过冬。它是一种迁飞性暴食性害虫,一般5月下旬至6月初黑光灯下见蛾,6月中下旬莲藕田出现危害,7月至9月是危害盛期。旱地土壤含水量20%左右,有利于化蛹和羽化。蛹期遇大雨,田间积水则不利于羽化。天敌如绒茧蜂、瓢虫、步行虫,病毒能抑制虫害发生。

防治方法

① 人工捕捉。掌握产卵期及初孵幼虫集中取食习性,结合田间管理,摘除卵块及初孵幼虫危害的莲叶,包叠成团,塞入泥内闷死。

② 利用杨树枝、黑光灯、糖醋酒、性诱剂等诱杀成虫。

③ 生物防治。有条件的地方可利用天敌防治,如黑卵蜂、赤眼蜂、小茧蜂、广大腿小蜂、姬蜂等。

④ 药剂防治。掌握3龄前点片发生阶段施药,并应在傍晚前后防治。可选用5%氯虫苯甲酰胺悬浮剂2 000倍液,或15%茚虫威悬浮剂2 000倍液,或5%氟啶脲乳油1 000倍液,或5%氟铃脲乳油1 000倍液,或24%甲氧基虫酰肼悬浮剂2 000倍液喷雾。

4. 食根金花虫

学名　*Donacia provosti* Fairmaire,属鞘翅目叶甲科。

别名　长腿水叶甲、稻根叶甲、稻食根虫、食根蛆、饭米虫、车兜虫、长腿食根叶甲、饭豆虫、下涝虫、水蛆虫等。

寄主　莲藕、莼菜、水稻、茭白、矮慈姑、稗草、眼子菜、鸭舌草、长叶泽泻等。

危害状　成虫、幼虫均能危害作物,以幼虫危害而造成直接经济损失为甚。

幼虫危害莲藕的茎节和不定根,被害处呈黑褐色斑点,引起根部发黑腐烂,受害后植株矮小黄瘦,地上部叶和花蕾发黄、枯萎,生长受阻,并使病菌极易侵入莲藕引起腐烂。成虫和初孵幼虫还能啃食莲叶,造成缺刻或空洞。

形态特征 [成虫]体长6~9 mm。为绿褐色,有金属光泽的小甲虫。腹部有厚密的银白色毛。触角呈丝状,共11节,第1节很膨大,每节基部为黄褐色,端部为黑褐色。前胸背板近似四方形,表面较光洁,具粗细不一的横皱纹,为铜绿色或全绿色。鞘翅有刻点和平行纵沟,翅端平截,带绿色光泽。腹部末端稍露出翅外。各足腿节有蓝绿色光泽,后足腿节端部有一齿状刺。[卵]长约1 mm。为长椭圆形,稍扁平,表面光滑。初产时颜色为乳白色,后变淡黄色。卵常20~30粒排成卵块状,卵块上覆盖有白色透明的胶状物。[幼虫]体长9~10 mm。呈白色蛆状,头小,胸腹部肥大,稍弯曲,呈纺锤形。有3对胸足,无腹足,尾端有1对褐色爪状尾钩。[蛹]体长约8 mm。为白色,外有红褐色的胶质薄茧,胶质薄茧为长椭圆形。初化蛹为金黄色,随后加深,至羽化时为深褐色。

生活习性和发生规律 成虫在土中羽化后,即向上爬,并浮出水面,喜食眼子菜和莲叶。成虫多停息于莲叶上,行动活泼,稍受惊动就沿水面做短距离飞行,或潜水逃逸,并具有假死性。羽化后1~2天交配,嗣后1~2天开始产卵,产卵历期4~8天,成虫寿命为8~9天。卵多产在眼子菜、莲叶叶背或叶面上,少数产在鸭舌草、长叶泽泻等水生杂草上。卵期为6~9天,孵化最适温度为20℃~26℃,以下午2—6时孵化最多。卵孵化后幼虫下爬至土中危害藕节和嫩根,严重时一条地下茎有虫数十条之多。幼虫期特长,有10个多月。老熟幼虫在藕根部土中化蛹,化蛹前幼虫分泌乳白色黏液包围体躯;经1天黏液硬化,形成胶质薄茧化蛹在其中,蛹期为15~17天。由于幼虫能在水中长期存活,因此,常年积水和排水不良的低洼田、老沤地、池塘、湖荡中的莲藕有利于它的发生,危害重,是深水藕地区荷藕上的重要害虫,一般浅水田莲藕则较少发生。而缺水时,如搁田晒塘对幼虫发育生长不利。眼子菜多的藕塘田,虫量多,受害重;眼子菜少的田块受害轻。

莲藕食根金花虫在全国的发生地区大多是1年1代,少数北方地区是2年1代。在江苏地区是1年发生1代,以幼虫在莲藕根际和藕节间或有水的土下15~30 cm处越冬。翌年4月下旬至5月上旬越冬幼虫开始活动危害,5月至6月间开始化蛹羽化,7月间为成虫羽化盛期和产卵盛期,7月下旬至8月上旬为卵孵化盛期,幼虫孵化后,随即入水钻入土中食害藕节和须根。5—6月与8—9月是主要危害期,10月开始进入越冬期。

二、莲藕

防治方法

① 实行水旱轮作。莲藕食根金花虫虫害严重的田块改种 1～2 年旱生作物；或在冬季排除田间积水，可减少越冬虫量。

② 及时清除藕田杂草，尤其是眼子菜和鸭舌草，减少成虫取食及产卵场所。

③ 结合整田，进行土质改良，施药灭虫。在 4 月中旬至 5 月上旬莲藕未发芽前，排除田间积水，每亩（667 m^2）施石灰 100 kg，以中和土壤中的酸性，既能预防病害，增强植株的抗病性，又能防治越冬代幼虫。也可每亩（667 m^2）施 15～20 kg 的茶籽饼粉，或每亩（667 m^2）施 3% 辛硫磷颗粒剂 2.5～3 kg，并适当耕翻。若每亩（667 m^2）加施 10～15 kg 硫酸铵，效果更好。

④ 物理防治。在成虫盛发期利用灯光诱杀。亦可用眼子菜等诱集成虫在此上产卵后，清除眼子菜集中烧毁或深埋。

⑤ 在幼虫危害初期，可对田间莲藕进行根区土层撒药。每亩（667 m^2）可选用茶籽饼粉 15～20 kg，或 3% 辛硫磷颗粒剂 3 kg，或 20% 氯虫苯甲酰胺悬浮剂 30 mL 兑水 1 kg 稀释后均匀喷在 30 kg 干细土中并拌匀制成毒土。傍晚时在放尽水的藕田中撒施，第 2 天再放水 3 cm 深湿润藕田，过 3 天后恢复正常水浆管理。

⑥ 在成虫发生期施药防治，可选用 6% 乙基多杀菌素悬浮剂 1 500 倍液，或 20% 氯虫苯甲酰胺悬浮剂 1 500 倍液，或 90% 敌百虫晶体 1 000 倍液，或 80% 敌敌畏乳油 1 000 倍液喷雾。

5. 袋蛾

学名　危害莲藕的袋蛾主要有大袋蛾（*Clania variegata* Snellen）和小袋蛾（*Clania minuscula* Butler）均属鳞翅目蓑蛾科。

别名　大袋蛾又称大蓑蛾、避债蛾、皮虫等；小袋蛾又称小蓑蛾、小窠蓑蛾、茶袋蛾、茶避债蛾等。

寄主　大袋蛾危害莲藕、悬铃木、枫杨、柳、榆、槐、月季、海棠、牡丹、梨、桃、李、柑橘、葡萄等 200 多种植物。小袋蛾危害莲藕、月季、枫杨、柳、桂花、桃、李、石榴、杏、梨、柑橘、柿、葡萄等 100 多种植物。

危害状　低龄幼虫啃食莲的嫩叶肉，残留叶面或叶背表皮成透明斑点，3 龄后食叶成缺刻和孔洞，严重时常将全叶吃光。幼虫取食时将头部伸出袋囊外，遇到危险时缩入袋囊中躲避。

形态特征　两种袋蛾的形态区别见表 2-1。

表 2-1　两种袋蛾的形态区别

类别	大袋蛾	小袋蛾
成虫	雌雄异型。雄蛾体长 15～20 mm,翅展 35～44 mm。体色为黑褐色。前翅近外缘有 4～5 个透明斑。胸部背面有黄色纵纹 5 条。雌蛾体长 22～30 mm。体型肥胖。腹部 7～8 节间有环状黄色茸毛	雌雄异型。雄蛾体长 11～15 mm,翅展 22～30 mm。体色为茶褐色。触角呈羽状。前翅外缘有长方形透明斑 2 个。胸部背面有白色纵纹 2 条。雌蛾体长 12～16 mm。体型粗壮,蛆形,无足无翅。腹部 4～7 节有环状黄色茸毛
卵	长 0.8 mm,椭圆形,黄色	长 0.6～0.8 mm,椭圆形,米黄色
幼虫	3 龄后雌雄异型。雌虫体长 30～37 mm。头及胸部背板为褐色,有 2 条浅色纵纹。腹部为黑褐色,各节表面具皱纹。胸足 3 对,黑褐色。雄虫体型较小,呈黄褐色,头部蜕裂线及额缝为白色	体长 16～26 mm。头为黄褐色,具黑褐色斑纹。胸、腹部为肉黄色,背面中央色较深,略带紫褐色。胸部各节背面有 4 个褐色长形斑,前后相连成 4 条褐色纵带。腹部各节背面均有黑色小突起 4 个,排列成"八"字形
蛹	雌蛹体长 22～23 mm。枣红色。头、胸的附属器官均消失。雄蛹体长 17～20 mm。赤褐色	雌蛹体长约 20 mm。纺锤形。黄褐色。无触角、口器、足和翅芽。臀棘分叉,叉端各生 1 短刺。雄蛹体长约 15 mm。颜色为褐色或黑褐色。翅芽达第 3 腹节后缘。臀棘同雌蛹
袋囊	纺锤形。雄虫的袋囊长 52 mm,雌虫的袋囊长 62 mm。上有较大的碎叶片和小枝条,排列不整齐	纺锤形,枯枝色,丝质。老熟时长 25～30 mm。外有贴上叶屑碎片,平行纵列,整齐

生活习性和发生规律　大袋蛾成虫于傍晚时羽化,有趋光性。雌虫羽化后留在袋囊内等候雄虫交尾,产卵于囊内,雌虫产卵完毕后即死去。卵孵化后,幼虫从袋囊中爬出吐丝,靠风力扩散,缀叶片筑成袋囊,袋囊随虫体长大而变大。幼虫分 5 龄,具有趋光性、忌避性、耐饥性。在长江流域 1 年发生 1 代。以老熟幼虫在袋囊内越冬。翌年 3 月下旬活动取食,5 月上中旬化蛹,5 月下旬成虫盛发并交尾产卵,6 月中下旬孵化危害,7 月至 9 月这 3 个月危害最重,11 月上旬开始越冬。干旱年份易发生。

小袋蛾成虫羽化多在下午,雌虫羽化后留在袋囊内,头伸出蛹壳外,在排泄口外有许多黄色茸毛,雄虫羽化后从袋囊下方囊口飞出,次日清晨或傍晚进行交尾,雌虫交尾后即在囊内产卵。每头雌蛾可产卵 100～3 000 粒,雌虫产卵后体缩小,常从排泄口脱出。幼虫分 6 龄,少数 7 龄。卵孵化幼虫后,先在囊内取食卵壳,再从袋囊内爬出并迅速分散,或吐丝悬垂借风力分散,最后吐丝将咬碎的藕叶缀在一起做成新的袋囊,然后开始危害。幼虫爬行时袋囊挂在腹部末端,头胸部露于囊外。多在清晨、傍晚或阴天取食,晴天中午很少取食。老熟幼虫在袋囊内化蛹。在苏、浙一带1年发生1代。以幼虫在袋囊内越冬。翌年3月间气温10℃时开始活动危害,5月下旬至6月下旬为化蛹期,蛹期为13~29天。成虫发生期在6月中旬至7月上旬,雌蛾寿命为12~21天,雄蛾仅活1~2天。6月下旬开始产卵,卵期为7天左右。6月下旬至7月上旬幼虫危害最重,10月中下旬进入越冬期。

袋蛾类天敌较多,有蓑蛾瘤姬蜂、黑点瘤姬蜂、大腿小蜂、伞裙追寄蝇、蓑蛾多角体病毒等。

防治方法

① 人工摘除袋囊。将采摘的袋囊放在天敌保护田中,以保护利用天敌;或直接烧毁、深埋。

② 灯光诱杀。在成虫盛发期利用黑光灯诱杀雄蛾。

③ 药剂防治。在初龄幼虫期,喷洒90%敌百虫晶体1 000倍液,或15%茚虫威悬浮剂3 000倍液,或16 000IU苏云金杆菌(Bt)可湿性粉剂800倍液,或4.5%氯氰菊酯乳油2 000倍液(应注意套养鱼虾的藕田不宜使用),或5%氟啶脲乳油1 000倍液。

6. 舞毒蛾

学名 *Lymantria dispar* L.,属鳞翅目毒蛾科。

寄主 莲藕、水芋、苹果、杨、柳、榆、杏、紫藤等500多种植物。

异名 *Ocneria dispar* L.。

危害状 幼虫蚕食莲叶,严重时仅留叶柄。

形态特征 [成虫]雌雄异型。雌蛾体较大,为黄白色。前翅具4条锯齿状黑色横线,中室有1黑点,中室端部横脉中有"<"形黑褐色纹;前后翅缘毛黑白相间。腹部粗大,密被淡黄色毛,末端着生黄褐色毛丛。雄蛾体瘦小,腹末尖,体呈棕黑色。前翅具雌蛾同样斑纹。[卵]球形,直径为0.8~1.3 mm。黄色,有光泽,两端略扁。[幼虫]1龄色深,体毛较长,着生在毛瘤上,在体毛间有泡状扩大的毛,可借风传播;2龄后泡状毛消失;3龄后背面两列毛瘤中前5对蓝色,后6对红色,均具黑毛,2列毛瘤灰色,被灰毛。幼虫色多变,有黑色、灰色、黄色等,具暗色纵纹。头部为黄褐色,具"八"字形黑纹。[蛹]暗褐色或黑色。胸背及腹部有不明显的毛瘤,着生稀而短的红褐色毛丛。

生活习性和发生规律 初孵幼虫体轻毛长,有吃卵壳习性,初期群集危害,后吐丝悬垂靠风吹扩散。2龄后白天躲藏于莲叶背面,夜晚出来为害。雌蛾活

动少,雄蛾活跃,善飞舞,故称"舞毒蛾"。每头雌蛾一生可产卵 400~1 200 粒。卵成块,上覆盖黄褐色体毛。成虫具有趋光性。

在苏、浙一带 1 年发生 1 代。以发育完全的幼虫在卵内越冬。翌年 4 月下旬至 5 月上旬孵化,6 月中旬幼虫老熟,6 月下旬至 7 月上旬化蛹,7 月中下旬为羽化盛期。

防治方法

① 采集卵块,集中毁灭。

② 灯光诱杀成虫。

③ 药剂防治。在 3 龄幼虫前,喷洒 90% 敌百虫晶体 1 000 倍液,或 80% 敌敌畏乳油 1 000 倍液,或 5% 氯虫苯甲酰胺悬浮剂 1 500 倍液,或 4.5% 氯氰菊酯乳油 3 000 倍液(应注意套养鱼虾的藕田不宜使用),或 5% 氟啶脲乳油 1 000 倍液。

7. 刺蛾

学名 主要有黄刺蛾(*Cnidocampa flavescens* Walker)和褐边绿刺蛾(*Parasa consocia* Walker),均属鳞翅目刺蛾科。

别名 黄刺蛾又称刺毛虫、痒辣子等。褐边绿刺蛾又称绿刺蛾、青刺蛾、四点刺蛾、痒辣子等。

寄主 莲藕、水芋、杨、柳、榆、茶花、梅、月季、桂花、大叶黄杨等 40 多科 120 余种植物。

危害状 初孵幼虫食卵壳,后取食荷叶的下表皮及叶肉,留下上表皮,形成圆形透明小斑,3 龄后啃食叶片成孔洞,严重时食光全叶,仅留叶脉。

形态特征 两种刺蛾的形态区别见表 2-2。

表 2-2 两种刺蛾的形态区别

类别	黄刺蛾	褐边绿刺蛾
成虫	体长 13~16 mm,翅展 30~34 mm。头、胸部为黄色。前翅内半部为黄色,外半部为褐色,翅中有深褐色斑点 3 个。后翅及腹部为棕褐色	体长 16~20 mm,翅展 36 mm 左右。头、胸部及前翅为绿色。前翅基部有深褐色三角形斑,外缘有浅褐色光带。腹部和后翅为黄色
卵	扁平椭圆形,长 1.5 mm,淡黄色	扁平卵圆形,长 1.2~1.5 mm,淡黄绿色
幼虫	老熟时体长 25 mm。黄绿色。背面有哑铃状紫褐色大斑,各体节有 4 刺枝,上生刺毛	老熟时体长 25 mm。黄绿色。头小,背线为蓝色,并有深色小点,亚背线为绿色。每个体节上有 4 个瘤突,瘤上有刺毛。腹部末端上密生 4 丛蓝黑色的刺毛

续表

类别	黄刺蛾	褐边绿刺蛾
蛹	体长 12 mm。椭圆形,短而粗。黄褐色。茧光滑坚硬,有灰白色花纹,形似雀蛋	体长 13 mm。椭圆形,短而粗。黄褐色。茧棕色,椭圆形,有丝连着,表面散有幼虫体上脱下的蓝黑色小刺

生活习性和发生规律 黄刺蛾在长江流域1年发生2代。以老熟幼虫在小枝的分叉处、主侧枝及树木的粗皮上结茧越冬。次年5月中下旬化蛹,6月上旬羽化,7月上旬至8月中旬第1代幼虫孵化危害莲藕,8月间幼虫作茧化蛹,8月下旬至9月下旬第2代幼虫孵化危害莲藕,9月底开始越冬。成虫有趋光性。每头雌蛾可产卵49~67粒,卵散产或数粒一起,卵期为7~10天。幼虫分7龄,初期群集叶背啃食,不久分散蚕食叶片,4龄后食量大,可食全叶,仅留叶脉。天敌有上海青蜂、刺蛾广肩小蜂。

褐边绿刺蛾在长江以南1年发生2~3代。以老熟幼虫结茧在松土里越冬。次年4月下旬至5月上中旬化蛹,5月下旬至6月第1代成虫羽化产卵,6月至7月下旬幼虫为害莲藕,8月初第2代成虫羽化,8月中旬至9月第2代幼虫发生危害,9月中旬以后老熟幼虫结茧越冬。成虫具有趋光性,昼伏夜出,历期3~8天。卵产于莲叶叶背,数粒至数十粒呈鱼鳞状排列,卵期为5~7天。幼虫在3龄前群集危害,3龄后分散危害,幼虫期约为30天。

防治方法

① 采集消灭越冬虫茧。清除杂草,破坏蛹茧,减少下代虫源。

② 黑光灯诱杀成虫。

③ 摘除虫叶。利用初孵幼虫的群集性,适时摘除虫叶,消灭幼虫。

④ 保护和利用天敌。在发生危害期的6月至8月喷洒颗粒体病毒或青虫菌。注意保护上海青蜂、刺蛾广肩小蜂、赤眼蜂、姬蜂等天敌。

⑤ 药剂防治。在初龄幼虫期,喷90%敌百虫晶体1 000倍液,或16 000IU苏云金杆菌(Bt)可湿性粉剂800倍液,或5%氯虫苯甲酰胺悬浮剂1 500倍液,或4.5%氯氰菊酯乳油3 000倍液(应注意套养鱼虾的藕田不宜使用),或5%氟啶脲乳油1 000倍液。

8. 铜绿金龟甲

学名 *Anomala corpulenta* Motschulsky,属鞘翅目金龟甲科。

别名 铜绿丽金龟、铜绿金龟子、青金龟子、铜克螂。

寄主 寄主杂,有莲藕、水芋、葡萄、杏、桃、李、梅、香椿、梨、草莓等几百种作物。

危害状 幼虫和成虫均能危害农作物。在莲藕上主要是成虫为害,夜间飞出啃食荷叶和花苞,造成缺刻,引起腐烂。

形态特征 [成虫]体长19~21 mm,宽10~11 mm。形状为长椭圆形。小盾片和鞘翅呈铜绿色并有光泽,头和前胸背板色较深,呈红褐色。前胸背板两侧缘、鞘翅的侧缘、胸及腹部的腹面及3对足的基节、转节、腿节色较浅,均为褐色和黄褐色。两鞘翅各有4条纵隆线,肩部具瘤突。前足胫节具2外齿,较钝。前足、中足大爪分叉,后足大爪不分叉。雌虫腹部的腹板为灰白色,雄虫腹部的腹板为黄白色,并在臀板基部中间有1三角形黑斑。[卵]形状为椭圆形,乳白色,体表光滑。[幼虫]体长30~33 mm。头部为黄褐色,胴部为乳白色,较肥胖,虫体向腹面弯曲成"C"字形。有胸足3对,属寡足型。头部前顶刚毛每侧6~8根,排成1纵队。额中侧毛每侧2~4根。肛腹片上有刺毛2列,各由13~14根刺毛组成,两侧刺毛的尖端相对向,交叉或相遇,钩状刚毛分布于刺毛列周围,而刺毛列的前缘远未达到钩状刚毛群的前缘。肛门孔横裂。[蛹]裸蛹。体长18~22 mm,形状为长椭圆形。初时为白色,后变淡褐色。第1至第7腹节背面的节间沿中脊沟两侧各有1个眼形凹痕,共6对。雄蛹臀板腹面有四裂的瘤状突起,而雌蛹则较平坦无瘤状突起。

生活习性和发生规律 成虫喜栖息于疏松潮湿约5~6 cm深的土壤里。成虫多在傍晚6~7时飞出活动,开始为害、交配并产卵于土下,至凌晨4时飞走又潜伏回土中。成虫平均寿命约为25天,有假死性和强烈的趋光性,飞翔力强,活动范围广。在气温22℃以下时成虫不活跃;平均气温达25.7℃以上,如无雨或小雨,风力在2级以下,成虫活动力最强,低温阴雨时很少活动。成虫出土后即交配,雌虫可交配多次,交配后3天可产卵。产卵前期平均为11天,产卵历期多为8~15天,并分批产卵,间隔天数为2~3天,长的可达10天,产卵完毕后5~6天左右死亡。卵散产,喜产在大豆、花生、苜蓿和茅草田里或果树附近的表土层中,产卵深度主要集中在3~10 cm的土下,每次产卵20~30粒,卵期约为12~14天。最适宜卵孵化的温度是25℃,土壤含水量8%~15%,孵化率可达100%。幼虫分3龄,第1、第2、第3龄幼虫的平均历期分别约为30天、23天、270天。随着土温的变化,幼虫有垂直迁移活动的习性。当幼虫密度过大时,各龄幼虫都有自残现象。幼虫老熟后在土下20~30 cm深处做成土室,经预蛹后化蛹,蛹期为9~12天。

在苏、浙一带1年发生1代,以老熟幼虫在土中越冬。次年春季4月幼虫开始活动为害,4月下旬至5月上中旬化蛹,5月中旬羽化成虫。成虫在5月底至

6月初出土,危害莲藕集中在6月至7月,约40天,终见期在8月上中旬。6月中旬至8月中旬为卵期,产卵盛期在6月下旬至7月上旬,7月中旬是卵孵化盛期。幼虫对其他蔬菜主要危害期是8月至9月。11月起幼虫逐渐开始越冬。靠果树或树木苗圃区周围的莲藕田受害重。

防治方法

① 灯光诱杀成虫。在成虫发生期,于每日傍晚6—9时,点黑光灯或黑绿单管双光灯诱集灭杀,效果显著。

② 药剂防治。在傍晚时喷洒80%敌敌畏乳油800倍液,或90%敌百虫晶体1 000倍液,或50%辛硫磷乳油1 000倍液,或42%啶虫·哒螨灵可湿性粉剂1 000倍液。

(三) 其他危害生物

1. 克氏原螯虾

学名 *Procambarus clarkii*,属节肢动物门甲壳纲软甲亚纲十足目多月尾亚目螯虾科螯虾亚科原螯虾属原螯虾亚属。

别名 小龙虾、淡水小龙虾、红螯虾。

寄主 杂食性,主要有莲藕、莼菜、菱、水芋、芡实、水蕹菜、眼子菜、水葫芦、鸭舌草等。

危害状 主要为害莲藕的幼苗,大螯夹断莲鞭和莲梗,严重时可使藕苗死亡。

形态特征 体形似龙虾但较小,成虾体长一般在7~13 cm(眼至尾扇距离)。体型粗壮,体壳硬,甲壳呈暗红褐色。虾体分头胸和腹两部分,头胸部较长,呈长卵圆形。头部有5对附肢,其中2对触角较发达。胸部有8对附肢,后5对为步足,前3对步足均有螯。第1对特别发达,与蟹的螯相似,能夹伤人,尤以雄虾更为突出发达,粗壮有力,雌虾的螯比较瘦小,力差。腹部较短,有6对附肢,前5对为游泳肢,不发达,末对为尾肢,与尾节合成尾扇,尾扇发达。同龄的雌虾比雄虾个体大。雄虾的第2腹足内侧有1对细棒状带刺的雄性附肢。雌虾则无此对附肢,这也是识别克氏原螯虾雌雄的一个主要特征。

生活习性和发生规律 喜栖息在小溪、水沟、池塘里的水草、树枝、石隙等隐蔽物中。可生活在环境很恶劣的臭水沟、沼泽等地,喜吃腐烂的水生动物的残骸。克氏原螯虾为夜行性动物,营底栖爬行生活。白天常潜伏在水体底部光线较暗的角落、石块旁的草丛或洞穴中,夜晚出来摄食。有较强的攀缘能力和

迁移能力,对周边环境适应性强,在水体缺氧、污染、饲料缺乏及其他生物、理化因子发生剧烈变化的情况下,常常爬出水面进入另一水体。克氏原螯虾的掘洞能力较强,在无石块、杂草及洞穴可供躲藏的水体,常在水边或堤岸处土中掘洞穴生活。在水位升降幅度较大的水体和虾的繁殖期,所掘洞穴较深;在水位稳定的水体和虾的越冬期,所掘洞穴较浅;在生长期,基本不掘洞。具有明显的穴居性,掘洞行为是克氏原螯虾一个显著突出的生态习性,繁殖季节掘洞强度显著增强,掘洞主要是为雌虾产卵孵幼,其他季节的掘洞则是为躲避不良的生态环境,冬、春季则几乎没有掘洞行为,即不同季节克氏原螯虾的掘洞有不同的生态功能。

克氏原螯虾对水体富营养化及低氧有较强的适应性,在阴暗、潮湿、低温环境条件下,离开水体能存活1周以上。一般水体溶解氧保持在3 mg/L以上,即可满足其生长所需。克氏原螯虾温度适应范围为0℃~37℃,适宜生长温度为20℃~33℃,最适温度为20℃~30℃。水温在20℃以下时进入不摄食或半摄食的掘洞状态,水温在15℃以下时进入不摄食的越冬状态。受精卵孵化和幼体发育的适宜水温为24℃~28℃。克氏原螯虾对重金属及某些农药如有机磷、菊酯类农药常敏感,水体有机磷农药浓度超过0.7 g/m³就会中毒,菊酯类杀虫剂只要有极低的含量就会引起中毒死亡。

克氏原螯虾的胚胎发育过程可以分为9个主要阶段:受精卵、卵裂期、囊胚期、原肠期、前无节幼体期、后无节幼体期、复眼色素期、预备孵化期和孵化期。胚胎发育早期卵径无显著变化,保持在2 mm水平,仅在预备孵化期开始显著增大。发育过程中胚胎的颜色逐渐加深,表现为橄榄绿色—灰绿色—灰褐色—棕褐色—红褐色—暗红色的变化趋势。在水温为26℃的条件下,整个胚胎发育过程需15天左右。刚孵化出的幼体在形态结构上与成体相类似。

克氏原螯虾生长快速且性成熟早,同年个体经6~12个月即可达到性成熟。该虾属秋冬季产卵类型,但交配季节宽泛,繁殖期长,一年中大部分时间均有交配现象。在自然条件下交配时间主要集中在8月至10月,产卵高峰期主要集中在10月至12月。交配体制属于繁殖行为学中的乱交制,雌雄性比较为松散,存在普遍的重复交配现象。4月下旬至7月交配,9月以后有幼体孵出。幼体附于母体的腹部游泳足上,在母体的保护下完成幼体阶段的生长发育过程。这种繁育后代的方式,保证了后代很高的成活率。克氏原螯虾食性为杂食偏动物性,能摄食各种谷物、饼类、蔬菜、陆生牧草、水生植物、藻类、浮游动物、水生昆虫、小型底栖动物、鱼虾、动物下脚料等,也喜食人工配合饲料。克氏原螯虾属于入侵物种,数量庞大的克氏原螯虾能破坏当地的原有生态。其对鱼类尤其是幼鱼也有很大的杀伤力,由于繁殖快,因此,会争夺大量的鱼类食物,并且还会以幼鱼为食。

防治方法

① 人工捕捉。用渔具诱捕或直接捕捉。

② 药剂防治。选用2.5%溴氰菊酯乳油3 000倍液,或5%顺式氰戊菊酯乳油3 000倍液,或4.5%氯氰菊酯乳油3 000倍液,或20%甲氰菊酯乳油2 000倍液喷洒后捕捉。但应注意套养鱼虾的藕田不宜使用这些药剂。

2. 鳃蚯蚓

学名 *Branchiura sowerbyi* Beddard,属环形动物门贫毛纲原始贫毛目颤蚓科。

别名 水蚯蚓、红砂虫、鼓泥虫等。

寄主 莲藕、莼菜、菱等多种作物。

危害状 在水生蔬菜田的泥土中取食腐殖质,一般不直接危害作物。由于身体前半部埋于泥土中翻动,后半部在水中摆动,因此,影响莲藕苗根系生长,不能扎根,造成浮苗或致幼苗倒伏,引起缺苗断垄。

形态特征 [成虫]体长5~8 cm,体色为淡红色或红褐色。体节有120节以上,在身体后部60~70节背腹面正中线上着生细长的丝状鳃。

生活习性和发生规律 喜滋生于低洼、腐殖质多的烂田及过水田、池沟中,常20~30头群居,多时可达100余头,烂泥层浅的沙土地发生少。该虫身体前半部常埋于泥土中,后半部有鳃部分伸出泥土外做波状摆动,借以进行呼吸。遇到惊扰时缩入土中。开春地表10 cm处温度达12℃时开始活动,并逐渐转向地表。20℃时最活跃。当土温达到21℃,土壤相对湿度高于50%时,尤其是春季地表温度高于深层土温时,湿度大,鳃蚯蚓则上升到地表活动和繁殖,部分鳃毛伸出泥外,做波状摆动。在24 h内能排粪泥20~30次,这时对幼苗易造成伤害。腐殖质多的烂田易发生。

防治方法

① 施用充分腐熟的有机肥,实行间歇灌水或水旱轮作等农业措施。

② 用0.1%茶枯水淋根部,每亩(667 m^2)用茶枯5~10 kg兑水250~300 kg即可控制其危害。

③ 喷洒80.3%克蜗净(硫酸铜·速灭威)可湿性粉剂150倍液防治蛆有效。

④ 药剂防治。每亩(667 m²)灌浇茶枯水 250 kg,或撒 3% 辛硫磷颗粒剂 3~4 kg。也可每亩(667 m²)用 50% 辛硫磷乳油 50 mL,或 90% 敌百虫晶体 500 g,或 80% 敌敌畏乳油 100 mL,先用少量水稀释后再拌细砂 30 kg 撒施,也可用上述剂量直接兑水 60 kg 喷雾。

(四)莲藕病虫害防控技术

1. 强化运用农业防治措施

(1)定植前主要措施

① 因地制宜选用抗病品种,如花藕、鄂莲 5 号、湘莲 1 号等。

② 轮作换茬。莲藕宜与荸荠、慈姑、水芹等水生蔬菜换茬,或在早茭采收初期于窄行间套种,亦可选用水稻田栽种。藕田的土壤以有机质含量高、土层深厚、保水性好的低洼水田为宜。

③ 清园整地。铲除杂草,整修田埂。每亩(667 m²)施用生石灰 50~60 kg,深耕翻耙混入土中,保水 3 天以上,隔 1 周后每亩(667 m²)再施用有机肥或绿肥、草塘泥后浅耙入土,做到泥烂、田面平滑。

④ 精选种藕。一般旬平均气温达到 15℃ 以上(4 月上旬末),在种藕田时选择无病的子藕作种。要求:子藕生长方向一顺,藕节为 2 节以上,并有完整无受伤的芽,否则定植后易腐烂,引起病害发生。

⑤ 种藕处理。定植前一天,选用 50% 多菌灵可湿性粉剂(或 70% 甲基硫菌灵可湿性粉剂)+75% 百菌清可湿性粉剂,按 1∶1 比例兑水稀释 800 倍液喷雾种藕,再覆盖塑料薄膜密封 24 h,略晾干即定植。

(2)定植后主要措施

① 加强水肥管理。浅水藕的水浆管理一般由浅到深,再由深到浅。在莲藕生长期需追肥 2 次,即第 1 次发棵肥,第 2 次结藕肥。施肥时避免偏施氮肥,做到有机肥与化肥相结合,氮肥与磷钾肥相结合,巧施锌、镁、硼肥,既能增强植株抗逆性,又能提高莲藕品质。

② 中耕除草,清萍,摘除病老叶。一般莲藕从定植到植株封垄需耘田 3~5 次。耘田有利于藕田植株间通风透光,对改善田间生态环境、控制病虫草害再发生十分有效。

2. 坚持科学的病虫害防治策略

(1)莲藕主要病虫害危害期及防治对策

莲藕主要病虫害危害期及防治对策见表 2-3。

二、莲藕

表2-3 莲藕主要病虫害危害期及防治对策

病虫种类	发生数(代/年)	危害期	防治对策
莲藕潜叶摇蚊	6~7	4月至5月起危害逐渐加重,危害高峰期在7月至8月	主要在江苏、浙江、湖南、湖北等4省发生,只危害莲藕贴于水面的浮叶和实生苗叶。加强检疫防扩散,灭杀越冬幼虫,保实生苗
莲缢管蚜	江苏25~30	在田间有2个危害高峰:第1危害高峰在5月下旬至6月中旬;第2危害高峰在7月至9月	莲藕避免插花种植,统一协调布局。掌握田间有蚜株率5%,单株蚜量达500头左右时防治
斜纹夜蛾	长江流域5~6代,为迁飞性害虫。南方全年危害	江苏6月中下旬出现危害,7月至9月为危害盛期	压低3代,巧治4代,控制危害,挑治5代。掌握卵孵化高峰至2龄幼虫分散前,于傍晚施药。叶正、背两面均应喷到
黄刺蛾	2	第1代在7月上旬至8月中旬。第2代在8月下旬至9月上旬	狠治1代控2代,歼灭幼虫3龄前,群集危害时喷药
褐边绿刺蛾	2~3	第1代在6月至7月下旬。第2代在8月中旬至9月	
铜绿金龟甲	苏、浙1代	危害盛期在6月至7月,约40天左右	灭成虫,保花苞,傍晚喷药是关键
食根金花虫	苏、浙1代	全年有2个危害高峰期,分别在5月至6月和8月至9月	水旱作物轮作,减少越冬虫量。清除藕田杂草,减少取食及产卵场所。结合整地改良土质,施药灭虫
克氏原螯虾	1	莲藕幼苗期	傍晚施药,护秧保苗
鳃蚯蚓		莲藕幼苗期	施用充分腐熟有机肥,实行间歇灌水,及时施药保苗
莲藕腐败病		6月初始发病,危害高峰期在6月下旬至7月下旬	因地制宜选用抗病品种,实行3年以上轮作,调整土壤黏性、酸性。精选无病种藕,进行种藕消毒,及时治虫。拔除病株,清除感病茎节后施药防治
莲藕褐纹病		5月中旬始发病,有2个发病高峰期,分别在6月下旬至7月中旬和8月下旬至9月上旬。莲藕生长中后期,遇多雨湿闷的天气易发病	实行轮作,做好种藕消毒,清洁藕田。藕叶发病率在5%时施药防治,药剂应交替使用

续表

病虫种类	发生数(代/年)	危害期	防治对策
莲藕炭疽病		在6月至8月遇高温多、暴雨频繁天气的年份或季节易发病	避免偏施氮肥,使生长过旺。合理密植,保持田间通风透光性。以水调温调肥。掌握藕叶发病率在5%时施药防治
莲藕花叶病毒病		莲藕苗期至成株期均能发病	合理布局,避免插花种植。及时治蚜。藕叶发病率在5%时施药防治
莲藕叶疫病		在6月至8月遇高温、雷暴雨频繁天气易发病。村庄周边藕田发病早且重	注意藕田水质卫生,保持田间通风透光性。藕叶发病率在3%~5%时施药防治

(2)莲藕病虫害总体防治策略

主攻莲藕腐败病、褐纹病、褐斑病,兼治食根金花虫、莲缢管蚜、莲藕潜叶摇蚊及食叶害虫。在莲藕整个生长期进行4次总体防治战。

其一,第1次病虫害总体防治战。

① 防治对策:以治虫害及有害生物为主,兼防莲藕腐败病、褐纹病。虫害是莲缢管蚜、莲藕潜叶摇蚊、食根金花虫等及有害生物克氏原螯虾、鳃蚯蚓等。

② 防治时间:4月中下旬至6月中旬,即莲藕萌芽期至茎叶生长期。

③ 药剂选用:防治食根金花虫可选用10%高效氯氰菊酯乳油3 000倍液喷雾(套养鱼虾的田块不宜使用,可改用40%辛硫磷乳油1 000倍液),或90%敌百虫晶体1 000倍液,或20%氯虫苯甲酰胺悬浮剂1 500倍液喷雾。防治福寿螺、锥实螺、扁卷螺等螺类,每亩(667 m^2)可选用20%硫酸烟酰苯胺(灭螺鱼安)粉剂500 g,或茶籽饼10~15 kg撒施田间;也可喷施40%密达利悬浮剂250倍液。防治藻类选用等量式(1∶1∶200)波尔多液喷雾或泼浇。若发现莲藕腐败病,应及时拔除并携带出田外烧毁或深埋,再每亩(667 m^2)用3.5%甲霜·咯菌腈悬浮剂100 mL配制成毒土15~20 kg撒施发病田中,地上部植株选用2.5%咯菌腈悬浮剂1 500倍液,或25%咪鲜胺乳油1 500倍液,或70%甲基托布津可湿性粉剂+75%百菌清可湿性粉剂,按1∶1比例混合兑水800倍液喷雾。

其二,第2次病虫害总体防治战。

① 防治对策:主治莲藕腐败病、褐纹病、叶疫病,兼治1代食根金花虫及食叶害虫。此时是莲藕茎叶生长盛期,即将进入根茎膨大期,气候正值梅雨季节,雨水多,日照少,田间湿度大,病虫害易发生,是全年莲藕防病治虫的关键期。

② 防治时间:6月下旬至7月中下旬,即莲藕茎叶生长盛期至根茎膨大

初期。

③ 药剂选用：防治莲藕腐败病、褐纹病等病害可选用2.5%咯菌腈悬浮剂1 500倍液，或25%咪鲜胺乳油2 000倍液，或80%多菌灵可湿性粉剂700倍液，或70%甲基托布津可湿性粉剂800倍液喷雾。若有食根金花虫及食叶类害虫发生，可添加5%氯虫苯甲酰胺悬浮剂1 500倍液，或30%乙基多杀菌素·甲氧虫酰肼悬浮剂2 500倍液，或90%敌百虫晶体1 500倍液一并喷雾。若有莲缢管蚜发生，可添加10%吡虫啉可湿性粉剂1 000倍液或25%吡蚜酮悬浮剂2 000倍液一并喷雾。若有叶疫病发生，可添加75%丙森锌·霜脲氰水分散粒剂1 000倍液或22.5%啶氧菌酯悬浮剂2 000倍液一并喷雾。

其三，第3次病虫害总体防治战。

① 防治对策：主治2代刺蛾、莲缢管蚜，兼防莲藕褐纹病第2高峰。

② 防治时间：8月上旬至10月初，即莲藕根茎膨大期。此时莲藕已开始采收上市，建议不再用药为宜。若田间病害发生重需用药，必须以农业防治为基础，首先要做到藕田的水质保持良好，不得灌溉被污染的水，施药时要有10天以上的安全间隔期。

③ 药剂选用：防治莲藕褐纹病可选用70%代森联干悬浮剂600倍液，或70%丙森锌可湿性粉剂600倍液，或70%代森锌可湿性粉剂600倍液喷雾。若有刺蛾、莲缢管蚜发生，可添加5%氯虫苯甲酰胺悬浮剂1 500倍液+70%吡虫啉水分散粒剂8 000倍液一并喷雾。

其四，第4次病虫害总体防治战。

① 防治对策：加强田园清洁卫生，清除病虫害及有害生物的越冬场所。

② 防治时间：10月下旬至翌年2月，即莲藕越冬休眠期。

③ 主要农事：及时做好田园清洁卫生，清除病、老叶及田埂周围杂草，尤其是眼子菜、鸭舌草，携带出田外深埋或烧毁。留种藕田适当加深水位，以保莲藕安全越冬。

3. 关注"酸雨"防治

莲藕对"酸雨"十分敏感，尤其在夏季发生雷暴雨天气过后24 h内，必须观察莲藕（幼立叶）叶色变化。若发现叶色褪绿变黄，必须及时治疗。首先对叶面喷清水冲洗，再喷施0.01%芸苔内酯乳油5 mL+96%磷酸二氢钾晶体15 g，兑清水20 kg搅拌均匀喷施叶面。隔5~7天再喷1次，连用2次。

（五）莲藕病虫害防控示意图

莲藕病虫害防控示意图如图 2-1 所示。

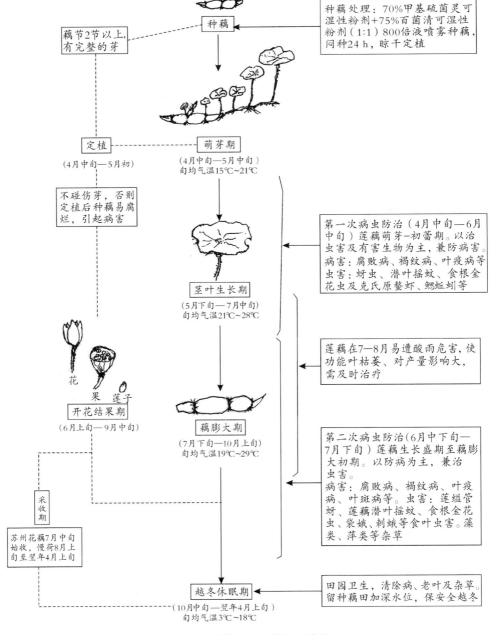

图 2-1　莲藕病虫害防控示意图

三、慈　姑

慈姑,学名 *Sagittaria sagittifolia* L., 英文名 Chinese arrowhead,别名茨菰、剪刀草、燕尾草,古称藉菇、河凫茈、白地栗,为泽泻科慈姑属多年生宿根性草本水生蔬菜。常作一年生蔬菜栽培。原产中国东南地区。长江流域及其以南各地栽培较多,太湖流域及珠江三角洲为主产区。喜温暖,不耐严寒,生长适宜温度为20℃～30℃,休眠期以5℃～10℃为宜。光照充足、昼夜温差大、短日照利于球茎的膨大。在水层浅和富含有机质的壤土或黏壤土中生长良好。慈姑按球茎形态可分为两类:一类球茎表皮为淡白色或淡黄白色,肉质较松脆;另一类球茎表皮为青紫色,肉质致密。慈姑采用球茎繁殖。多采用育苗移栽。春季或夏季种植,秋冬季采收。

慈姑的食用部位是球茎。慈姑营养丰富,含有淀粉、蛋白质、维生素C、B族维生素和钙、磷、铁等,还含有少量胆碱、甜菜碱等。同时慈姑全草及新鲜球茎均可入药,味苦、性微寒、无毒,其主要药用成分为胰蛋白酶抑制物慈姑醇,胆碱、甜菜碱等生物碱对金黄色葡萄球菌、化脓性链球菌有强力的抑制作用,是中医常用的解毒药。主治百毒、产后血瘀、攻心欲死、难产胎盘不出、蛇虫咬等。慈姑还有泻热、消热、消节、解毒作用,具润肺止咳、消肿化痰之功。适用于成人虚弱消瘦、体重减轻等病症。但亦应注意不可多食,否则可发虚热及肠胀痛、痔漏等症。

（一）慈姑病害

1. 慈姑黑粉病

症状　又称泡泡病、疮疱病、火肿病。病害从慈姑子叶期至生长期均可发生,最易感病生育期为成株期至采收期。能危害叶片、叶柄、花器和球茎,未完全展开的新叶最易感病。叶片上初出现褪绿的黄绿色或橙黄色的椭圆形或不规则形边缘不明显的小病斑,以后病斑逐渐发展,进而扩展为大小不一、叶正面略突起叶背面凹、黄绿色或橙黄色的不规则泡状隆起的疱斑,小疱1～2 mm,大疱10~20 mm。疱斑边缘有黄色晕圈,表面粗糙,内部组织似海绵状。约2天后在泡状病斑的正面或背面四周破裂流出乳白色浆液,其后疱斑逐渐变成黄褐色至灰褐色,表皮枯黄破裂,疱斑呈黑褐色,散露出许多黑色小粉粒状的病菌孢子团。发病严重时整片叶面密布大量的疱斑,连成一片,使病叶呈疱状皱卷畸形,最后叶片枯萎或枯死。叶柄上初期出现长椭圆形、圆形或不规则形的褪绿的小斑点,后逐渐发展成黄绿色或橙黄色瘤状突起或黑色条斑。瘤状突起的边缘有时略带紫红色,在瘤状突起表面有时带有数条纵沟或常有乳白色浆液流出。后期变枯黄色,表皮破裂散发出大量黑色小粉粒状的病菌孢子团。叶柄常枯黄弯曲畸形,易折断,造成叶片提早枯死。花器受害后,子房变成黑褐色疱状。球茎受害多在植株基部与匍匐茎结合处发病,形成不规则黑褐斑,造成表皮开裂,其里面全被黑褐色孢子团替代。严重时植株枯黄坏死,球茎变小,易引起球茎腐烂,影响食用。

病原 学名为 *Doassansia sagittariae* (westend.) C. Fisch.(慈姑实球黑粉菌)和 *Doassansiopsis horiana* (P. Henn.) Shen(慈姑虚球黑粉菌),两种菌均属担子菌亚门黑粉菌目的真菌。全国以慈姑虚球黑粉菌发生普遍且危害重,慈姑实球黑粉菌在北京、台湾地区有发生。慈姑虚球黑粉菌的厚垣孢子团呈棕褐色或褐色,大小为(86~120)μm×(71~172)μm,呈亚球形至卵形。厚垣孢子团最外是由菌丝组成的皮层,内部中心都是排列不整齐的薄壁不孕细胞,中间是排列整齐的椭圆形或多角形的厚垣孢子。厚垣孢子萌发产生担子(先菌丝)无色,顶生担孢子,担孢子为长椭圆形,无色,不分隔,大小为(4~4.5)μm×(10~17)μm。慈姑实球黑粉菌的黑粉孢子团呈淡金黄褐色,直径为80 μm,孢子团由厚垣孢子组成,直径为10~12 μm,四周具一不规则形较大细胞的皮层。

侵染途径和发病条件 病原菌以厚垣孢子黏附在种茎上或随病残体遗落在土壤中越冬。翌年4月中下旬,日平均气温高于15℃时,厚垣孢子萌发产生担孢子,借助气流、雨水或灌溉水传播,从慈姑幼叶气孔或表皮直接侵入,发病后从病部产生的孢子进行重复侵害,病害得以蔓延。该病菌喜高温高湿环境,慈姑虚球黑粉菌的厚垣孢子在雨水、露水、慈姑株汁上萌发率高。孢子萌发、担孢子形成与菌丝发育的适宜温度在25℃~30℃,最高温度为35℃,最低温度为10℃~15℃,相对湿度在90%~100%。厚垣孢子在日平均温度20℃以上,相对湿度在90%以上,1~1.5天可产生担子,1.5~2天产生担孢子。长江中下游地区的发病初期在5月中下旬,盛期在6月至8月。早茬慈姑一般在6月中下旬进入发病盛期,7月上旬至8月初达到发病高峰,9月发病趋于稳定。晚茬慈姑发病偏迟,7月上旬进入发病始盛期,7月下旬至8月中旬是发病高峰期。凡是6月至9月连续下雨2天以上,雨量多且温度偏高,或梅雨期长、天气湿闷、雨量大及初夏雷阵雨频繁的年份病情发展较快且重。偏施过施氮肥使植株嫩绿徒长、过度密植、深灌水及多年连作地发病早并且重,通风条件差、植株长势弱、播种早也会加重发病。慈姑不同品种间抗性有一定差异,苏州黄、宝应紫圆等较抗病,晚熟品种比早熟品种发病轻。

防治方法

① 因地制宜选用抗病或耐病品种。可选用紫园、白肉慈姑、刮老乌、苏州黄等品种。

② 选用优良无病顶芽或球茎作种进行育苗。收获时从无病田块选择种用球茎。催芽前应对种球进行药剂处理,可选用10%腈菌唑乳油2 000倍液,或25%丙环唑乳油2 500倍液,或50%多菌灵可湿性粉剂800倍液浸种球2~3 h。

③ 实行轮作,合理密植。对已发生过慈姑黑粉病的田块,需实行轮作,最少须间隔2年以上才可再种慈姑。关于种植密度,早熟慈姑株行距一般为40~45 cm,晚熟慈姑株行距均为35 cm左右。

④ 加强田间管理。及时摘除枯黄病叶和老叶,收获后彻底清除病残体,集中烧毁或沤肥。注意通风透光和水浆管理,前期以浅水勤灌、严防干旱为主,避免长期深灌水;后期采用干湿管理方法,促进根系发育,增强植株抵抗力。但在高温多雨天气应注意适当放水搁田,以防引起徒长;在高温干旱天气应注意适当深灌凉水,以防引起早衰。施用酵素菌沤制的堆肥或充分腐熟的有机肥。整个慈姑生育期必须重视氮、磷、钾的配合施用,避免过量施用氮肥。

⑤ 药剂防治。发病初期及时喷药防治,可选用50%多菌灵可湿性粉剂800倍液,或50%多菌灵可湿性粉剂1 000倍+75%百菌清可湿性粉剂700倍液,或15%三唑酮可湿性粉剂1 000倍液,或40%多·硫悬浮剂500倍液,或77%氢氧化铜干悬浮剂1 000倍液,或10%腈菌唑乳油1 500倍液,或70%甲基硫菌灵可湿性粉剂600倍液,或78%波尔·锰锌可湿性粉剂600倍液,或10%苯醚甲环唑水分散粒剂1 000倍液,或40%氟哇唑乳油5 000倍液等喷雾防治。隔7~10天喷1次,连续防治2~3次。多阵雨季节,雨后要及时用药补防。

2. 慈姑叶斑病

症状　主要危害叶片、叶柄和茎。叶片感病初期,在叶片或叶柄上生锈褐色小点,四周有黄晕,后期病斑扩展,数个病斑融合,致叶片干枯,叶柄的近水面处缢缩而倒伏。茎上染病,与叶片上症状相似。

病原 学名为 *Cylindrocarpon chiayiense* Matsushima，是柱孢菌，属半知菌亚门真菌。分生孢子梗直立，长约 10~60 μm。分生孢子为长椭圆形，单胞或双胞，个别 3 胞，大小为 (12.5~22.5) μm × (4.5~6.3) μm。分生孢子聚集在分生孢子梗顶端呈一小束。

侵染途径和发病条件 以菌丝体和分生孢子在病残体上越冬。翌年分生孢子借助风雨传播，侵染叶片。病部产生新的分生孢子后，借助风雨传播进行再侵染。菌丝生长、孢子萌发和产生孢子最适宜温度在 25℃ 左右。苏、浙一带 7 月开始发病，8 月至 10 月发病严重，南方 10 月至 12 月发生普遍。地块间危害轻重有差异。

防治方法

① 慈姑采收后及时清除病残体，集中烧毁。

② 施用充分腐熟的有机肥或经酵素菌沤制的堆肥。

③ 加强田间管理，发现病叶及时摘除，防止传播蔓延。

④ 发病初期喷 10% 苯醚甲环唑水分散粒剂 1 000 倍液，或 50% 甲基硫菌灵·硫黄悬浮剂 500~600 倍液，或 75% 百菌清可湿性粉剂 600 倍液，或 25% 嘧菌酯悬浮剂 1 500 倍液。隔 10 天左右喷 1 次，连续防治 2~3 次。收获前 5 天停止用药。

3. 慈姑软腐病

症状 主要危害球茎、茎鞭和叶柄基部。病部初期呈水渍状，后腐烂，有腥臭味。叶柄基部得病后常出现倒叶。球茎发病则影响品质和产量，严重的不能食用。

病原 学名为 *Erwinia carotovora* subsp. *carotovora* (Jones) Bergey et al. 是胡萝卜软腐欧文氏杆状细菌胡萝卜软腐致病型，属细菌。参考茭白软腐病的病原。

侵染途径和发病条件 病菌在球茎或随病株遗留在土中越冬。通过雨水、灌溉水、种茎传播蔓延，经伤口、虫伤口侵入危害。凡污水田或慈姑钻心虫危害重的田，发病重。

防治方法

① 及时治虫，减少伤口。

② 发病初期喷施 72% 农用硫酸链霉素可湿性粉剂 4 000 倍液，或 15% 溴菌腈可湿性粉剂 1 000 倍液，或 4% 春雷霉素可湿性粉剂 400 倍液，或 3% 中生菌素可溶性粉剂 800 倍液，或 57.6% 冠菌清干粒剂 1 000 倍液。隔 7 天喷 1 次，连续防治 2~3 次。

4. 慈姑褐斑病

症状 主要危害叶和叶柄。叶上病斑较小,约 1~4 mm 大小,形状近圆形或多角形,颜色为褐色至深褐色,病斑常产生轮纹状斑痕,边缘颜色较深,中部为灰白色,中心为灰褐色,病健分界明显,潮湿时病斑上有隐约的白色薄霉层,即病菌的分生孢子梗和分生孢子,严重时病斑连成大小不等的病斑块,致使叶片枯黄坏死。叶柄上病斑呈较小梭形,稍凹陷,深褐色,数量多且大小差异明显,病斑相互连接并绕叶柄扩展,叶易折断。

病原 学名为 *Ramularia sagittariae* Bres.,是慈姑柱格孢菌(慈姑褐斑长隔孢霉),属半知菌亚门真菌。分生孢子梗由气孔伸出,数枝丛生,极短,不分枝,无色,末端稍弯曲。分生孢子为圆柱形或短棒形,单胞或双胞,无色,大小为 $(16~24)\mu m \times (3~4)\mu m$。

侵染途径和发病条件 以菌丝体或分生孢子座随病残体遗落在土中或在种茎上越冬,为次年病害初侵染源。田间再次侵染主要依靠分生孢子借助雨水或气流传播。南方一般 6 月下旬至 7 月开始发病,8—10 月盛发流行,11 月后进入越冬阶段。温暖多雨的季节易发病。凡是偏施氮肥植株徒长,或栽植过密、封行过早会加重病害发生。

防治方法

① 种茎处理。20% 三唑酮乳油 1 000 倍液或 50% 多菌灵可湿性粉剂 1 000 倍液浸种茎 2 h 后再催芽播种。

② 管好肥水。增施有机肥和磷钾肥,增强植株抗病力。避免偏施氮肥,防止徒长。根据生育期管好水层,避免长期深灌水。

③ 及早喷药防治。药剂可选用 70% 甲基硫菌灵可湿性粉剂 800 倍液,或 50% 多菌灵可湿性粉剂 800 倍液,或 10% 苯醚甲环唑水分散颗粒剂 2 000 倍液,或 77% 氢氧化铜可湿性微粒粉剂 700 倍液,或 50% 咪鲜胺可湿性粉剂 1 500 倍液喷雾,再加 0.2% 洗衣粉可增加黏着力。隔 7~10 天喷 1 次,连续防治 2~3 次。

5. 慈姑斑纹病

症状 主要危害叶和叶柄。叶部初现近圆形褐色坏死斑点,边缘褪绿;后成大小不等的不规则形或多角形病斑,多为黄褐色或灰褐色;边缘有黄绿色晕圈,病健交界明显,可数个病斑相连;病斑比慈姑褐斑病大,病斑上有隐隐的云纹,潮湿时病斑上有暗灰色霉层;最后致叶片变黄枯死。发生在叶柄上的病斑呈短线状褐色斑,边缘不明显,略显褪绿晕环,上下两端均呈放射侵染状,严重时致叶柄坏死而干腐。

病原　学名为 *Cercospora sagittariae* Ell. et Kell.，是慈姑尾孢菌，属半知菌亚门尾孢霉属真菌。子实体生于叶片的两面，子座无或由少数褐色细胞组成。分生孢子梗数根丛生，挺直，末端稍弯曲，呈褐色，近基部有 1~2 个分隔，大小为 $(52~72)\mu m \times (5~7)\mu m$。分生孢子呈鞭状或针状，具有 3~7 个分隔，无色，大小为 $(15~25)\mu m \times (3~5)\mu m$。

侵染途径和发病条件　以菌丝体和分生孢子梗随病残体遗落在土中或在种茎上越冬。翌年 4 月中旬产生分生孢子侵染慈姑苗，引起发病产生分生孢子，借助气流和雨水传播，再不断侵染健株。凡是高温多湿的天气易发病。

防治方法　参考慈姑褐斑病。

6. 慈姑叶柄基腐病

症状　主要侵害叶柄基部引起软腐。先从外部老叶叶柄基部发生，后向内叶扩展。叶柄基部初期现水渍状不规则的病斑，后变淡褐色，随后在其表面或病组织内产生白色菌丝，切开病部可见褐色的菌核。有时叶片也染病，多侵染外部老叶，在叶面形成不规则坏死大斑，为黄褐色至灰褐色，边缘不明显，有时有不明显的轮纹，干燥时易破裂穿孔，一般不产生菌丝和菌核，有时在病部产生病菌子实层。

病原　学名为 *Sclerotium hydrophilum* Sacc.，是喜水小核菌，属半知菌亚门真菌。菌核呈球形，直径为 $426~625\mu m$，外部呈椭圆形或洋梨形，初为乳白色，后变黄褐色至黑褐色，表面粗糙，外层的深褐色细胞大小为 $(4~14)\mu m \times (3~8)\mu m$，内层无色至淡黄色，结构疏松，组织里的细胞大小为 $3~6\mu m$。

侵染途径和发病条件　以菌核随病残体遗落在土中越冬。次年菌核漂浮水面，当气温上升到 20℃时，菌核萌发产生菌丝，侵染叶柄。病菌发育最适宜温度是 25℃~30℃，高于 39℃或低于 15℃时不利于病害发生。夏、秋高温多雨易发病，土壤 pH 超过或低于 7~8.1 时发病重。

防治方法

① 采收时清除病残叶，栽种时捞清水面浮渣，深埋或集中烧毁。

② 施足基肥，增施磷、钾肥，中后期及时摘除外部老叶、病叶。

③ 发病初期喷洒 50%啶酰菌胺水分散粒剂 1 000 倍液，或 20%噻菌铜悬浮剂 400 倍液，或 25%氟硅唑·咪鲜胺可溶性粉剂 1 000 倍液，或 25%丙环唑乳油 1 500 倍液。隔 7~10 天喷 1 次，连续防治 2~3 次，药液喷于叶柄基部。

7. 慈姑镰孢霉红粉病

症状　多在采收至贮运期发病。起初在球茎上出现黄褐色水渍状坏死小点，逐渐变成灰白色至黄褐色近圆形凹陷斑，边缘呈黑褐色水渍状，表面产生初为白色后变粉红色的霉层,即病菌菌丝体和分生孢子丛,最终致球茎全部腐烂。

病原 *Fusarium* sp.,为镰孢霉菌,属半知菌亚门真菌。病菌产生两种类型分生孢子,大型分生孢子多为镰刀形,2~7个膈膜,多数5个,大小为(21.5~58)μm×(3.7~5.9)μm。小型分生孢子多为卵圆形至长圆形,单胞至双胞,大小为(5.3~11.2)μm×(2.6~5.3)μm。

侵染途径和发病条件 病菌广泛存在于储运环境中,条件适宜时即引起染病,发病后病组织产生大量分生孢子通过接触进一步传播扩散。高温或温暖潮湿有利于发病蔓延。

防治方法 贮运期间保持球茎清洁,避免长时间堆放,发现病球茎及时挑出。

8. 慈姑黏菌病

症状 仅在贮运期球茎上发病,生长期偶有发生。在球茎表面或植株根茎表面产生白色粉状病斑,后逐渐成白色粉状霉层,致球茎腐烂。生长期发病,病株生长缓慢,叶片扭曲,由外叶向心叶褪绿变黄,随病害发展逐渐坏死,最终全株坏死。

病原 学名为 *Myxomycetes* sp.,是一种黏菌。菌体为近球形原生质团,灰白色粉末状,相互聚结粘连在一起形成白色胶泥状物。

侵染途径和发病条件 不详。

防治方法 一般无须防治。必要时适量施用草木灰或生石灰等改良土壤,以阻碍病菌增殖。种植前深翻土地,晾晒土壤。

(二)慈姑虫害

1. 慈姑钻心虫

学名 *Phalonidia mesotypa* Razowski,属鳞翅目细卷叶蛾科。

寄主 慈姑为主,荸荠、水花生也可受害。

别名 慈姑蛀虫、慈姑髓虫。

危害状 刚孵化幼虫常群集在离水面1~3 cm的慈姑叶柄处,钻入内茎取食,在叶柄内逐渐向上蛀食,2龄后可转株危害,常造成茎髓被蛀食一空。同时产生大量粪便,茎内全部成黑色污状物,受害处表面出现黄斑,并形成许多蛀入孔与羽化孔,叶柄易折断,影响地下茎生长,使球茎小而少。幼虫也可钻入叶表皮内啃食叶肉或卷叶危害,造成叶片卷曲,被食部位变黑枯死。

形态特征 [成虫]翅展13~17 mm。头部为棕黄色,覆有黄色鳞毛。触角基部呈银黄色,其余褐色。胸腹部呈褐色。前翅为银黄色,基部前缘有长三角形的褐色斑,翅中央从前缘中部至后缘中部,有与后缘平行的宽褐色中带,翅端部有不规则的褐色小斑1个。后翅呈淡灰褐色,具银白色的缘毛。前中足的胫节、跗节为褐色,上有不规则的小白斑,后足呈银黄色。[卵]长0.8 mm,宽0.6 mm。形状为扁平椭圆形,表面光滑,中间略凸起,边缘具放射状刻纹。卵块为鱼鳞状,形状为乳白色,后期为黑褐色。[幼虫]老熟时体长13~16 mm。蠋形,一般为淡绿色,越冬幼虫有淡紫红色、黄褐色或黄绿色。前胸背板两侧各有毛5根,前3后2排列,中后胸背板两侧各有毛7根,前6后1排列。第1至第8腹节背面有毛6根,前4后2排列,第9腹节背面有毛片3个,排列一行,每个毛片有毛2根,臀节背面有刚毛8根。趾钩为单序圆环,一般20根左右,外侧较疏。臀足为单序中带。[蛹]体长7.5~9.5 mm,宽3~4 mm。通常为黄褐色,复眼为深褐色。腹部背面各节有2横列小刺,前缘小刺大而疏,后缘小刺较小而密。腹部末端有臀棘3根,中间4根较细,两侧和端部的较粗,臀棘末端不卷曲。

生活习性和发生规律　成虫昼伏于慈姑植株各部,夜出为害、交尾,受惊可做短距离飞行。成虫需补充营养。羽化后2~3天开始交尾,3~4天后产卵,喜产在绿色的叶柄和叶片上,以叶柄中下部为主,占82.4%。卵块大小不一,3~4行排在一起呈鱼鳞状,有卵14~157粒。幼虫在上午7~9时孵化最多,大多在离水面1~3 cm处群集蛀入叶柄表皮,或钻入叶表皮内取食叶肉。幼虫分4龄。越冬幼虫有群集性,每株残茬中可有十几头。幼虫抗寒性较强,4龄幼虫过冷却点平均为−19℃,结冰点为−16℃。老熟幼虫在叶柄内化蛹,化蛹前先咬好一个羽化孔,在离羽化孔不远处化蛹,头向下,蛹尾有丝黏结在叶柄内壁上。羽化后,蛹壳竖立在羽化孔外。第1代、第2代的卵期为4~6天,幼虫期为14~24天,蛹期为6~10天,成虫期为5~8天。第3代的卵期为3~4天,幼虫期为260~280天,蛹期为25~28天,成虫期为4~6天。

慈姑钻心虫在苏、浙一带1年发生3~4代。以老熟幼虫在慈姑的残株叶柄中越冬,以离地面2~3 cm处为多。翌年当旬平均温度达23℃时开始化蛹,6月上旬进入始蛹,6月中旬进入化蛹高峰,6月下旬羽化产卵。第1代幼虫危害高峰期在7月中旬,主要危害早茬慈姑;第2代幼虫危害期在8月中旬;第3代幼虫危害期在9月至10月上中旬,是全年危害最严重的一代。第3代是不完全世代,10月底11月初老熟幼虫开始越冬,若秋季温度较高,10月上中旬还可发生不完整的第4代。由于越冬代成虫发生期较长,因此,世代重叠。

防治方法

① 清除越冬场所,减少越冬基数。晚秋初冬及时拔除慈姑残株,集中烧毁

或沤肥,可压低虫源量。

② 及时拔除已被钻蛀的慈姑茎叶,加强肥水管理,增施磷钾肥,适时灌水,及时收获。

③ 药剂防治。在孵化高峰期,每亩(667 m²)撒施5%杀虫双颗粒剂1.5~2 kg或3%辛硫磷颗粒剂1~1.5 kg。亦可每亩(667 m²)用10%四氯虫酰胺悬浮剂40 mL或40%二嗪·辛硫磷乳油150 mL兑水250 kg泼浇。

2. 莲缢管蚜

　　学 名　*Rhopalosiphum nymphaeae* L.,属同翅目蚜科。

　　别 名　腻虫。

　　寄 主　慈姑、莲藕、菱、水芹、芡实、水芋、莼菜、香蒲、水浮莲、绿萍、眼子菜等水生植物。

　　危害状　莲缢管蚜偏嗜嫩茎、嫩叶,常群集在未展开的心叶、侧2叶叶片和近叶片的叶柄上。受害植株生长势弱,出叶速度缓慢,严重时心叶不能展开而枯萎。慈姑地下茎生长受抑制,产量降低。

　　形态特征　参考莲藕的莲缢管蚜。

　　生活习性和发生规律　参考莲藕的莲缢管蚜。该蚜嗜食慈姑,其次是莲藕和紫背浮萍。在绿萍、莲藕、慈姑混生区,早春蚜虫发生早,发生量大,受害重。春、夏慈姑藕混栽区危害重,单栽慈姑田或纯夏茬慈姑田发生迟,危害轻。夏季高温、干旱不利于莲缢管蚜生长。凡缺水的慈姑田蚜虫发生轻;相反,长期积水,生长茂密的田块发生重。雷暴雨对蚜虫有一定的冲刷作用;天敌对莲缢管蚜有控制作用,6月下旬至8月初田间天敌多,蚜群显著下降。

　　防治方法

① 水生蔬菜如慈姑、莲藕、芡实、水芹等在有条件的地方最好单独成片种植,避免插花种植。减少春、夏茬慈姑混栽和慈姑、莲藕混生。

② 选择种植水生蔬菜的田块最好远离冬寄主的果树区。在早春时对水生蔬菜田块附近的冬寄主果树要及时主动防治蚜虫,减少迁飞虫口基数。

③ 合理控制种植密度,保持植株间通风透光性。及时调节田间水层,看长势掌握施氮肥量,适当多施磷钾肥。

④ 注意田间卫生,及时清除田间绿萍、浮萍、眼子菜等水生杂草,以减少虫口数量。

⑤ 保护瓢虫、蚜茧峰、食蚜蝇、草蛉、食蚜盲蝽等食蚜天敌。

⑥ 物理防治。放置黄色黏胶板诱黏有翅蚜。采用银白色锡纸反光,拒避有

翅蚜迁入。

⑦ 化学防治。在莲缢管蚜初发时期,即有蚜株率达20%,百株蚜量在200～300头时可采用施药防治。由于蚜虫繁殖快,又在未展开的嫩叶及幼叶柄上,药剂黏着困难,因此,选择的药剂要有能够触杀、内吸、熏蒸三重作用为佳。可选用10%吡虫啉可湿性粉剂2 000倍液,或25%吡蚜酮可湿性粉剂3 000倍液,或25%噻虫嗪可湿性粉剂5 000倍液,或10%烟碱乳油500倍液,或1.1%苦参碱粉剂1 000倍液,或3.2%烟碱·川楝素水剂300倍液,或3%啶虫脒乳油1 500倍液喷雾。由于药液在水生蔬菜上不易被黏着,因此,在喷施前可在药液中添少许洗衣粉以增加黏着性。施药后若遇雨天,天气转好后要及时补喷。

(三)慈姑病虫害防控技术

1. 强化运用农业防治措施

① 精选良种。因地制宜选择符合本地种植的良种,如苏州黄、浙江沈荡慈姑、广州肉慈姑等,均是品质好、抗逆性强的良种。

② 轮作换茬。在苏、浙一带栽培慈姑按栽种时间分为早水(早熟)和晚水(晚熟)两种。早水多选用闲田、油菜田和两熟茭的夏茭茬田或早藕茬田种植。晚水多选用早稻育苗田移栽。此外,苏州地区还利用灯(席)草茬田,在灯草生长后期将慈姑顶芽套栽其行间。据苏州市蔬菜研究所试验,轮作2年后再种植慈姑,可推迟发病15～20天,病情减轻25%。

③ 肥水管理。慈姑的栽培与其他水生蔬菜相比较粗放,但在水浆管理上必须做到浅水—深水—浅水,严防干旱原则。慈姑十分需要钾肥,据苏州市蔬菜研究所试验表明,在厩肥基础上增施15 kg氯化钾,可增产20%～25%,而且慈姑品质好,质糯带甜,病害亦轻。

④ 除草捺叶。同茭白、席草套种的慈姑,在前作收割后及时在行间耘耥2～3次。慈姑栽植大田15天后,开始将植株外叶、老叶、病叶等剥除,埋入植株旁土中或带出田外集中处理,留有绿叶5～6片,并在行间耘耥;以后每隔15～20天耘耥、剥除外叶1次,共进行3～4次,直至慈姑植株生出匍匐茎结球为止。这样能改善慈姑田间通风透光性,提高光合作用,有效抑制病虫害发生。

2. 坚持科学的病虫害防治策略

慈姑病虫害总体防控策略:主攻病害,巧治虫害。慈姑病害发生的初侵染菌源多来自慈姑自身的病残体及球茎,因此,轮作、田块设置、种球消毒、清园工作等十分重要。

（1）田块设置

据调研,莲缢管蚜嗜食慈姑,若与莲藕、芡实、水芹等水生蔬菜混栽,早春该蚜在慈姑上发生早,发生量大,危害重。秋季8月下旬至9月上中旬,第二次危害高峰持续时间更长,蚜量更大。此时正值慈姑进入地下茎生长期,受害重,损失大,绝不能忽视。

（2）种球（种芽）消毒

可选用50%多菌灵可湿性粉剂800倍液;或20%三唑酮乳油1 000倍液,或10%腈菌唑乳油2 000倍液,或10%苯醚甲环唑水分散粒剂2 000倍液浸种2 h。

（3）慈姑大田病虫害总体防治策略

其一,第1次病虫害总体防治战。

① 防治策略:以旱水慈姑为重点,主治莲缢管蚜,兼防慈姑黑粉病、斑纹病。

② 防治时间:5月上中旬至6月中旬,即慈姑茎叶生长期。有蚜株率达10%,平均每株有蚜50~60头时开始用药防治。

③ 药剂选用:防治莲缢管蚜可选用10%吡虫啉可湿性粉剂1 000倍液或25%吡蚜酮悬浮剂1 500倍液喷雾。若有慈姑黑粉病、斑纹病发生,可添加10%腈菌唑乳油1 000倍液,或10%苯醚甲环唑水分散粒剂2 000倍液,或40%氟硅唑乳油8 000倍液,50%多菌灵可湿性粉剂600倍液,或70%甲基硫菌灵可湿性粉剂1 000倍液一并喷雾。

其二,第2次病虫害总体防治战。

① 防治策略:主攻二病（慈姑黑粉病、慈姑叶斑病）二虫（慈姑钻心虫、莲缢管蚜）,保旱水,控晚水。

② 防治时间:7月上中旬至9月中下旬,即慈姑茎叶生长盛期至球茎膨大期。此时是慈姑黑粉病、慈姑叶斑病等多种病害发病高峰期,又是第3代慈姑钻心虫及莲缢管蚜全年危害慈姑最重的1代,在第3代慈姑钻心虫卵孵化高峰到转移危害前施药。

③ 药剂选用:防治慈姑黑粉病、慈姑叶斑病可选用30%苯醚甲环唑·丙环唑乳油4 000倍液,或32.5%苯醚·嘧菌酯悬浮剂3 000倍液,或25%啶菌噁唑乳油1 000倍液,或50%多菌灵可湿性粉剂600倍液,或70%甲基托布津可湿性粉剂1 000倍液喷雾。若有莲缢管蚜发生,可添加10%吡虫啉可湿性粉剂1 000倍液或25%吡蚜酮悬浮剂1 500倍液一并喷雾。若有慈姑钻心虫发生,可采用每亩（667 m^2）20%氯虫苯甲酰胺悬浮剂20 mL,或90%敌百虫晶体70 g,或10%高效

氯氰菊酯乳油 10 mL(应注意套养鱼虾的慈姑田不宜使用)兑水 250 kg 泼浇。

其三,第3次病虫害总体防治战。

① 防治策略:压低病虫害越冬基数。

② 防治时间:11月下旬至翌年2月,即慈姑越冬休眠期。

③ 具体措施:做好田园清洁卫生工作,晚秋初冬及时拔除残株、病叶,集中烧毁或深埋。

(四)慈姑病虫害防控示意图

慈姑病虫害防控示意图如图3-1所示。

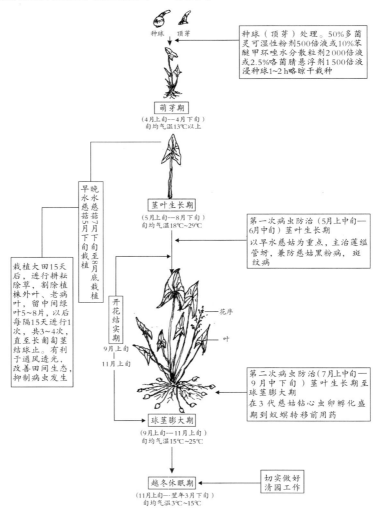

图3-1 慈姑病虫害防控示意图

四、水　芹

水芹,学名 *Oenanthe javanica*（Bl.）DC.,英文名 water dropwort,别名蒲芹、刀芹、楚葵、蜀芹、紫堇,古称蕲,为伞形花科,属多年生宿根性草本水生蔬菜。原产中国和东南亚。在中国长江流域及其以南各地均有栽培,尤其以江苏、浙江、安徽、湖南等省栽培较多。适应性较广,多生长在溪沟、低洼水田、潮湿地,且生长期在秋、冬季,不与粮食争地,上市时间又在冬、春季节,包括元旦、春节两大节日,市场销售时间较长,是蔬菜堵缺补淡品种之一。喜冷凉,较耐寒而不耐热,生长适宜温度为 12℃～24℃。要求土层深厚、黏壤土肥沃。水芹按小叶形状可分为圆叶和尖叶两种类型。水芹采用母茎（匍匐茎）进行无性繁殖。长江流域在 8～9 月栽植,10 月至翌年 3 月收获。多采用浅水栽培,亦可进行深水软化、水田深栽软化或旱地栽培。

水芹的食用部位是嫩茎、叶柄、花茎。水芹味甘、性平、无毒。主要药用成分是 α-蒎烯、肽酸二乙酯。富含粗纤维、维生素 C、矿物质及挥发油。有退热解毒、降血压、止血养精、保养血脉、强身补气的功效。因此,水芹的经济效益和社会效益均较高。

（一）水芹病害

1. 水芹花叶病毒病

症状　常见的有两种类型。一是病叶初现明脉和黄绿相间的疱状花斑,叶柄黄绿相间短缩扭曲,叶畸形,出现褐色枯死斑。另一种叶片出现黄色斑点,后全株黄化、枯死。有时两种症状混合出现,混合危害,染病早的心叶停止生长或扭曲,全株瘦小或枯死。

病原　主要由 Cucumber mosaic virus（简称 CMV,为黄瓜花叶病毒）和 Celery mosaic virus（简称 CeMV,为芹菜花叶病毒）引起。芹菜花叶病毒（CeMV）呈粒体线形,大小为（750～800）nm×13nm,寄主范围窄,主要侵染菊科、藜科、茄科中几种植物。病毒汁液稀释限点 100～1 000 倍,钝化温度为 55℃～65℃,体外存活期为 4~6 天。黄瓜花叶病毒(CMV)参考莲藕花叶病毒病的病原。

侵染途径和发病条件 病毒能在土壤中的病残体上或者多年生的宿根寄主体内越冬。黄瓜花叶病毒和芹菜花叶病毒在田间主要通过蚜虫进行非持久性传毒,也可通过人工操作或接触摩擦传播。传毒蚜虫有棉蚜、桃蚜、胡萝卜微管蚜、柳二尾蚜等。蚜虫从芹菜或水芹病株上刺吸可带毒,再危害健康水芹时即可染病或进行重复侵染。高温干旱有利于蚜虫繁殖,蚜虫数量多且发病重。水芹菜缺肥,生长不良,移苗时引起水芹菜表皮破损,或风雨等擦坏叶子易引起病毒病发生。

防治方法

① 实行轮作。与豆科作物进行水旱轮作。

② 及时清除田间、田岸、塘边杂草。

③ 避开高温干旱季节育苗,必要时可采用遮阳网进行遮阳。加强肥水管理,培育壮苗,增强抗病能力。

④ 在有翅蚜迁入盛期,及时喷洒高效杀虫剂灭蚜。可用 10% 吡虫啉可湿性粉剂 2 000 倍液或 25% 吡蚜酮悬浮剂 3 000 倍液。

⑤ 发病初期用 1.5% 烷醇·硫酸铜乳剂 1 000 倍液,或 20% 盐酸吗啉胍·铜可湿性粉剂 500 倍液,或 31% 吗啉胍·利巴韦林可溶性粉剂 1 000 倍液。隔 5~7 天喷 1 次,连续防治 2~3 次。

2. 水芹褐斑病

症状 又称尾孢叶斑病。主要在叶片上发生,初生病斑呈黄褐色,后扩大成形状不规则、边缘不明显、大小不一的病斑,有的融合为较大斑块,病斑变为褐色或深褐色,常有煤污状霉层,最后叶片逐渐黄枯。

病原 学名为 *Cercospora selinigmelini* (Sacc. et Scalia) Cbupp,是蛇床尾孢菌,异名为 *Cercospora apii* Fres,属半知菌亚门尾孢菌属真菌。子实体生在叶的两面,子座小,呈褐色。分生孢子梗变化大,散生或簇生,每簇 2~11 根,呈榄褐色,顶端色淡,不分枝,有或无膝状节,顶端近截形,孢痕显著,具 0~3 个膈膜,大小为 $(30\sim87.5)\mu m \times (2.5\sim5.5)\mu m$。分生孢子无色,呈针形,正直或弯曲,膈膜多 3~19 个,大小为 $(55.9\sim217.5)\mu m \times (3.1\sim5.6)\mu m$。

侵染途径和发病条件 以菌丝体附着在种子或病残体上及病株上越冬。春季条件适宜,产生出分生孢子,通过雨水飞溅、风及农具或农事操作传播,从气孔或表皮直接侵入。发育适宜温度为 25℃~30℃,分生孢子形成适宜温度为 15℃~20℃,萌发适宜温度为 28℃。高温多雨或高温干旱季节,夜间结露重,持续时间长,易发病。尤其缺水、缺肥、灌水过多或植株生长不良发病重。

防治方法

① 选用耐病品种。从无病株上采种。

② 秧苗处理。移栽时用50%多菌灵可湿性粉剂800倍液浸水芹苗20 min再种植。

③ 合理密植,科学灌溉。

④ 发病初期喷洒40%氟硅唑乳油8 000倍液,或50%甲基硫菌灵·硫黄悬浮剂800倍液,或77%氢氧化铜可湿性微粒粉剂700倍液,或47%春雷氧氯铜可湿性粉剂800倍液。隔7~10天喷1次,连续防治2~3次。交替用药,采收前5天停止用药。

3. 水芹斑枯病

症状　主要发生在中下部叶片上,严重时也危害茎和叶柄。叶上初生淡褐色小斑点,后逐渐扩大呈椭圆形至不定型,大小为3~4 mm,中央呈灰白色,外有黄色晕圈,病部生有稀疏小黑点,即病菌分生孢子器,严重时叶片干枯。叶柄、茎上病斑为稍凹陷的长圆形,呈暗褐色,有时龟裂,中央密生小黑点

病原　学名为 *Septoria oenanthis-stoloniferae* Saw.,是水芹壳针孢菌,属半知菌亚门真菌。分生孢子器为黑色,扁球形,生于叶面,直径为61~170 μm,孔口直径为7~20 μm。分生孢子呈长圆筒形,稍弯曲,无色,具1~6个膈膜,大小为(22~49) μm × (1~2) μm。

侵染途径和发病条件　主要以菌丝体在种株或病残体上越冬。翌年随种苗栽植后,越冬的菌丝体在适宜的温度、湿度条件下产生分生孢子器和分生孢子。分生孢子借风雨传播到水芹的叶上,孢子萌发产生芽管,从叶片上的气孔穿透表皮而侵入其内。约经7~8天,病部又能产生分生孢子进行再侵染。分生孢子萌发的温度为9℃~28℃,发育的适宜温度为20℃~27℃,高于27℃时生长发育就缓慢。菌丝体能存活1年。菌丝体和分生孢子的致死温度为48℃~49℃,经30 min死亡。在田间发病较快,该病从9月下旬开始发生,可延续到次年3月至4月。

防治方法

① 种植无病种苗。

② 实行2年以上的轮作,以减少土壤带菌量。

③ 药剂防治。移栽后10天用70%代森锰锌可湿性粉剂600倍液,或75%百菌清可湿性粉剂700倍液,或50%烯酰吗啉可湿性粉剂1 500倍液,或25%

嘧菌酯悬浮剂1 000倍液,或58%甲霜灵·锰锌可湿性粉剂600倍液,或70%烯酰·霜脲氰水分散粒剂1 000倍液喷雾防治。

4. 水芹锈病

症状 主要危害叶片、叶柄和茎。幼苗期即受害。叶片上初生许多针尖大小褪色斑,呈点状或条状排列,后变褐色,中央呈疱状隆起,即病菌的夏孢子堆,疱斑破裂散出橙黄色至红褐色粉状物,即夏孢子。后期在疱斑上及其附近产生暗褐色疱斑即冬孢子堆。叶柄和茎秆染病,病斑初为浅黄花菜绿色点状或短条状隆起,破裂后散出夏孢子,有时表皮呈条状龟裂。严重时被害部位病斑密布,表皮破裂,使植株蒸腾量剧增,最终致使叶片、茎秆干枯。

病原 学名为 *Puccinia oenanthes-stoloniferae* Ito,是水芹柄锈菌,属担子菌亚门真菌。夏孢子堆直径为0.1～0.6 mm。夏孢子呈近球形、卵形至椭圆形,为淡褐色或淡黄色,大小为(20～32)μm×(16～23)μm,单胞,有小刺,含2～3个芽孔,不明显。冬孢子堆与夏孢子堆相似,但呈暗褐色。冬孢子为椭圆形,两头圆,分融处不缢缩或稍缢缩,颜色为淡栗褐色,大小为(30～38)μm×(20～26)μm,有细瘤,顶端稍厚,无色,易脱落。

侵染途径和发病条件 以菌丝体和冬孢子堆在留种株上越冬。在南方病菌可以夏孢子在田间辗转传播危害,完成病害周年循环,不存在越冬问题。天气温暖少雨或雾大露重及偏施氮肥,植株长势过旺时发病重。

防治方法

① 施足基肥,适时适量追肥,增施磷钾肥,以增强植株抗病力。

② 发病初期及时喷洒15%三唑酮可湿性粉剂1 500倍液,或70%代森锰锌可湿性粉剂1 000倍液+15%三唑酮可湿性粉剂2 000倍液,或25%丙环唑乳油3 000倍液,或20%腈菌唑可湿性粉剂3 000倍液。隔10～20天左右喷1次,连续防治2～3次。

5. 水芹软腐病

症状 发生在叶柄及茎基部。受害部位先出现水渍状、深褐色、纺锤形或不规则形凹陷斑,后出现腐烂状。后期病株发黑发臭。

病原 学名为 *Erwinia carotovora* subsp. *carotovora* (Jones) Bergey et al,是胡萝卜软腐欧文氏杆状细菌胡萝卜软腐致病型,属细菌。参考茭白软腐病的病原。

侵染途径和发病条件 病菌随病残体在土壤中越冬。病菌借助雨水或灌溉水传播蔓延,从植株的伤口侵入。病菌在4℃～36℃都能存活,并能使水芹发

病。发病的最适宜温度为25℃~30℃。病原菌寄主广,终年能发病。

防治方法

① 实行2年以上轮作。

② 发病田,在收获后及时将田里的病残体清除干净,并进行深翻晒垡。

③ 追施充分腐熟的有机肥。

④ 及时治虫,减少伤口。

⑤ 药剂防治。发病初期喷施72%农用硫酸链霉素可湿性粉剂4 000倍液,或15%溴菌腈可湿性粉剂1 000倍液,或4%春雷霉素可湿性粉剂400倍液,或3%中生菌素可溶性粉剂800倍液,或57.6%冠菌清干粒剂1 000倍液。隔7天喷1次,连续防治2~3次。

6. 水芹灰霉病

症状 在水芹各个生育期都能发生,能危害叶、叶柄、茎及花器。发病初期叶尖或植株基部出现水渍状斑,后病部软化变褐,萎蔫成一团,湿度大时病部长出灰白色霉层,叶柄易折断,严重时整株腐烂。

病原 学名为 *Botrytis cinerea* Pers.,是灰葡萄孢菌,属半知菌亚门葡萄孢属真菌。有性态为 *Botryotinia fuckeliana* (de Bary) Whetzel,是富克尔核盘菌,属子囊菌亚门真菌。子座埋生在寄主组织内,分生孢子梗细长,从表皮表面长出,直立,分枝少,深褐色,具膈膜6~16个,大小为(880~2340)μm×(11~22)μm。分生孢子梗顶端先缢缩后膨大,膨大处有小瘤状突起,上着生分生孢子。分生孢子单胞无色近圆形,大小为(5~12)μm×(3~9)μm。

侵染途径和发病条件 以菌核或分生孢子随病残体在土壤中越冬。温度、湿度适宜时,菌核萌发产生菌丝体,菌丝体产生分生孢子借助风雨传播蔓延。孢子萌发产生芽管,从水芹菜植株伤口和衰弱的组织侵入引起发病。病部又会产生大量分生孢子引起再侵染。病菌发育适宜温度为20℃~25℃,最高温度为30℃~32℃,最低温度为4℃。分生孢子萌发的最适宜温度为21℃~23℃,在气温为13.7℃~29.5℃时,分生孢子均可萌发。相对湿度高于94%时易发病。

防治方法

① 合理密植,加强田间通风透光性。

② 加强肥水管理,避免偏施氮肥,增强水芹植株抗病能力。

③ 药剂防治。可选用40%嘧霉胺悬浮剂1 000倍液,或25%啶菌噁唑乳油1 000倍液,或25%嘧菌酯悬浮剂1 000倍液,或42.4%唑醚·氟酰胺悬浮剂2 500倍液,或50%多·霉威可湿性粉剂800倍液喷雾。药剂要交替使用,隔

7～10天喷1次,连续防治2～3次。

7. 水芹菌核病

症状 水芹的叶、茎易感病。叶片发病初期在叶缘产生"V"字形水渍状腐烂,后产生絮状白霉,逐渐形成灰褐色至黑色小型菌核。茎部发病产生水渍状不规则坏死斑,引起水芹皮层腐烂,并长出白色絮状菌丝,由菌丝纠结成菌核。严重时造成水芹成片倒伏腐烂。

病原 学名为 *Sclerotinia sclerotiorum* (Lib.) de Bary,是核盘菌,属子囊菌亚门真菌。由菌核生出1～9个盘状子囊盘,初为淡黄褐色,后变褐色。生有许多平行排列的子囊及侧丝。子囊呈椭圆形或棍棒形,无色,大小为(91～125)μm×(6～9)μm。子囊孢子单胞,呈椭圆形,排成一行,大小为(9～14)μm×(3～6)μm。

侵染途径和发病条件 以菌核在浅土中越冬。遇有低温、湿度大时菌核萌发产生子囊盘,从子囊盘里弹射出子囊孢子,借气流或雨水传播到水芹上引起发病。发病后又产生菌丝,与附近的健株接触时扩大传染,造成该病由点片发生,发展到成片腐烂。气温为5℃～20℃,相对湿度大于85%,有利于发病,是保护地生产上的重要病害。进入11月即冬季或深冬季节,该病扩展迅速,易流行危害。

防治方法

① 实行轮作,选用无病种苗种植。

② 保护地可在前茬收获后闭棚15天,利用高温闷棚杀灭表层土壤中的菌核。

③ 加强田间管理,进入冬季后注意通风散湿,防止发病条件的出现。

④ 发病初期可选用40%嘧霉胺悬浮剂1 000倍液,或50%啶酰菌胺水分散粒剂1 000倍液,或30%醚菌酯水剂1 000倍液,或20%噻菌铜悬浮剂400倍液喷雾。药剂要交替使用,隔7～10天喷1次,连续防治2～3次。也可用前述药剂2 kg与细土50 kg混匀制成药土,撒在发病处防其蔓延。

(二)水芹虫害

1. 蚜虫

学名 危害水芹的蚜虫主要有桃蚜(*Myzus persicae* Sulzer)、胡萝卜微管蚜(*Semiaphis heraclei* Takahashi)和柳二尾蚜(*Cavariella salicicola* Matsumura)等3种,属同翅目蚜科。

四、水 芹

寄主 桃蚜属杂食性,寄主有350多种植物。胡萝卜微管蚜主要危害伞形花科作物如芹菜、水芹、芫荽、胡萝卜等,以及忍冬科植物如金银花、忍冬等。柳二尾蚜主要危害水芹、芹菜和柳属植物。

危害状 以成蚜、若蚜吸食水芹的汁液,水芹受害后失水,叶片卷缩变黄,植株矮小,营养不良,严重时整株死亡,还能传播病毒。

形态特征 桃蚜:[有翅胎生雌蚜]体长1.8~2.1 mm。头为黑色,额瘤显著向内倾斜,中额瘤微隆起,眼瘤也显著。有6节触角,除第3节基部淡黄色外,其余均呈黑色,第3节有感觉圈9~17个。胸部为黑色。腹部为绿色、黄绿色、褐色或赤褐色,背面有淡黑色斑纹。腹管细长呈圆筒形,端部为黑色。尾片呈圆锥形,中央稍凹缢,着生有3对弯曲的侧毛。[无翅胎生雌蚜]体长1.8~2 mm,呈橄榄形,全体为绿色、黄绿色、橘黄色或褐色,有光泽。触角6节,较体短,各节有瓦纹,第3节、第4节无感觉圈,仅第5节、第6节各有感觉圈1个。腹管为淡黑色,细长,呈圆筒形,向端部渐细,有瓦纹。额瘤、眼瘤、尾片均与有翅胎生雌蚜相同。

胡萝卜微管蚜:[有翅胎生雌蚜]体长1.6 mm,宽0.72 mm。颜色为黄绿色,有薄粉。触角第3节很长,大于第4节、第5节与第6节基部之和,并有稍隆起的小圆至卵形次生感觉圈26~40个,分散,第4节有次生感觉圈6~10个,第5节有次生感觉圈0~3个。中额瘤突起。腹管短无缘突,仅为尾片的1/2,尾片有毛6~8根。[无翅胎生雌蚜]体长2.1 mm,宽1.1 mm。卵形,颜色为黄绿色至土黄色,有薄粉。腹管呈黑色,尾片、尾板呈灰黑色。中额瘤及额瘤平微隆。腹管短弯曲,无瓦纹,无缘突。尾片圆锥形,中部不收缩,有细长曲毛6~7根。

柳二尾蚜:[有翅胎生雌蚜]体长2.2 mm,宽0.87 mm。颜色为黄绿色,或红褐色。头、胸呈黑色。触角第5节、第6节基部与端部几乎等长。腹部色淡,有黑色斑纹,第1节至第5节及第7节有小圆缘瘤,颜色有淡色也有深色,位于气门内方缘斑后部。腹管长为中宽的4倍,尾片为圆锥形,有毛4~5根。[无翅胎生雌蚜]体长2.2 mm,宽1.1 mm。长卵形,颜色为草绿色,或红褐色。中额瘤平,额瘤微隆。腹管呈圆筒形,中部微膨大,顶端收缩并向外微弯,有瓦纹,有缘突。尾片呈圆锥形,钝顶,两侧缘直,有弯纹构造,有6毛,上尾片为宽锥形,有瓦纹。

生活习性和发生规律 桃蚜1年发生20~30代。生活史复杂,有转移寄主的习性,分全周期生活型(迁移型)和半周期生活型(留守型)。一般夏寄主是十字花科植物、烟草、茄子、大豆等;越冬寄主是桃、李、杏、梅等果树。翌年3

月至4月间在桃、李等果树上孤雌生殖,繁殖2~3代,4月下旬至5月产生有翅蚜,向水芹等蔬菜上迁飞繁殖危害,10月中下旬部分向核果类果树迁飞越冬。全年出现春末夏初和秋季2个危害高峰期。在长江流域,以成蚜和若蚜在十字花科蔬菜的菜心里越冬,冬季无翅胎生雌蚜仍能胎生若蚜,并有有翅蚜产生。一般春、秋季完成1代需13~14天,夏季仅7~10天。发育起点温度为4.3℃,最适宜温度为24℃,高于28℃则不利于生长,温度自9.9℃升至25℃时,平均发育历期由24.5天降至8天。桃蚜增殖速率极快,在温度为20℃,相对湿度为80%时,1个月可增殖1.22×10^3倍,2个月可增殖1.5×10^6倍;在温室中,1个月可增殖2.6×10^6倍。对黄色、橙色有强烈的趋性,而对银灰色有负趋性。

胡萝卜微管蚜1年发生10~20代。主要在5月至8月间危害水芹等蔬菜,10月产生有翅性雌和雄蚜迁往忍冬科植物产卵越冬。翌年3月中旬至4月上旬越冬卵孵化,4月至5月危害忍冬科植物,5月有翅蚜迁入水芹等伞形花科蔬菜上危害。

柳二尾蚜一年发生10~15代。以卵在柳属植物上越冬。3月初气温高于5℃时孵化,4月至5月产生有翅蚜,向水芹、芹菜上迁飞危害,10月下旬产生雌蚜和雄蚜在柳树上交配产卵,越冬。最适宜生长温度是15℃~24℃。

防治方法

① 选择种植水芹的田块最好远离冬寄主的植物区。在早春时对水芹田块附近的冬寄主植物要及时主动防治虫害,减少迁飞虫口基数。

② 物理防治。放置黄色黏胶板诱黏有翅蚜。采用银白色锡纸反光,拒避有翅蚜迁入。

③ 化学防治。掌握在水芹受害卷叶率5%左右用药防治。可选用10%吡虫啉可湿性粉剂2 000倍液,或25%吡蚜酮可湿性粉剂3 000倍液,或25%噻虫嗪可湿性粉剂5 000倍液,或22%氟啶虫胺腈悬浮剂2 000倍液,或10%烟碱乳油500倍液,或1.1%苦参碱粉剂1 000倍液,或3.2%烟碱·川楝素水剂300倍液,或3%啶虫脒乳油1 500倍液喷雾。由于药液在水芹上不易被黏着,因此,在喷施前可在药液中添加少许洗衣粉以增加黏着性。若施药后遇雨天,天气转好后要及时补喷。

2. 朱砂叶螨

学名 *Tetranychus cinnabarinus* Boisduval,属蛛形纲真螨目叶螨科。

别名 棉红蜘蛛、棉叶螨(误订)、红叶螨、红蜘蛛。

异名 *T. telarius*(误订)。

四、水 芹

寄主 寄主广,对农作物、观赏植物及杂草均能取食。包括伞形花科的水芹、芹菜,茄科的茄子、辣椒、马铃薯,葫芦科的南瓜、丝瓜、黄瓜、冬瓜,豆科的蚕豆、大豆、豌豆,苋科的苋菜,锦葵科的棉等达100多种植物。

危害状 以成螨、若螨在水芹叶背面吸取汁液。危害初期,叶面上出现零星褪绿斑点,后这些斑点变成白色、黄色小点。严重时叶片变红、干枯、脱落,影响水芹正常生长。

形态特征 [成螨] 体色有红色或黄红色、绿色、黑褐色等。雌螨为梨圆形,长0.42~0.51 mm,宽0.28~0.32 mm。体躯的两侧有黑褐色长斑2块,从头胸部末端起延伸到腹部的后端,有时分为前后2块,前1块略大。雄螨头胸部前端近圆形,腹部末端稍尖,体长0.26 mm,宽0.14 mm。[卵] 直径为0.13 mm。形状为圆球形,有光泽。初产时透明无色,孵化前出现红色眼点。[幼螨] 体近圆形,色泽透明,取食后变暗绿色,眼为红色,有3对足。[若螨] 体呈微红色,有4对足,体侧出现明显的块状斑。

生活习性和发生规律 朱砂叶螨以两性生殖为主,也可孤雌生殖。雌螨一生只交配1次,雄螨可多次交配。交配后1~3天,雌螨即可产卵。卵散产,多产于叶背。一般雌螨可产50~100粒,最多300多粒。雌螨有爬迁习性,往往先危害植株的下部叶片,然后向上蔓延。在繁殖数量过多,食料不足和温度过高时,即迁移扩散,可靠爬行或随风雨远距离扩散。寿命长短、性别与取食的食料有关,雄螨一般在交配后即死亡,雌螨可存活2~5周,越冬的雌成螨可存活数月。发育起点温度为7.7℃~8.8℃,最适宜温度为25℃~28℃,相对湿度为33%~35%。日平均温度在20℃以下,相对湿度在80%以上,不利于繁殖。因此,高温低湿有利于危害发生。雨水对该螨有冲刷作用,是影响其田间种群消长的重要因素之一。

在长江中下游流域1年可发生18~20代,以成螨、若螨群集潜伏于向阳处的枯叶内、杂草根际及土块、树皮裂缝内及水芹、芹菜上越冬。早春日平均温度达到10℃时,开始繁殖危害,一般在3月至4月先在杂草、蚕豆等上取食,4月中下旬开始转移危害,6月至8月是危害高峰,一般9月下旬至10月开始越冬。

防治方法

① 在早春秋末结合积肥,清洁田园,消灭早春的寄主。

② 保护天敌,控制危害。朱砂叶螨的天敌很多,有各种捕食螨、食螨瓢虫、草蛉等,因此,要慎用农药。

③ 药剂防治。加强田间害螨监测,在点片发生时及时防治,药剂选用上避

免使用高毒农药,尤其是有机磷农药,不仅能杀伤大量天敌,而且会使害螨易产生抗性,从而引起再猖獗。可选用20%复方浏阳霉素乳油1 000倍液,或43%联苯肼酯(爱卡螨)悬浮剂3 000倍液,或5%噻螨酮乳油1 500倍液,或20%哒螨酮可湿性粉剂3 000倍液喷雾。

(三)水芹病虫害防控技术

1. 强化运用农业防治措施

① 轮作换茬。与豆科作物进行水旱轮作效果最佳。或以莲藕为前茬,也可以茭白一藕为前茬,即在秋种两熟茭的翌年夏茭采收前套种晚藕,待莲藕采收后种植水芹。亦可在一熟茭采收前套种水芹,待茭白采收后加强对水芹的生产管理,适时收获水芹。

② 选用耐病品种。如常熟小青芹、玉祁红芹等抗病性较好。

③ 避高温干旱季节育苗。可采用遮阳网进行遮阳降温育苗。加强肥水管理,培育壮苗,增强抗病能力。

④ 秧苗处理。移栽时用50%多菌灵可湿性粉剂500倍液浸水芹苗20 min后再种植。

2. 坚持科学的病虫害防治策略

① 防治对策:主治蚜虫,兼治病毒病、褐斑病。

② 防治时间:8月下旬至10月中下旬,即水芹的幼苗期至生长盛期。

③ 药剂选用:防治蚜虫可选用10%吡虫啉可湿性粉剂1 000倍液,或25%吡蚜酮悬浮剂1 500倍液喷雾。若有朱砂叶螨发生,可添加5%噻螨酮乳油1 500倍液,或11%乙螨唑悬浮剂5 000倍液一并喷雾。若有病毒病发生,可添加50%氯溴异氰尿酸水溶性粉剂1 500倍液或10%吗啉胍·羟基·烯腺可溶性粉剂1 000倍液一并喷雾。若有褐斑病发生,可添加70%甲基硫菌灵可湿性粉剂800倍液或77%氢氧化铜可湿性微粒粉剂800倍液一并喷雾。每隔7天喷1次,连续2~3次。注意交替用药,水芹采收前7天停止用药。

(四)水芹病虫害防控示意图

水芹病虫害防控示意图如图4-1所示。

四、水 芹

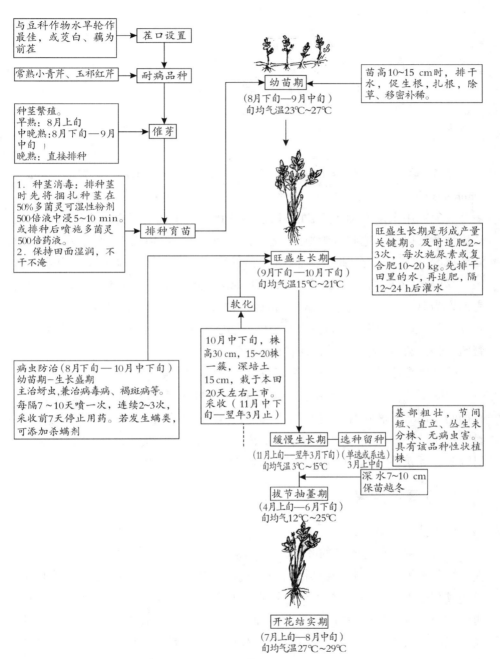

图 4-1 水芹病虫害防控示意图

五、荸 荠

荸荠,学名 *Eleocharis tuberosa*（Roxb.）Roem. et Schult.,英文名 Chinese waterchestnut,别名马蹄、地栗,古称芍、凫茈,为莎草科荸荠属多年生草本水生蔬菜。原产中国南部和印度,在中国已有 2 000 多年栽培历史。广泛栽培于长江流域及其以南各地和台湾地区,全国种植面积近 44.46 万公顷,广西桂林、浙江余杭、江苏苏州和高邮、福建福州、湖北孝感和团风、江西瑞金等地为著名产区。喜温暖,不耐霜冻。分蘖、分株和开花最适温度为 25℃～30℃,球茎膨大适宜温度为 20℃左右。球茎形成需短日照。在浅水条件下生长良好,要求土壤松软、肥沃。荸荠按球茎底部脐的形态可分凹脐和平脐 2 种类型。荸荠采用球茎繁殖。长江流域在春、夏季育苗栽种。

荸荠的食用部位是球茎。荸荠富含淀粉、蛋白质及钙、磷、铁等及维生素 C、B_1、B_2,并含有药用成分荸荠英,对金黄色葡萄球菌、大肠杆菌和绿脓杆菌等有抑制作用。荸荠味甘、性微寒、滑、无毒。能清热化痰、生津止渴、利肠化积、厚肠胃、疗膈气和醒酒解毒。荸荠苗,俗称通天草,味苦性平,有利尿通淋之功。但因荸荠性寒,不易消化,食之过量易腹胀,小儿及消化力弱者不宜多食。

（一）荸荠病害

1. 荸荠秆枯病

症状 主要危害荸荠的叶鞘、茎、花器等部位。叶鞘受侵害初期,在基部呈现暗绿色不规则形水渍状病斑,以后很快扩展到整个叶鞘,其病部在后期干燥后变成灰白色,并在上面着生黑色小点或长短不一的黑色线条点,即为该病菌的分生孢子盘。条件适宜时,病菌迅速向上部叶状茎扩散。茎秆感病后,初期也呈现水渍状椭圆形、梭形或不定型黑绿色病斑,后期在其病斑上面也会着生小黑点或黑色短线条点。湿度大时,病斑上会产生浅灰色霉层,受害严重时,病斑成条状。此时病茎组织会变得很软,病部凹陷,会使茎秆枯死,极易造成茎秆倒伏。严重时造成在田荸荠茎秆一片枯死、倒伏状,地下部不结球茎;轻者所结

五、荸荠

球茎小,造成果实畸形,品质下降,产量锐减。花器上染病,多发生在鳞片或穗颈部,致使花器黄枯,湿度大时病部上可产生灰白色霉层。

病原 学名为 *Cylindrosporium eleocharidis* Lentz,是荸荠柱盘孢菌,属半知菌亚门真菌。菌丝初期无色或呈淡灰色,后变褐色,有隔和疏散的分枝,可纠集成菌索。病斑表面的分生孢子盘细长,不突出,平行排列呈长短不等的黑色短条点。分生孢子梗呈短棒状或梨形,大小为 $(7 \sim 19)\ \mu m \times (4 \sim 7)\ \mu m$。分生孢子无色,无隔,呈线形或稍弯曲,顶端窄带尖,大小为 $(24 \sim 82)\ \mu m \times (3 \sim 7)\ \mu m$。

侵染途径和发病条件 以菌丝体和分生孢子盘随病株遗落在土中或球茎上越冬。翌年4月气候条件适宜时产生分生孢子,孢子萌发产生芽管,从荸荠的气孔或直接穿透表皮侵入组织内危害,并可以借助风雨或灌溉水进行传播蔓延扩大危害。早栽的荸荠在8月初始发病,8月至9月是发病盛期;晚栽的荸荠在8月底至9月初始发病,特别是白露后如遇连续大雾天气,在烈日的熏蒸下,可成片蔓延发病。病菌生长最低温度为5℃,最高温度为32℃,适宜发病温度在23℃~29℃。荸荠生长期如果气温在17℃~29℃,遇连阴雨或浓雾、露重的天气有利于发病流行。采用病株球茎留种或在重病田块里连续种植,往往发病早且危害重。此外,荸荠种植过密,封行过早,造成田间通风透光性差;或荸荠生长早期施用氮肥过多,磷钾肥缺乏,植株徒长柔弱等都会加重病情。品种间抗病性有一定差异,一般大红袍荸荠比苏荠、桂林马蹄等抗病性好。

防治方法

① 选用抗病品种。老病区可因地制宜地栽种番瓜荠、大红袍等较抗病品种,并注意要选用无病球茎或轻病田块的球茎为留种。

② 实行3年以上轮作。特别是在老产区,推行轮作是防治该病最经济有效的措施。种植荸荠1茬后,3年内轮作其他作物,如茭白、莲藕等或旱生蔬菜,可有效预防该病的发生、流行。

③ 加强田间管理。最好做到排灌水分开管理,避免串灌或漫灌。及时拔除田间病株并带出田外烧毁,以防病害互相传播蔓延。适当增施钾肥,可有效提高荸荠的抗病力。收获后,及时将田间病残体集中烧毁。

④ 苗前处理。在育苗之前,将种球茎先在40%氟硅唑乳油8 000倍液,或50%多菌灵可湿性粉剂600倍液,或70%甲基硫菌灵可湿性粉剂800倍液,或25%丙环唑乳油1 500倍液中浸18~24 h,然后进行育苗。定植时,将荠苗放在上述药液中齐腰浸泡,经3~5 h后再种植到大田里。

⑤ 药剂防治。在荸荠苗封行前用25%咪鲜胺乳油1 000倍液喷雾进行预

防,隔15天再喷1次。发病初期喷施40%氟硅唑乳油8 000倍液,或50%多菌灵可湿性粉剂600倍液,或25%丙环唑乳油1 500倍液,或70%甲基硫菌灵可湿性粉剂800倍液。尤其是在暴雨来临前要防治,雨后要及时补施药剂,才能有效地控制该病的蔓延危害。重点保护荸荠的新生茎秆免遭病菌的危害。每5天喷1次,病情控制后隔10天喷1次。选择2~3种药剂交替使用,防治效果为佳。

2. 荸荠茎腐病

症状 又称荸荠秆腐病。发病的叶茎呈枯黄色至褐黄色,病茎略细且短。发病部位主要在叶茎的中下部,病部初期呈暗灰色,后变为暗色不规则病斑,病健分界不明显,组织变软易折倒。湿度大时,病部可产生暗色稀疏霉层。

病原 学名为 *Curvularia lunata*（Walk.）Boedijn,是新月弯孢霉,属半知菌亚门真菌。分生孢子梗呈灰褐色,表面光洁,顶端产孢细胞多芽生,略膨大近膝状。分生孢子顶生或侧生,呈倒卵形至梨形,略弯,大小为(13.2~29.0)μm×(7.9~15.8)μm,多具3横隔,两端细胞色浅至无色或淡灰色,中间2胞为暗褐色。

侵染途径和发病条件 以菌丝体在病残体上越冬,为翌年初侵染源。此菌在未腐烂的病组织中可存活8个月。再次侵染时分生孢子借助风、雨传播危害。生长、产孢及萌发适宜温度为28℃~33℃。9月上旬即进入发病盛期,此间气温适宜,台风暴雨频繁,茎秆上易出现伤口,雨水有利于分生孢子传播和蔓延,10月后病情减缓或停滞下来。土质瘠薄,土层浅或缺肥,地势低洼,灌水过深易发病。

防治方法

① 与莲藕、茭白等水生作物进行轮作。

② 药剂处理球茎和荠苗。在育苗前用50%多菌灵可湿性粉剂600倍液浸泡种球茎18~24 h,在定植前再将荠苗浸泡18 h,同时剔除病弱苗。

③ 改进排灌水方式。种植田块宜小,做到排灌水分开,防止串灌、漫灌,以防病菌随水流扩散。

④ 提倡施用经酵素菌沤制的堆肥。

⑤ 抓住适期喷药保护。在荸荠生长期及时检查,发现病株即喷50%多菌灵可湿性粉剂800倍液,或50%烯酰吗啉可湿性粉剂1 500倍液,或25%烯肟菌酯乳油2 000倍液,或65%代森锌可湿性粉剂600倍液,或70%代森联干悬浮剂1 000倍液。每隔7天喷1次,连喷2~3次,雨后补喷,才能有效地控制该病。

3. 荸荠枯萎病

症状 俗称荸荠瘟、基腐病、死苗,是一种毁灭性病害。从播种至收获皆可

危害,致使荸荠烂芽、苗枯和球茎腐烂,尤以成株期受害重。苗期或成株期茎基部染病,初期变黑褐色腐烂,逐渐向上发展坏死,植株生长衰弱、矮化、变黄,似缺肥状,以后从一丛中的少数分蘖开始发黄枯萎,因此,又称半边枯,最后整丛全株枯死。根及茎部染病,变黑褐色软腐,植株枯死或倒伏,局部可见粉红色黏稠物,即病菌分生孢子座和分生孢子。球茎染病,荸荠肉变黑褐色腐烂,球茎表面亦可产生少许粉红色霉层。

病原 学名为 *Fusarium oxysporum* f. sp. *eleocharidis* Schiecht. D. H. Jiang. H. K. Chen,是尖镰孢菌荸荠专化型,属半知菌亚门真菌。在 PSA 培养基上,气生菌丝为绒毛状,呈淡紫色。分生孢子有大、小两型:小型分生孢子数量多,呈卵形或肾形,大小为 $(5.5\sim10.5)\mu m \times (2.6\sim3.3)\mu m$;大型分生孢子呈镰刀形,两端均匀地逐渐收缩变尖,壁薄,3~5 分隔,大小为 $(17.5\sim32.5)\mu m \times (3.5\sim14)\mu m$。厚壁孢子呈球形,直径为 $7\sim10\mu m$,大多单生或顶生。此外,*F. acuminatum* (Ell. et EV)Wr.(锐顶镰孢)对荸荠也具有较强的致病性,是生产上的一个潜在病原。

侵染途径和发病条件 以菌丝潜伏在荸荠球茎上或土壤中越冬,并可随球茎作为蔬菜或种荠的调运进行远距离传播。田间发病后病菌通过灌溉和雨水传播,使病害扩展蔓延。温度是影响该病发生蔓延的重要因素,病菌生长温度为 10℃~35℃,pH 为 3~13,生长适宜温度为 20℃~32℃。产孢最适温度为 25℃~30℃,pH 为 6。孢子萌发最适温度为 25℃,pH 为 7~9,致死温度为 55℃。6 月初秧田期始见发病株,7 月至 8 月初移栽大田后,有些带菌秧苗不等活棵即死亡,有些虽暂时可活棵,但生长缓慢,逐渐死亡。病菌可从匍匐茎蔓延侵染病株旁的健株,造成陆续死亡。7 月至 8 月气温高,病害发展较慢,9 月气温逐渐下降,病害呈暴发性发展,几天内就会成片枯死,9 月下旬至 10 月中旬为发病高峰期,10 月中旬后病害逐渐停止发展。荸荠生长期偏施氮肥和施用未腐熟的有机肥,病害发生重,若缺钾而氮肥又跟不上发病也重。田间种植过密,通透性差,易于发病。长期灌深水或过度晒田也易诱发病害。

防治方法

① 首先明确该病的分布,对疫区进行封锁。加强植物检疫,严禁带病球茎或种荠向外调运。

② 合理轮作,清洁田园。选择无病田块留种、育苗和定植。实行 2~3 年水旱轮作。发病初期及时拔除病株并带出田外深埋或烧毁,施药封锁发病中心,减少二次侵染源。荸荠收获后及时清除残留茎枯叶并集中烧毁。

③ 科学肥水管理。合理施用氮磷钾肥和微量元素肥,增施有机腐熟的肥料,提高植株抗病力。浅水勤灌,生长中后期田间保持湿润,适时适度晒田,以晒至田面小开裂为宜,一般晒田 3~5 天。

④ 土壤消毒。大田翻耕整田时,每亩(667 m²)施用生石灰 100 kg 沤田,5~7 天后再撒施 70% 敌磺钠可湿性粉剂 2.5 kg。

⑤ 对带病种荸进行消毒。在育苗前用 50% 多菌灵可湿性粉剂 600 倍液或 40% 氟硅唑乳油 8 000 倍液浸泡种球茎 18~24 h,在定植前再将荸苗浸泡 18 h,同时剔除病弱苗。

⑥ 药剂防治。在发病初期用 70% 敌磺钠可湿性粉剂 600 倍液,或 50% 多菌灵可湿性粉剂 600 倍液,或 30% 丙环唑乳油 1 500 倍液,或 25% 咪鲜胺乳油 1 500 倍液,或 3% 甲霜·恶霉灵水剂 700 倍液,或 70% 甲基硫菌灵可湿性粉剂 800 倍液喷雾。隔 7~10 天喷 1 次,连续防治 2~3 次。药剂交替使用,施药时田间应保持 3~5 cm 浅水层,以利于提高防治效果。

4. 荸荠小菌核秆腐病

症状　病部变黑腐烂,叶茎易折断,其内密生斜头黑色小菌核,地下根茎和球茎受侵染变褐色坏死。

病原　主要是 *Sclerotium oryzae* Catt.(小球菌核)和 *S. oryzae* Catt. var. *irregulare* Roger.(小黑菌核),属半知菌亚门小粒菌核菌属真菌。小球菌核菌的菌核为球形、卵圆形或长椭圆形,表面粗糙,初期呈乳白色,后变褐色。小黑菌核菌的菌核为球形、椭圆形或洋梨形,表面粗糙,初期呈白色,后变黄褐色至黑色。

侵染途径和发病条件　以菌核随病残体遗落在土中越冬。翌年春季菌核随灌溉水飘浮水面,接触荸荠苗萌发菌丝侵染致病。长期深灌水,后期脱水过早有利于发病。

防治方法

① 加强肥水管理。增施有机肥和磷钾肥,避免偏施氮肥,适时喷施磷钾肥,促苗健壮。同时管好水层,避免长期深灌水,中期适当搁田,后期防止过早断水。

② 及早喷药防病。在荸荠封行初期或初发病时,可选用 20% 噻菌铜悬浮剂 400 倍液,或 30% 醚菌酯水剂 1 200 倍液,或 25% 丙环唑乳油 1 500 倍液,或 40% 嘧霉胺悬浮剂 1 000 倍液喷雾。

5. 荸荠灰霉病

症状　主要在采收及贮藏期的荸荠球茎上发生,伤口处易发生。起初荸荠肉变棕褐色后变软腐烂,上生灰褐色霉层,为病菌的分生孢子梗和分生孢子。

此病亦可侵染叶片,多从叶尖或折伤的叶开始感病,逐渐使叶片呈枯白色至坏死,在病部产生稀疏灰色霉状物,即病菌的分生孢子梗和分生孢子。

病原 学名为 *Botrytis cinerea* Pers.,是灰葡萄孢菌,属半知菌亚门葡萄孢属真菌。孢子梗数枝丛生,大小为 $(811.8 \sim 1\,772.1)\,\mu m \times (11.8 \sim 19.8)\,\mu m$,顶端有 1~2 次分枝,分枝顶端头状膨大,其上密生小梗,小梗上密生分生孢子。分生孢子为圆形或椭圆形,单胞,无色,大小为 $(5.5 \sim 16)\,\mu m \times (5.0 \sim 9.25)\,\mu m$。

侵染途径和发病条件 以菌丝或分生孢子在荸荠的球茎和病残体上越冬。分生孢子借气流传播,从植株伤口入侵致病。以后病部产生分生孢子再侵染,低温高湿有利于发病。贮藏期湿度高发病重。

防治方法

① 选用无病种球育苗。

② 种荠处理。在育苗前先将球茎放入 50% 多菌灵可湿性粉剂 600 倍液中浸 24 h,再催芽播种。

③ 田间发病初期可选用 50% 啶酰菌胺水分散粒剂 1 500 倍液 + 50% 咯菌腈可湿性粉剂 5 000 倍液(1∶1),或 42.4% 唑醚·氟酰胺悬浮剂 3 000 倍液,或 50% 多·霉威可湿性粉剂 800 倍液喷雾防治。

④ 贮藏期球茎用 40% 嘧霉胺悬浮剂 1 000 倍液,或 25% 嘧菌酯悬浮剂 1 000 倍液,或 10% 苯醚甲环唑水分散颗粒剂 1 000 倍液,或 25% 啶菌噁唑乳油 1 000 倍液,或 50% 腐霉利可湿性粉剂 1 500 倍液喷淋再冷藏。

6. 荸荠红尾病

症状 发病部位主要在荸荠茎秆尾部,均匀黄化或黄褐色,且无斑点。该病极易与荸荠秆枯病相混,秆枯病主要危害叶鞘、茎、花等部位,初期为水渍状,后成暗绿色病斑,然后整条叶状茎干枯,后期整株枯死呈灰白色,通常病叶上有黑色小斑点或短绒状斑点,高湿条件下病叶表面有浅灰色霉层,常常形成发病中心,再由中心逐渐向四周扩散。红尾病也与因荸荠白禾螟危害造成的"红死"有别,荸荠茎秆被白禾螟危害后,初期茎秆顶端由绿转黄,在距茎尖 7 cm 左右的茎秆上可观察到棕褐色的卵块,在距地面 10 cm 左右的茎秆上有虫孔,剖开茎秆内可见有虫道、虫粪及灰白色幼虫,蛀孔呈椭圆形,边缘为黑褐色。

病原 生理性病害。

侵染途径和发病条件 由于荠农施基肥时,一般都是施用复合肥,有机肥施用少,因此,土壤缺少硼、锌、铁、锰等微量元素,特别是多年种植荸荠的土壤,这种由缺素引起的红尾现象尤为严重。红尾病多在 8 月至 9 月初荸荠生长中期才开始显露症状。而荸荠秆枯病主要盛发于荸荠生长中后期的9月中下旬至10月,荸荠封行,高温高湿条件下极易发生。从7月中旬至9月中旬为白禾螟第2代、第3代幼虫严重危害期,要加强防治。

防治方法 主要是在荸荠生长前期进行预防,即在6月下旬至7月中旬对过去的重病田每亩(667 m²)撒施硼砂、硫酸锌各2 kg或硼锌铁镁肥2~3 kg。也可每亩(667 m²)叶面喷施十元素硼肥100 g+磷酸二氢钾150 g兑水50~60 kg喷茎叶,每隔5~7天喷1次,连喷2~3次。若与荸荠秆枯病混发时,可加防秆枯病的药剂喷施,药剂选用可参照防治荸荠秆枯病的药剂。

7. 荸荠酸腐病

症状 主要在采收及贮藏期的荸荠球茎上发生,多从伤口侵入。病部呈黄褐色至暗褐色坏死,并逐渐向内发展,可致整个球茎腐烂变质,在病部表面上产生较致密的浅粉色霉层,为病菌的分生孢子梗和分生孢子。

病原 学名为 *Oospora* sp.,是卵形孢霉菌,属半知菌亚门真菌。分生孢子梗与菌丝区别很小。分生孢子串生于顶端,为圆柱形或椭圆形,单胞,无色,两端平切。

侵染途径和发病条件 病菌腐生性较强,以菌丝体在土壤中越冬。广泛存在于自然环境中,条件适宜产生分生孢子,通过气流、病土或接触传播,经伤口侵入。高温高湿有利于发病。

防治方法
① 精细采收,防止荸荠球茎受伤。
② 储运过程中注意轻拿轻放,保持阴凉通风,发现病球茎随时拣出集中深埋。
③ 必要时可进行药剂防治,选用50%多菌灵可湿性粉剂500倍液,或70%甲基托布津可湿性粉剂600倍液喷洒。

8. 荸荠软腐病

症状 主要在采收及贮藏期的荸荠球茎上发生,生长期亦可侵染茎部。球茎感病,病部表面呈浸润状,稍凹陷,内部呈灰白色至黄褐色,然后软化腐烂,高温高湿时散发出臭味。茎部感病多从茎基部开始侵入,病部呈水渍状污绿色坏死,逐渐软化腐烂,仅剩维管束组织。发病后期病部常混生其他杂菌。

病原 学名为 *Erwinia carotovora* subsp. *carotovora* (Jones) Bergey et al.,是胡萝卜软腐欧文氏杆状细菌胡萝卜软腐致病型,属细菌。参考茭白软腐病的病原。

侵染途径和发病条件 病菌随病残体在土壤中越冬。病菌借助雨水或灌溉水传播蔓延,从植株的伤口侵入。病菌在4℃~36℃都能存活,并能使荸荠发病。发病的最适宜温度为25℃~30℃。病原菌寄主广,终年能发病。

防治方法

① 实行2年以上轮作。

② 在收获后及时将发病田里的病残体清除干净,并进行深翻晒垡。

③ 追施充分腐熟的有机肥。

④ 及时治虫,减少伤口。

⑤ 药剂防治。发病初期喷施72%农用硫酸链霉素可湿性粉剂4 000倍液,或15%溴菌腈可湿性粉剂1 000倍液,或4%春雷霉素可湿性粉剂400倍液,或3%中生菌素可溶性粉剂800倍液,或57.6%冠菌清干粒剂1 000倍液。隔7天喷1次,连续防治2~3次。

9. 荸荠霉斑病

症状 主要危害茎秆,初现黑灰色霉斑,后变褐色干枯,呈烟煤污染状,影响荸荠的光合作用、产量及品质。

病原 学名为 *Alternaria* sp.,是链格孢菌,属半知菌亚门真菌。分生孢子梗为深褐色,单枝,有分隔,顶端串生分生孢子。分生孢子形态差异较大,多为棒状或椭圆形,颜色为淡褐色,有纵横膈膜,顶端有较短的喙状细胞。

侵染途径和发病条件 病菌以菌丝体在寄主植株上或落地病残体上越冬。借助种苗或气流等传播。高温高湿有利于发病,特别是雨天多则发病重。

防治方法

① 选用无病种球育苗。

② 发现病茎及时摘除并集中烧毁。

③ 发病初期喷洒50%异菌脲可湿性粉剂1 000倍液,或75%肟菌·戊唑醇水分散粒剂3 000倍液。隔10天喷1次,连续防治2~3次。

10. 荸荠球茎褐腐病

症状 主要在采收及贮藏期的荸荠球茎上发生。荠肉变成黄褐色至红褐色干腐状,湿度大时病部长出茂密的白色菌丝体,不久出现粉红色。

病原 学名为 *Fusarium* sp.,是镰刀菌,属半知菌亚门真菌。分生孢子有大、小两型,小型分生孢子单胞无色,卵圆形;大型分生孢子呈新月形,两端渐尖,略弯曲,有1~5个膈膜。

侵染途径和发病条件 病菌从伤口侵入,高湿有利于发病。

防治方法

① 选用无病种球留种、育苗。

② 精细采收，防止荸荠球茎受伤。

③ 采收后种球用50%多菌灵悬浮剂500倍液或50%甲基硫菌灵悬浮剂600倍液浸泡1 h，晾干。

（二）荸荠虫害

1. 白禾螟

学名 危害荸荠的白禾螟有荸荠白禾螟（*Scirpophaga praelata* Scopoli）和黄色白禾螟（*S. xanthopygata* Scopoli），属鳞翅目螟蛾科。

别名 纹白螟、白螟、荸荠钻心虫。

寄主 荸荠、甘蔗、席草及莎草科、禾本科、藨草属、灯芯草属等植物。

危害状 幼虫在茎秆基部蛀孔或钻蛀形成小虫道，使茎内壁与横膈膜被蛀空，仅留外表皮，且幼虫粪便污染严重。被害初期荸荠茎秆顶端逐渐褪绿变黄色、枯萎，数天后茎秆由上向下变红，之后再转为橘黄色，最后呈褐色腐烂状枯死，严重时全株枯死。分蘖期受害主茎分蘖明显减少，苗数不足。结球期受害，茎秆枯死，影响球茎膨大，球茎变小而轻，品质变劣，产量降低。

形态特征 黄色白禾螟与荸荠白禾螟是近似种。[成虫]两种虫体色均为白色至淡黄白色，大小也相似。荸荠白禾螟翅展雄虫体长23～26 mm，雌虫体长40～42 mm，全身白色。仅雌蛾腹部末端丛毛是棕褐色，雄蛾后翅反面呈暗褐色。雄蛾触角纤毛长，为触角鞭节各节直径的1～2倍。雄蛾背笇侧突边缘呈波形，阳茎角状器3枚中2枚粗壮，呈圆锥形，1枚细小。雌蛾囊导管短。黄色白禾螟稍大，雄蛾触角纤毛较短，约为触角鞭节各节的3/4。雌蛾腹末丛毛为褐黄色或灰白色。雄蛾背笇侧突边缘呈锯齿形，阳茎角状器3枚，2枚基部长，其中1枚端部分2叉。雌蛾囊导管细长。喙不明显，下唇须发达，较长，向水平方向前伸，下唇须第2节超过头长2倍。[卵]两虫相似，近圆形，为乳白色至褐色。数十至数百粒堆积成块，呈长馒头状，表面覆盖褐色鳞毛。[幼虫]老熟时体长15～25 mm，呈黄白色至灰褐色。黄色白禾螟头和前胸背板骨化，呈褐色。腹足趾钩列为单行多序环。[蛹]裸蛹。蛹色初为乳白色，后逐渐变为黄褐色。复眼为褐色。黄色白禾螟雌蛹长18～20 mm，宽约4 mm，雄蛹长14～15 mm，宽约3 mm。荸荠白禾螟蛹长13～15.5 mm，宽2.8～3.4 mm。

生活习性和发生规律 成虫不为害荸荠植株，趋光性弱，不善于飞行，昼夜均停留在荸荠茎秆上做休息状，遇惊扰只做极短距离飞翔，羽化、交配、产卵等均在夜晚进行。成虫羽化1天后就交尾，高峰在凌晨。交尾后当天雌蛾就产卵,大部分在晚上6~8时。成虫具有趋绿产卵习性,喜产在荸荠茎秆上,卵大部分产于距茎尖2~10 cm的茎秆上,少数产于附近莎草科、禾本科杂草或作物上。数十或上百个卵集结在一起成块状,多为1茎1卵块,少数为2~3块。雌虫一生可产卵4~5块,每一卵块平均含卵200粒左右。初孵幼虫具有群集性,一茎内可有数条或数十条幼虫。幼虫善爬行并能吐丝随风飘落,一般爬至近水面9~15 cm处钻入茎内,并在茎内穿透横膈膜向下蛀害,蛀孔呈椭圆形,边缘为黑褐色。幼虫共分5龄,到2~3龄后开始转株危害。一般幼虫孵化后3天,田间荸荠可出现枯心苗,21天可出现枯心苗高峰。每一卵块(第3代卵块)平均可形成枯心苗51株。老熟幼虫爬至茎基部,头部朝下,并在其上方约6 mm处咬一羽化孔(3 mm×4 mm),然后在茎内头部朝上吐丝作茧化蛹。20℃时卵期为10天,幼虫期为23天,蛹期为14天,成虫期为6~7天。

在南方地区1年可发生4~5代,长江中下游地区在荸荠上发生不完整的4代,其中第3代发生量最大、危害也最重,是防治重点。世代重叠现象明显。以幼虫在荸荠茎秆、残茬内靠基部处吐丝结薄茧滞育越冬。翌年开春,转移至上年荸荠自生苗上和附近莎草科、禾本科杂草或作物上取食,5月上旬化蛹,5月下旬至6月上旬越冬代开始羽化成蛾,6月中旬蛾盛发。第1代发生危害在6月上旬至7月中旬,第2代发生危害在7月中下旬至8月中旬,第3代发生危害在8月上旬至9月中旬,第4代是不完全代,9月中旬至次年6月上中旬,实际上在当年10月中旬后就进入越冬期。各代发育历期:第1代41.2天,第2代32.9天,第3代49.8天。第2代和第3代成虫产卵在荸荠种苗田和大田上,发生量大,危害最重,为主要危害世代,也是防治重点。凡是早栽荸荠施肥多,植株生长嫩绿,田块受害期长且重。

防治方法 由于荸荠白禾螟具有发生期长、世代重叠明显、虫口数量大、钻蛀为害等特点,给实际防治工作带来很大难处,因此,需要采取综合防治措施才能防效明显。

① 清洁田园。荸荠收获后,及时清除田间的荸荠残株枯茎,集中烧毁或沤肥,消灭越冬虫源。翌春5月上旬时,在越冬蛹羽化前铲除荸荠田间遗留的球茎自生苗和杂草。

② 适期栽种。因地制宜地调节种植期;在7月中下旬栽种,能避过第2代危害和减少第3代虫口数量,可减轻损失。

③ 合理施肥。施足腐熟有机肥作基肥,有针对性地增施磷、钾肥,避免荸荠茎秆过于嫩绿贪青而加重危害。

④ 摘除卵块。对于荸荠种苗田,由于种苗田面积较小,茎秆上的卵块较易识别,可人工集中进行清除卵块。该法简易而有效。

⑤ 水层管理。在各代化蛹高峰期灌深水可杀灭部分虫蛹,压低虫口基数,减轻其危害。

⑥ 保护天敌。保护和利用天敌进行防治是重要手段。荸荠白禾螟的天敌主要有赤眼蜂、瓢虫、蜘蛛、蚂蚁、蜻蜓、青蛙等。

⑦ 药剂防治。必须抓住"治早治小"的关键时期,在低龄幼虫未钻蛀危害之前施药,搞好秧田的苗期防治工作,主攻大田第 2 代,压制第 3 代。在 7 月中旬至 8 月中旬,掌握第 2 代和第 3 代孵化高峰前 2~3 天施药。药剂应选用兼具内吸性和触杀性的高效低毒低残留农药。可选用 15% 茚虫威悬浮剂 1 000 倍液,或 10% 氟虫双酰胺悬浮剂 2 500 倍液,或 20% 氯虫苯甲酰胺悬浮剂 2 000 倍液,或 4.5% 高效氯氰菊酯乳油 1 000 倍液,或 2.5% 高效氟氯氰菊酯乳油 2 000 倍液(后两种药应注意套养鱼虾的荸荠田不宜使用)。可直接田间泼浇,也可进行喷施。施药时田间最好保持一定的水层。喷药时一定要喷得均匀、周到,使茎秆能充分接触和吸收到药液,并可在药液中添加适量的洗衣粉,有利于药液提高黏着性,对防治效果的提高有很大作用。注意各药剂的交替使用,防止害虫抗药性的产生。

2. 尖翅小卷叶蛾

学名 *Bactra lancealana* Hübner,属鳞翅目卷叶蛾科小卷叶蛾亚科。

寄主 荸荠、席草及莎草科杂草。

危害状 被害茎秆绿色变淡,植株生长停止,易折断,造成枯心苗。

形态特征 [成虫]体长 5.5 mm,翅展 16 mm 左右。前翅为长方形,颜色为灰褐色,有褐色不明显斑块,翅中部及顶角下方各有 1 块楔块斑,前缘有许多白色钩状纹。后翅为灰白色,缘毛为白色。雌虫腹部圆大,呈黄褐色;雄虫腹部狭小,呈灰色。[卵]呈扁平的椭圆形,表面有些有皱褶,呈不规则多边形,有光泽。初产时卵为乳白色,后变深黄色,孵化时可见黑色小点。[幼虫]老熟时体长 11 mm,头宽 2 mm。初孵时呈乳黄色。头部初为黑色,后变成青绿色,背线绿色明显。胸部为黄白色,胸部到腹部前几节背面有 1 条褐色短线,腹部每节都有 4 个褐色小点,背线为深绿色,气门基线呈淡黄绿色。[蛹]体长 7 mm 左右。前期为绿色,后期变褐色。触角、中足均长达第 3 腹节,前翅芽、后足达第 4 腹节,第 3~8 腹节背面前缘有一排小刻点。

生活习性和发生规律 成虫不为害荸荠植株,有较强的趋光性,高温闷热的夜晚扑灯量会增多。成虫白天停息在荸荠基部,飞行能力较弱,晚上 8~12 时是交尾产卵活动高峰期。成虫羽化后即交尾产卵,无产卵前期,羽化后 1~2 天产卵最多,约占总卵量的 72%~80%。产卵延续时间为 2~6 天,于晚上 8~10 时产卵最多。产卵有趋嫩绿习性,大多产于距地 24~70 cm 嫩绿色茎秆上。卵块排列成 1~2 列,每卵块有卵 4~5 粒,最多 15 粒。卵期为 4~11 天。幼虫有吐丝习性,可随风飘移扩散至其他植株上。大多从离水面 1.5~3 cm 处茎秆侵入,从中部侵入的可使植株折断,蛀孔外留有虫粪。幼虫分 4 龄,3 龄后开始转株危害,一般 1 头幼虫能危害 4~7 株,常造成枯心苗。幼虫期为 18~26 天。老熟幼虫在化蛹前转移到健株上咬好羽化孔,在茎秆内吐丝作茧化蛹,化蛹部位随水层的高度而变化,一般羽化孔距荸荠根基部 2~3.5 cm。预蛹期为 2~3 天,蛹期为 5~6 天。

尖翅小卷叶蛾在江苏 1 年可发生 5 代,以 3 龄幼虫在席草留种田、荸荠残茬及莎草科杂草内越冬。翌年 4 月上旬温度在 12℃左右时,越冬幼虫从越冬株转移到健株上化蛹,4 月中下旬田间可见到蛾,田间从 4 月至 10 月均能见到成虫。第 1 代幼虫发生在 5 月上旬至 6 月上中旬,主要危害席草、莎草;第 2 代幼虫发生在 6 月中旬至 7 月中旬,主要危害荸荠、席草、莎草;第 3 代幼虫发生在 7 月下旬至 8 月中旬,主要危害荸荠、莎草;第 4 代幼虫发生在 8 月下旬至 9 月中下旬,主要危害荸荠、莎草;第 5 代幼虫发生在 9 月中下旬至 10 月中下旬,主要危害莎草、席草留种田。以第 2 代、第 3 代发生数量多,对荸荠易造成一定的危害。有时第 4 代危害也较严重。由于尖翅小卷叶蛾寄主较多,并对席草有偏食习性,因此,在席草与荸荠混栽地区,往往发生量大,危害重,在水稻种植区发生就较轻。田边莎草科杂草多,越冬基数大,次年发生危害也多且重。越冬幼虫在湿度较大的田块越冬死亡率低,干燥田块则高。

防治方法 由于尖翅小卷叶蛾具有发生危害期长、钻蛀转移为害等特点,在实际防治工作中有许多不便之处,因此,需要采取综合防控措施才能有明显防效。

① 清洁田园。荸荠收获后,及时清除田间的荸荠残株枯茎,集中烧毁或沤肥,消灭越冬虫源。翌春时,在越冬虫羽化前铲除田边莎草科杂草可压低越冬虫量。在各发生期及时清除田间杂草,破坏各代产卵场所,有利于压低各代发生量及减少越冬基数。

② 深水灭蛹。利用该虫在田间的化蛹部位随水层变动的特性,在各代老熟幼虫开始化蛹前只保持田间湿润或浅水层,以利其降低化蛹部位,然后再灌至

7～10 cm的深水,保持5～7天可杀死蛹。这可有效压低各代虫口基数,减轻其危害。

③ 灯光诱杀。成虫有较强的趋光性的特点,田间常利用点灯诱蛾进行灭杀。

④ 合理施肥。施足腐熟有机肥作基肥,有针对性地增施磷、钾肥,避免荸荠茎秆过于嫩绿贪青而引来该虫产卵,加重危害。

⑤ 药剂防治。在防治策略上应狠治第2代、第3代幼虫。防治时间掌握在卵块孵化高峰期前1～2天,也就是在低龄幼虫钻蛀荸荠前施药。药剂应选用兼具内吸性和触杀性的高效低毒低残留农药。可选用20%氯虫苯甲酰胺悬浮剂2 500倍液,或20%氟虫双酰胺水分散粒剂2 000倍液,或4.5%高效氯氰菊酯乳油1 500倍液,或2.5%高效氟氯氰菊酯乳油2 000倍液(后两药应注意套养鱼虾的荸荠田不宜使用)喷施。喷药时一定要喷得均匀、周到,使荸荠茎秆能充分接触和吸收药液,并可在药液中添加适量的洗衣粉,有利于药液提高黏着性,对提高防治效果有很大帮助。注意各药剂的交替使用,防止害虫抗药性的产生。

(三)荸荠病虫害防控技术

1. 强化运用农业防治措施

① 因时选种。根据当地季节、茬口等来安排种植品种,生长期短的可选用早熟品种,如麦茬荸荠采用温荠、桂林马蹄;生长期长的可采用晚熟品种,如苏荠、杭荠等。

② 实行3年以上轮作。荸荠病害大多是土传性病害,尤其是荸荠秆枯病、荸荠枯萎病。种植一茬荸荠后,3年内轮作其他作物,才能达到防治效果。

③ 适期栽培,避雨季,防病害。由于长江流域早熟荸荠在4月开始催芽,当其母株丛形成时,正值梅雨季节,植株郁蔽,田间通风透光性差,湿度大,易感病,因而适当延迟荸荠球茎育苗和移栽期有利于发棵、分蘖、结荠与防病。建议荸荠球茎在6月下旬至7月上旬育苗,7月上旬至7月下旬移栽。

④ 加强水肥管理。早荸荠生长期长,在营养生长期不宜施化肥,以防茎叶徒长,易感染病害。晚荸荠生长期短,应掌握"前期促长,中期稳长,后期防早衰"原则,在施足基肥的基础上,每亩(667 m^2)增施过磷酸钙20 kg和氯化钾(或硫酸钾)15 kg,既能增强植株抗逆性,又能提高产量,改善品质。

⑤ 深水灭蛹。在白禾螟、尖翅小卷叶蛾各代老龄幼虫开始化蛹时,降低水位,只保持田间湿润,压低化蛹部位,化蛹后再灌至7～10 cm的深水,并保持该水位5～7天,淹死虫蛹。

⑥ 及时除草。一般荸荠在第一、第二分株期进行耕田1～2次,并拔除田埂

四周杂草,尤其是莎草科、禾本科杂草。荸荠收获后,清除残株枯茎,集中烧毁或沤肥。

2. 坚持科学的病虫害防治策略

在荸荠的整个生长季节,病虫害常混合发生,如果对病虫害进行各个单独防治,不仅会增加施药次数,提高生产成本,而且会增加对生态环境和荸荠本身的污染。在掌握苏、浙一带荸荠病虫害发生消长规律的基础上,制定出防治适期及对策,各地可因地制宜运用。

荸荠病虫害总体防治对策是,主攻病害(荸荠秆枯病、荸荠枯萎病),兼治虫害,达到病虫双治目的。

(1)球茎、荠苗消毒

在育苗之前,将种球茎先在40%氟硅唑乳油8 000倍液,或50%多菌灵可湿性粉剂600倍液,或70%甲基硫菌灵可湿性粉剂800倍液,或25%丙环唑乳油1 500倍液中浸18~24 h,然后进行育苗。定植时,将荠苗放在上述药液中齐腰浸泡,经2~3 h后再种植到大田里。

(2)荸荠病虫害总体防治策略

其一,第1次病虫害总体防治战。

① 防治对策:以早茬荸荠为重点,主攻白禾螟、尖翅小卷叶蛾第2代,监控荸荠秆枯病、荸荠枯萎病发生。

② 防治时间:6月上中旬至7月中旬,即荸荠分蘖分枝期。此时正值梅雨季节,掌握2代白禾螟孵化高峰期施药。

③ 药剂选用:防治白禾螟、尖翅小卷叶蛾可选用20%氯虫苯甲酰胺悬浮剂2 000倍液,或10%四氯虫酰胺悬浮剂1 000倍液,或15%茚虫威悬浮剂1 000倍液,或10%氟虫双酰胺悬浮剂2 500倍液,或30%乙基多杀菌素·甲氧虫酰肼悬浮剂2 500倍液喷雾。若有荸荠秆枯病、枯萎病发生,可添加50%多菌灵可湿性粉剂600倍液,或25%丙环唑乳油1 500倍液,或70%甲基硫菌灵可湿性粉剂800倍液,或25%咪鲜胺乳油1 000倍液,或40%氟硅唑乳油8 000倍液一并喷雾。

其二,第2次病虫害总体防治战。

① 防治对策:狠治两病(荸荠秆枯病、荸荠枯萎病)、两虫(白禾螟、尖翅小卷叶蛾),兼治其他病虫。

② 防治时间:7月下旬至9月上旬,即荸荠球茎膨大期和开花结实期。此时白禾螟、尖翅小卷叶蛾在田间世代重叠,危害性最大,必须做好深水灭蛹和孵化盛期施药防治工作。

③ 药剂选用:同第 1 次防治战选用药剂。

(四)荸荠病虫害防控示意图

荸荠病虫害防控示意图如图 5-1 所示。

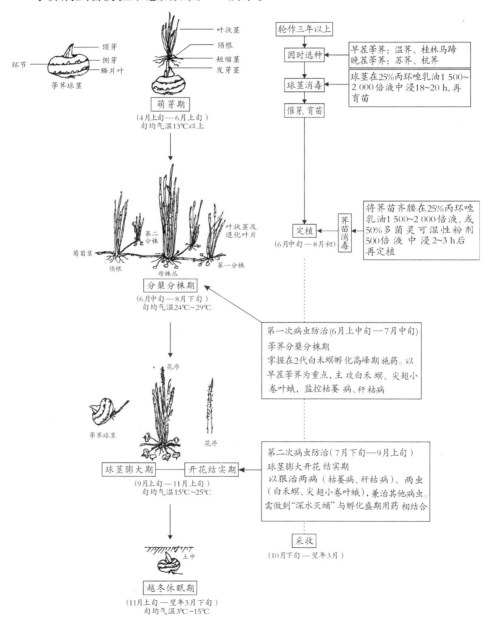

图 5-1　荸荠病虫害防控示意图

六、芡 实

芡实,学名 *Euryale ferox* Salisb ex Koning et Slims.,英文名为 cordon euryale,别名芡、鸡头米、鸡头、乌头、鸡嘴莲,古称雁喙、卵菱,为睡莲科芡属一年生大型草本水生蔬菜。以自花授粉为主。原产中国和东南亚,在中国栽培历史悠久,已有 6 000 多年。广泛分布于淮河流域以南各地湖泊、池塘、圩沟及低洼潮湿滩地。芡实喜温暖,不耐霜冻,生长适宜温度在 20℃ ~ 30℃。需要较深的水层及深厚、肥沃的土壤和充足的阳光。芡实采用种子繁殖。目前我国栽培芡实按植株是否长有刚刺可分为两大类:一类为刺芡,又名北芡,多为野生种,全国各地分布极广,植株茎、叶、果均密生刺,春季直播,多在秋季老熟后一次性采收,籽粒小,性粳,品质差;另一类为苏芡,又名南芡,主要分布在苏州市郊及东太湖地区,是苏州芡农长年驯化培育而成的栽培种,植株除叶背、叶脉上有稀疏刺外,其他部位均无刺,春季育苗移栽,夏季定植,秋季可根据需要按不同成熟期分批采收,籽粒大,性糯,品质优。

芡实的食用部位是种子(芡米)、叶柄、果柄。芡实种仁富含淀粉、蛋白质和钙、磷、铁及多种氨基酸等,并含有药用成分胶质,有抗癌作用。芡实味甘、涩,性平,因此,常作滋补品,用来健脾止泻、益肾固精、祛湿止带,久服芡实可身轻不饥,耐劳。芡实为苏州"水八仙"之冠。

(一)芡实病害

1. 芡实叶斑病

症状 又称黑斑病、叶片角卷霉斑腐病、拟叉梗霉斑腐病、麸皮瘟。发病初期芡叶外缘有许多暗绿色至浅黄色圆形小病斑,后扩展成近圆形黄褐色至深褐色坏死斑,有时具轮纹,一般直径在 3 ~ 4 mm,最大可达 8 mm,易腐烂。严重时病斑连片,使整片叶腐烂。潮湿时病斑上生灰褐色霉层,即病菌的分生孢子梗和分生孢子。

病原 学名为 *Dichotomophthoropsis nymphaearum* (Rand.) M. B. Ellis.,是角

卷霉，或卷喙旋孢霉，或睡莲拟叉梗霉，异名为 *Helicosporium nymphaearum* Rand. (*Helicoceras nymphaearum*（Read）Linder)，属半知菌亚门真菌。子实体生在叶面上，无子座。分生孢子梗直立呈圆筒形，淡色，单生或丛生，分枝少，具膈膜 $1 \sim 3$ 个，顶端膨大，长出 $2 \sim 4$ 叉的突起，大小为 $(13 \sim 53) \mu m \times (3 \sim 6) \mu m$。分生孢子细长，多分隔，分隔处明显缢缩，上部弯曲或卷曲成"发条"状，可卷旋 $1 \sim 3$ 圈，褐色至榄褐色，两端钝圆，具分隔 $10 \sim 20$ 个，表面密生小刺，大小为 $(50 \sim 117) \mu m \times (28 \sim 40) \mu m$。该菌在马铃薯培养基上，可产生黑褐色小菌核。也有认为是 *Heterosporium variabile* Cke. 菠菜霉斑瘤蠕孢霉（属于半知菌亚门真菌）危害。

侵染途径和发病条件　以菌丝体或厚垣孢子在病残体上越冬。翌春产生分生孢子进行初侵染引起发病，出现中心病株又产生分生孢子再侵染，造成全田发病。借助风雨和气流传播蔓延。常年7月中旬至8月中旬受害重，在台风出现早且频繁的年份，病害发生早且重。凡是水温高，水质差的田块，发病就重。氮肥施用过多，生长过旺也有利于发病。

防治方法

① 重病地实行水旱轮作。

② 做好田间清洁。在生长期和收获时摘除病残株叶，并做深埋或烧毁处理。

③ 加强肥水管理。施足腐熟有机肥或经酵素菌沤制的堆肥作基肥，每亩（667 m^2）施肥 $400 \sim 500$ kg，后耕翻混入土中。根据实情看苗看田适量追肥，氮肥与磷钾肥相结合，提倡施用氮磷钾三元复合肥，严控氮肥，适当增施钾肥。结果期视苗情补充追肥，用0.2%的磷酸二氢钾液或含有硼、锌等微量元素的叶面肥进行根外追肥。按芡实的不同生育阶段管好水层，做到深浅适宜，以水调温调肥，防止因水温过高或长期深灌水加重发病。

④ 发现病叶及时摘除，带出田外集中烧毁或深埋。再喷洒50%多菌灵可湿性粉剂+75%百菌清可湿性粉剂按2∶1混合稀释600倍液，或25%嘧菌酯悬浮剂1 500倍液，或80%多菌灵可湿性粉剂800倍液，或70%甲基硫菌灵可湿性粉剂800倍液。隔10天左右喷1次，连续防治 $2 \sim 3$ 次。采收前7天停止用药。

2. 芡实叶瘤病

症状　发病初期在叶面上出现淡绿色黄斑，后隆起畸形膨大呈瘤状，向外快速增生突起，形成外表皱缩的球形叶瘤，大小不等，直径为 $4 \sim 50$ cm，高 $2 \sim 10$

六、芡　实

cm。瘤的形状不规则,呈黄色,上生红斑或红条纹,后期开裂或变褐腐烂,散发出大量黑褐色圆球形的冬孢子球。严重时叶片上数个或十余个叶瘤同时生出,叶瘤大时易致芡叶下沉水底,花果不能正常出水,严重影响芡实正常生长结实,对产量影响较大。

病原　学名为 *Doassansia euryale* sp.,属担子菌亚门实球黑粉菌属的真菌。孢子堆常生于叶上,埋于寄生组织内。孢子为团球形或亚球形,大小为(160 ~ 300) μm × (130 ~ 260) μm;外有一层长椭圆形至长圆形、榄褐色或黑褐色为(17 ~ 30) μm × (9 ~ 18) μm 大的不孕细胞;中间为厚垣孢子结合成团。孢子为球形或多角形,呈褐色,大小为(11 ~ 15) μm × (3 ~ 10) μm。也有认为是 *Entyloma euryale* 叶黑粉菌(属于半知菌亚门真菌)危害。

侵染途径和发病条件　以厚垣孢子团随病残体在土壤中越冬。翌年温度达 18℃ 以上时厚垣孢子萌发产生担孢子,借助气流、雨水、田水等传播侵染健叶引起发病,产生担孢子进行再侵染。在 7 月至 8 月雨水多,尤其是雷阵雨、暴风雨多,病害发生就重。偏施氮肥会加重病害的发生。

防治方法

① 实行轮作。尤其与旱生蔬菜或粮油作物进行轮作效果为佳。

② 做好田间清洁卫生。收获后及时清除病残体。

③ 合理施肥。增施磷、钾肥和微量元素肥,不单施氮肥。在生长期可叶面喷施 0.2% 的磷酸二氢钾液和微量元素肥作根外追肥。

④ 调控水位。在芡实茎叶旺盛生长期,田间水位控制在 40 ~ 50 cm,果实采收期水位不低于 35 cm,芡田应经常添加新鲜水,保持良好的水质,严禁在生长期施用有机肥,禁止污水灌溉。

⑤ 药剂预防。在芡实定植活棵后,植株开始进入旺盛生长期,可分期施药预防。可叶面喷施 70% 甲基硫菌灵可湿性粉剂 800 倍液,或 50% 多菌灵可湿性粉剂 600 倍液,或 65% 代森锌可湿性粉剂 500 倍液,或 70% 丙森锌可湿性粉剂 500 倍液,或 78% 波尔·锰锌可溶性粉剂 500 倍液。隔 7 ~ 10 天喷 1 次,连续防治 2 ~ 3 次。

⑥ 及时割除病瘤。将病瘤携出田外深埋处理,并喷 10% 腈菌唑乳油 1 000 倍液,或 10% 苯醚甲环唑水分散颗粒剂 1 500 倍液。隔 7 ~ 10 天喷 1 次,连续防治 2 ~ 3 次。

3. 芡实炭疽病

症状　主要危害叶片,亦可侵害花梗。叶片上病斑呈圆形或近圆形,直径

2～7 mm不等,病斑融合呈不规则小斑块,病斑边缘为褐色,中央为淡褐色,具明显同心轮纹,其上生小黑点,即病原菌的分生孢子盘。严重时病斑密布,有的破裂或穿孔。花梗病斑呈纺锤形,为褐色,稍凹陷。

病原 学名为 *Colletotrichum gloeosporioides* Penz,是胶孢刺盘孢菌,异名为 *C. nymphaearum* Allesh,属半知菌亚门真菌。分生孢子盘生于叶面,呈圆形或椭圆形,密集,颜色为黑褐色,直径为 39～294 μm。分生孢子盘刚毛较稀少,呈短刺状,直或稍弯,具分隔 2～3 个,高约 26～69 μm。产孢细胞无色,为瓶梗状。分生孢子为短棒状,单胞无色,具油球 1～2 个,大小为(10～19)μm×(3～5)μm,通常以 14.5～4.9 μm 居多。

侵染途径和发病条件 以菌丝体和分生孢子座在病残体上越冬。以分生孢子进行初侵染和再侵染,借助气流或风雨传播蔓延。该病在6月至11月发生,其中在8月至10月受害重,发生普遍。高温多雨尤其是暴风雨频繁的年份或季节易发病。连作地或植株过密、通风透光性差的田块发病重。

防治方法

① 加强肥水管理。在用肥上,要适施基肥,控制氮肥,加强追肥。在用水上,根据芡实不同生育期,做到深浅适度,以水调温调肥,提高植株的抗逆性。

② 做好田间清洁卫生。及时清除病株、病叶,带出田外烧毁或深埋。

③ 药剂防治。可用 50%咪鲜胺可湿性粉剂 1 500 倍液,或 40%氟硅唑乳油 5 000 倍液,或 70%甲基托布津可湿性粉剂 800 倍液,或 43%戊唑醇悬浮剂 3 000 倍液,或 10%苯醚甲环唑水分散颗粒剂 1 500 倍液喷雾或大水泼浇。隔 7 天喷 1 次,连续防治 2～3 次。

4. 芡实瘟病

症状 主要危害叶片,严重时亦可侵害花器。叶片上初现形状不规则的褐色小点,后扩展成不定型黄褐色至暗褐色坏死点,短期内能使叶缘坏死腐烂。花器染病呈褐色不规则坏死,后软化腐烂,最后仅剩纤维组织和种子,在其上可产生灰白色至黄褐色菌丝团,最终变成茶褐色粒状菌核。严重时芡籽亦变褐腐烂,病叶组织腐烂破碎,漂浮水面,产生许多小气泡,使水面极端污浊。

病原 学名为 *Sclerotium hydrophilum* sacc.,是喜水小菌核菌,属半知菌亚门真菌。菌核呈球形、椭圆形或洋梨形,初期为乳白色,后变黄褐色至黑褐色,表面粗糙,大小为(315～681)μm×(290～664)μm,外层的深褐色细胞大小为(4～14)μm×(3～8)μm,内层无色至淡黄色,结构疏松,组织里的细胞大小为 3～6 μm。

六、芡 实

侵染途径和发病条件 以菌丝体和菌核随病残体遗落在芡田中越冬。翌年菌核借助灌溉水传播,漂浮在水中,接触芡叶后即萌发产生菌丝侵入致病。发病部位又产生菌丝、菌核,不断进行再侵染,使病害蔓延扩展。病菌发育适宜温度在25℃～30℃,高于39℃或低于15℃不利于发病。夏秋高湿多雨季节易发病。

防治方法

① 减少菌源,采收时清除病株残体,栽芡实时清除下风塘田边的"浮渣",带出田外烧毁或深埋。

② 发病初期喷施或泼浇40%嘧霉胺悬浮剂1 000倍液,或40%多·井胶悬剂500倍液,或50%啶酰菌胺水分散粒剂1 000倍液,或20%噻菌铜悬浮剂400倍液。隔10天喷1次,连续防治2次。

(二)芡实虫害

1. 莲藕潜叶摇蚊

学名 *Stenochironomus nelumbus* Tokunage et Kuroda,属双翅目摇蚊科。

别名 莲窄摇蚊、水蛆。

寄主 芡实、莲藕、菱、萍等。

危害状 该虫不能离开水,只危害芡实浮叶。主要以幼虫潜伏在芡叶内啃食叶肉,叶面初出现线形状潜道,随着幼虫的逐渐取食、长大,潜道成喇叭口状向前扩大,最终形成短粗状紫黑色或酱紫色蛀道。大龄幼虫将虫粪堆积在虫道两侧,因而潜道内有一段深色形似平行线的排列形状。大发生时浮叶100%受害,受害严重的浮叶叶面布满虫斑,数十或上百条幼虫纵横交错蚕食浮叶,各虫道相连,叶面上布满紫黑色或酱紫色虫斑,引起受害处四周开始腐烂,使受害芡叶失绿、坏死,终致全叶枯萎。

形态特征、生活习性、发生规律、防治方法 参考莲藕的莲藕潜叶摇蚊。

2. 莲缢管蚜

学名 *Rhopalosiphum nymphaeae* Linnaeus,属同翅目蚜科。

别名 腻虫。

寄主 芡实、莲藕、慈姑、菱、水芹、水芋、莼菜、香蒲、水浮莲、绿萍、眼子菜等水生植物。

危害状 以若蚜、成蚜群集于芡实幼苗的嫩叶上刺吸叶汁,受害轻者呈现黄白斑痕,逐渐致使叶片发黄,生长不良,严重时叶片难于展开。

形态特征、生活习性、发生规律、防治方法 参考莲藕的莲缢管蚜。

3. 萍摇蚊

学名 危害芡实的萍摇蚊有 *Tendipes attenuatas* Walker（萍褐摇蚊）和 *Tendipes riparius* Mergcn（萍绿摇蚊），这 2 种萍摇蚊的幼虫均称红丝虫；还有 *Tendipes cricotopus* sp.（萍黄摇蚊），其幼虫俗称白丝虫，均属双翅目摇蚊科摇蚊属。

别名 摇蚊的幼虫统称萍丝虫。

寄主 芡实、莼菜、绿萍。

危害状 幼虫咬食芡实叶背的叶肉，使叶片残缺不全，叶片变紫褐色，严重时变黑褐色，严重时整片叶吃光；还能危害嫩茎和根，造成芡实植株残缺、发黄、生长缓慢，甚至死亡。

形态特征 萍褐摇蚊：[成虫] 体长 4～5 mm，为茶褐色。雌蚊两翅中央各有 1 黑斑，触角棒状，中胸两侧各有 1 黑色斑点，腹部有 4 条黑色斑纹。雄蚊体瘦小，触角呈羽毛状，腹部有 3 条黑色斑纹。[卵] 呈小球形，白色透明，孵化时为棕褐色。卵 50～80 粒不规则地排列于白色胶质球形的卵囊中。卵囊直径为 1～2 mm。[幼虫] 体长 7～8 mm，为红褐色。无中、后胸，前胸和腹部末节各有伪足 1 对，无血鳃。[蛹] 体长 4～5 mm，为暗红色。头、胸大，腹部各节依次细小，前胸背侧各有 1 丛白色绒毛状呼吸器伸出头部上面。

萍绿摇蚊：[成虫] 体长 4～5 mm，为绿色。胸部背面有 3 条土黄色纵条斑，腹部各节连接处为白色，但第 5 节和第 7 节较宽。前翅有 1 个小黑点。[卵] 同萍褐摇蚊相似，孵化时为淡褐色。[幼虫] 同萍褐摇蚊相似，但体形较粗。[蛹] 同萍褐摇蚊相似，体色呈暗绿色。

萍黄摇蚊：[成虫] 体长 2.8～3.5 mm，为淡黄色。形似蚊子，头小，胸大，足长，腹部似蜻蜓。胸部背面有 3 条黑褐色纵条纹，腹部背面有 5 条黑褐色斑纹。翅薄而透明，无黑斑。[卵] 形状为长椭圆形，呈乳黄色，数百粒卵聚集于一卵囊中。[幼虫] 体长约 4 mm，为黄白色。无中、后胸足及腹足，腹部末端有数条细长血鳃。[蛹] 体长约 3 mm，为淡黄色。体型及其他特征与萍褐摇蚊相似。

生活习性和发生规律 成虫趋光性强。白天多在稻丛、田边杂草或芡叶上潜伏。多在傍晚羽化，羽化后在芡叶上栖息 1～2 h 即能飞翔。成虫寿命为 4～5 天。羽化的当晚或次晚黄昏，在离地高 1 m 处成群飞舞交尾，并于当晚产卵。交尾和产卵在晚上 9 时以后，以 10～11 时最盛，黎明前后产卵最多。卵囊黏附于芡叶上。一般每雌虫仅产 1 个卵囊。初产的卵囊极小，为乳白色小点，经吸水后膨大成直径为 2 mm 左右的不规则的白色小球状胶团。卵期为 1～3 天。

六、芡 实

初孵幼虫虫体极小,在芡叶上咬食并能钻入叶内啃食叶肉。幼虫可营浮游生活。至3龄以后,食量渐增,缀碎片等结茧筑巢,匿居其中,仅伸出虫体前部来回取食芡叶。幼虫期为10~20天(越冬代除外)。老熟幼虫至预蛹期间能吐丝作茧为虫巢化蛹,在茧内蜕皮化蛹,少数在水中化蛹。近羽化时蛹能钻出巢茧,悬浮活动于水中,至体表变黑而具光泽时,随即浮于水面羽化。

在南方1年发生9~12代,以幼虫越冬。冬季气温较高时仍能活动取食。4月中旬越冬代成虫盛发,第1代历期40天,其他各代历期20~30天。全年春、夏、秋3季都可为害,世代重叠,以夏季为害最重。当日平均温度为28.7℃~33.7℃时,完成1个世代需18天左右。

防治方法

① 农业防治。芡田控制浅水,日排夜灌,使萍摇蚊活动受到限制,可减少其对芡叶的危害。此外,合理施肥、精细管理,使芡实繁殖迅速,大大超过萍摇蚊的繁殖速度,也能减轻芡叶的受害。

② 灯诱成虫。萍摇蚊趋光性极强,利用点灯诱杀成虫,可收到较好的效果。

③ 杀灭越冬幼虫。在芡实播种或移栽前,分别对育苗床和移栽田块用3%辛硫磷颗粒剂每亩(667 m²)撒施1.5~2 kg。也可用4.5%氯氰菊酯乳油1 500倍液或90%敌百虫晶体800倍液喷于水中。

④ 药剂防治。发生危害初期用90%敌百虫晶体1 000倍液,或80%敌敌畏乳油800倍液喷雾。隔7~10天再喷1次。也可每亩(667 m²)用3%辛硫磷颗粒剂3 kg撒施;或用茶籽饼5~6 kg,捣碎冲水25 kg,浸一昼夜,去渣过滤,加水至75 kg喷雾或加水200 kg泼浇。

4. 菰毛眼水蝇

学名 *Hydrellia magna* Miyagi,属双翅目水蝇科。另外还有 *Notiphila canescens* Miyagi(灰刺角水蝇)、*Notiphila sekiyai* Koiz(稻水蝇)等,主要以菰毛眼水蝇为主,占80%以上。

寄主 芡实、茭白、野茭白、水稻、看麦娘、绿萍、水花生等。

危害状 初孵幼虫大多从嫩叶的叶脉间蛀食,后向内蛀食,虫道内充满黄褐色碎屑或结成黄褐色块状。被害叶常沿虫道开始腐烂,造成烂叶。

形态特征、生活习性 参考茭白的菰毛眼水蝇。

发生规律 在苏、浙一带1年发生4~5代。以老熟幼虫在茭白、野茭、芦苇墩根茎壁上越冬。翌年3月上中旬开始活动,向根茎壁转移化蛹,未老熟幼虫可转移到新抽发的叶片叶鞘内潜食危害。3月中旬开始化蛹,化蛹高峰出现在4月

中旬,羽化高峰在5月中下旬。此时,正值芡实幼苗生长期,对嫩叶危害极大。

防治方法

① 消除越冬场所,压低虫源基数。在秋茭收获后,将铲除的茭墩、雄茭、灰茭、残茬晒干后集中烧毁,或者直接填埋水淹、沤肥。

② 及时清洁田园,铲除田间杂草。在生长季节及时清除芡实地的杂草及田边瓜皮果壳等腐败物,减少成虫产卵场所和取食来源。

③ 利用灭蝇纸诱杀成虫。根据成虫有喜田边杂草活动习性及对腐臭物和甜食有趋性,选用市售苍蝇黏胶纸,在纸上滴5%~10%蜂蜜水,在成虫发生始盛期至盛末期,放置芡实田和四周田埂的杂草上进行诱杀。每隔15~20 m放置1张灭蝇纸,经3~4天后更换灭蝇纸1次。

④ 药剂防治。芡实播种前和移苗前,分别对苗床和移栽田块选用4.5%氯氰菊酯乳油2 000倍液,或2.5%氟氯菊酯乳油3 000倍液(前两药应注意套养鱼虾的芡田不宜使用),或75%灭蝇胺可溶性粉剂3 000倍液,或50%辛硫磷乳油1 000倍液,或90%敌百虫晶体1 000倍液喷雾或大水泼浇。

5. 食根金花虫

学名 *Donacia provosti* Fairmaire,属鞘翅目叶甲科。

别名 长腿水叶甲、稻根叶甲、稻食根虫、食根蛆、饭米虫、水蛆虫。

寄主 芡实、莲藕、莼菜、水稻、茭白、矮慈姑、稗、眼子菜、鸭舌草、长叶泽泻等。

危害状 成虫、幼虫均能危害芡实的幼茎、嫩叶和根,被害处呈黑褐色斑点,伤口易造成病菌侵入引起腐烂,使芡实植株生长不良,影响产量。

形态特征、生活习性、发生规律、防治方法 参考莲藕的食根金花虫。

6. 菱萤叶甲

学名 *Galerucella birmanica* Jacoby,属鞘翅目叶甲科。

寄主 芡实、菱、莼菜、莲藕等水生植物,但偏食菱和莼菜。食料不足时也会取食水鳖。

危害状 成虫和幼虫均蚕食芡实嫩叶,被食的叶千疮百孔,严重影响芡实秧苗生长。

形态特征 [成虫]体长5 mm左右。呈褐色,被有白色绒毛,头顶后颊部为黑色。有11节触角,呈丝状,为黑褐色。复眼突出,为黑褐色。前胸背板两侧为黑色,中央具一"工"字形光滑区,小盾片为黑色。鞘翅折缘为黄色。腹部可见5节,第5节后缘中央有1缺口,雌虫缺口较小,后缘稍平截;雄虫较大,后

六、芡 实

缘呈圆弧状,体型略小于雌虫。[卵]形状近椭圆形,长径为0.44~0.51 mm,短径为0.3~0.37 mm。初产时为乳黄色,后变橙色。上有呈圆形网络状突起的卵纹。卵端出现1个圆形红斑。[幼虫]老熟时体长6~9 mm。初孵时为黄色,刚蜕皮的幼虫及前胸背板也是黄色。蠋形,体12节。胸节中央具1纵沟,有4节胸足,末节具1爪和1吸盘。各腹节背面具1横褶,最末1节腹突特大,背板后缘具刚毛一排10根。[蛹]裸蛹,体长5~5.5 mm,初时为鲜黄色,后渐变为暗黄色。两侧有黑色气门6对,尾端常被老龄幼虫残皮所包裹。

生活习性和发生规律 越冬代成虫出蛰时间参差不齐,产卵历期长达30天左右,因此,世代重叠严重。越冬成虫生殖滞育,雌虫卵巢保持在发育初级阶段,但一俟迁入芡田啃食叶片后卵巢发育甚快,并进入交配高峰,3~4天后就可产卵。成虫喜产卵在芡实叶片正面,每头雌虫平均产卵25块,每卵块约含卵20粒。成虫、幼虫均能取食。幼虫共分3龄,1~2龄食量小,3龄食量大,进入暴食期。菱萤叶甲是一种不抗高温,耐寒力较弱的昆虫,年度间数量变动常受温度影响较大,幼虫、卵、蛹抗水性亦不强。发育适宜温度在20℃~32℃。对极端的高、低温反应敏感,在34℃时各虫态发育受抑制,历期延长,38℃时经24 h,卵、幼虫全部死亡。越冬成虫在-5℃~-4℃时经24 h,死亡率为20%;-11℃~-6℃时经5 h,死亡率为100%。产卵前期为2~10天,卵期为4~8天,幼虫期为8~18天,蛹期为3~10天。

在苏、浙一带1年可发生7~8代,以成虫在茭白、芦苇的残茬及杂草和塘边土缝内越冬。越冬成虫4月上中旬开始活动,5月初芡实开始移苗,就迁飞到芡苗上危害。第1代发生在5月初至6月上旬,第2代发生在6月上旬至7月上旬,第3代发生在6月底至7月中旬,第4代发生在7月中旬至8月上旬,第5代发生在8月上旬至9月上旬,第6代发生在8月下旬至9月下旬,第7代发生在9月下旬后,10月下旬成虫陆续迁入越冬场所越冬。全年种群发生数量以6月中旬至7月中旬最多,危害也最重,也是第2代、第3代危害最严重的世代。7月下旬常受高温、雨水等因素影响,种群数量下降。全年危害轻重主要受6月中旬至7月温度和降雨量影响,凡梅雨季节雨量少,7月份温度偏低,阵雨少,发生就重。

防治方法

① 歼灭越冬虫源。冬季铲除岸边菱草、蒲草、芦苇等杂草,可杀灭越冬成虫,压低越冬基数。

② 药剂防治。采取"狠治2代,补治3代"的防治策略,控制6月中旬至7

月下旬的危害高峰。掌握在幼虫1~2龄期,以上午8~9时或下午3~4时施药最佳。药剂可选用3%啶虫脒乳油1 000倍液,或90%敌百虫晶体1 000倍液,4.5%氯氰菊酯乳油2 000倍液(应注意套养鱼虾的芡田不宜使用)喷雾或大水泼浇。也可每亩(667 m²)选用3%辛硫磷颗粒剂2~3 kg撒施水中防治。

7. 斜纹夜蛾

学名 *Prodenia litura* Fabricius,属鳞翅目夜蛾科。

别名 莲纹夜蛾、莲纹夜盗蛾、夜盗虫。

异名 *Spodoptera litura* Fabricius。

寄主 斜纹夜蛾是杂食性害虫,危害的植物达99科290多种,其中喜食的有90种以上,如芡实、莲藕、水芋、苋菜、蕹菜、白菜、甘蓝、萝卜、落葵、豆类、瓜类、茄科蔬菜等。

危害状 初孵幼虫群集叶片啃食叶肉,3龄后分散危害,蚕食芡叶成缺刻。发生多时叶片被吃光。

形态特征、生活习性、发生规律、防治方法 参考莲藕的斜纹夜蛾。

(三) 其他危害生物

1. 扁卷螺

学名 危害芡实的扁卷螺有 *Gyraulus convexiusculus* Hütton.(凸旋螺)、*Hippeutis umbilicalis* Benson.(大脐圆扁螺)、*Hippeutis cantori* Benson.(尖口圆扁螺)等3种,属软体动物腹足纲扁卷螺科。

寄主 芡实、莼菜、莲藕、绿萍、水浮草等水生作物。

危害状 主要危害水生作物浮于水面的叶片,造成缺刻和孔洞,还可咬伤根和茎,使植株腐烂死亡。

形态特征 凸旋螺:贝壳扁平而薄,圆盘状,呈灰色、褐色或红褐色。成螺贝壳大小为8~10 mm,壳高1.5~2 mm,螺层在一个平面上旋转,有脐孔。

大脐圆扁螺:贝壳呈厚圆盘状,体螺层底部周缘有钝的周缘龙骨。

尖口圆扁螺:贝壳呈扁圆盘状,体螺层底部周缘有锐利的龙骨。

生活习性和发生规律 栖息于水不流动、浅而荫蔽、较清澈的池塘或沟渠处。喜欢生活在水生植物丛生的水域中,附着在水生植物的茎、叶或水中落叶上。全年出现2个危害高峰,即春季5月至6月和秋季9月至10月。夏季高温和11月降温对生长发育不利,温度在20℃~25℃有利于产卵繁殖危害。春、秋季多阴雨天,发生重。

防治方法 成螺抗药性强,因此,防治适期应在幼螺期。一般在产卵高峰期后 15~20 天为幼螺高峰期,是用药防治适期。宜选在芡实播种前,先将芡实田块的水位降低,然后每亩(667 m^2)用茶籽饼 10~15 kg 或 20% 硫酸烟酰苯胺(灭螺鱼安)粉剂 500 g 撒于田里,防治效果较好,既灭螺又不影响套养鱼类。在芡实生长期,可将 20% 硫酸烟酰苯胺粉剂直接撒于芡田四周及芡株行间,也可用 40% 四聚乙醛悬浮剂 250 倍液喷施芡田。气温 25℃ 以上用药最佳,2 周后再用药 1 次。

2. 锥实螺

学名 *Radix auricularia* L.,属软体动物腹足纲。

别名 耳萝卜螺。

寄主 芡实、菱、莲藕、莼菜、红萍、水浮草、水葫芦等水生植物,偏嗜芡实、菱、莼菜,是杂食软体动物害虫。

危害状 危害育苗期芡实胚芽和嫩茎,造成缺苗。危害叶片造成缺刻和孔洞,影响培育壮苗。尤其是嗜食芡实的花蕾,对产量影响较大。

形态特征 贝壳较大,壳高 20~24 mm,宽 18 mm 左右,壳口宽 14 mm。壳质薄,略透明,外形呈耳状。有 4 个螺层,螺旋部极短,尖锐,体螺层膨大。壳面呈黄褐色或赤褐色,壳口极大,向外扩张呈耳状,外缘薄,易碎。具脐孔,位于轴褶的后边。

生活习性和发生规律 锥实螺一生历经受精卵、幼虫、幼螺、成螺 4 个阶段。幼虫期仍滞留在卵壳内,历期 4~8 天。孵化后为幼螺,此时贝壳已成形,幼螺开始取食危害,但食量甚小,历期 75~90 天。成螺寿命较长,短的 95 天,长的可达 725 天,平均在 617 天,在 20℃~22℃ 时经 80 天左右性成熟,即开始交配产卵。卵多产于水生植物叶背或基部,或在植物附近的某些物体如石块、残叶的表面。卵由透明胶状物黏集成长条状卵袋,每卵袋卵量数粒至数十粒不等,以 10~15 粒者为多。卵粒为椭圆形,透明。卵期为 2~5 天。成螺一生可产卵袋 15~30 个,卵 260~300 粒。成螺产卵有阶段性间隔,每次连续产卵历期可持续 20~30 天,然后停产 20 天后再产卵。自然种群在 4 月至 11 月均能产卵,全年产卵出现 2 个高峰,第 1 产卵高峰在 6 月至 7 月上旬,第 2 产卵高峰在 9 月。温度在 20℃~26℃ 时有利于产卵,夏季高温和 10 月下旬以后温度降低产卵少或停止产卵。若温度和食料适宜,6 月至 7 月产的卵孵化为小螺则正常生长发育,在当年就可产卵繁殖。锥实螺生长、繁殖的适宜温度是 18℃~26℃,26℃ 以上孵化率降低。冬季低温,越冬死亡率高,9 月至 10 月孵化的幼螺越冬存活率可达 65.3%,11 月上旬孵化的幼螺存活率仅为31%。锥实螺是水生软体动物,水是它生命活动的基础,在25℃下,缺水12 h开始死亡,36 h死亡率达50%~70%,72 h则100%死亡。因此,暂时断水是防治锥实螺的措施之一。虽然在水下可生活较长时间,但到一定的时间须上浮到水面进行气体交换。在中午上浮频率较高,晚上沉于水下为多,所以防治应掌握在中午水温高时用药较好。

在田间,各个月龄的螺并存,但以6月龄以上的成螺构成危害水生植物的主要群体。从孵化到40日龄的小螺食量较小,日取食量小于$0.5\ cm^2$;4月龄的螺平均体长达11.5 cm,体重达90mg,此时性已成熟,进入繁殖阶段,每天可取食$2.7\ cm^2$。6月龄以上成螺每天可取食$5.8\sim5.9\ cm^2$。成螺昼夜均可危害,以晚上9时到次日8时取食量为多,占全日总食量的90.5%。锥实螺随着螺体成长取食量增加,食量与体重成正比。10 mm以上的螺体,单螺食量较大,是危害作物的重要虫体。

防治方法　参考芡实的扁卷螺。

3. 福寿螺

学名　*Ampullarium crosseana* Hidalgo,软体动物腹足纲中腹足目瓶螺科瓶螺属。

别名　大瓶螺、苹果螺、雪螺、金宝螺。

异名　*Pomacea canaliculata*。

寄主　芡实、莲藕、莼菜、菱、茭白、水芹、慈姑、水蕹菜、水稻及水葫芦等水生植物,是杂食性软体动物害虫。

危害状　芡实苗期危害胚芽、嫩茎和幼叶,食量大,一夜即可造成绝苗。茎叶生长期危害成叶,造成叶片缺刻和穿孔,严重时叶片被啃食得千疮百孔,影响光合作用及营养输送,对产量有较大影响。

形态特征　[成螺]个体大,每只螺重15~25 g,最大可达50 g以上,有巨型田螺之称。福寿螺壳薄肉多,可食部分占螺体重的48%。福寿螺整个身体由头部、足部、内脏囊、外套膜和贝壳5个部分构成。福寿螺的螺体呈圆锥状,宽螺纹,有4~5个螺层,右旋,螺旋部短而圆,体螺层膨大,有脐孔,壳的缝合线处下陷呈浅沟,壳脐深而宽。成螺壳厚,壳高7 cm,壳面光滑,有光泽和若干条细纵纹。颜色随环境及螺龄不同而异,多呈黄褐色或深褐色。雌雄异体,雌螺个体大,螺身短,厣中央微凹;雄螺个体小,螺身长,厣中央凸起,厣边缘向内。头部腹面为肉块状的足,足面宽而厚实,能在池壁和植物茎叶上爬行。有一个薄膜状的肺囊,能直接呼吸空气中的氧,具有辅助呼吸的功能。肺囊充气后能使螺体浮在水面上,遇到干扰就会排出气体迅速下沉。爬行时头部和腹足伸出。头

六、芡　实

部具触角2对,前触角短,后触角长,后触角的基部外侧各有1只眼睛。螺体左边具1条粗大的肺吸管。[卵]形状为圆形,直径为2 mm,初产时黏而软,颜色为粉红色或鲜红色,卵的表面有一层蜡粉状物覆盖。由3~4层卵粒叠覆成葡萄串状卵块,呈椭圆形,大小不一,卵粒排列整齐,卵层不易脱落,小卵块仅数十粒卵,大的可达千粒卵以上。卵块初时为鲜红色,2~3天后变淡,呈粉红色或灰淡红色,近孵化时变灰白略带黄色。[幼螺]外形与成螺相似,为淡褐色,腹足为乳黄色,壳薄透明,数天后红色渐褪,外壳渐变硬。

福寿螺与田螺相似,但形状、颜色、大小有区别。福寿螺的外壳颜色比一般田螺浅,呈黄褐色,田螺则为青褐色;田螺的椎尾长而尖,福寿螺的椎尾则平而短促;田螺的螺盖形状比较圆,福寿螺的螺盖则偏扁。

生活习性和发生规律　福寿螺喜阴怕光,喜洁怕脏,喜生活在水质清新、饵料充足的淡水中,多集群栖息于土壤肥沃、有水生植物的缓流溪河、浜底、池边浅水区及阴湿通气沟渠、水田等处。白天多沉于水底或附在沟渠边,或聚集在水生植物下面,或吸附在水生植物茎叶上,或浮于水面,傍晚、凌晨和阴天活跃,进行觅食。能离开水体短暂生活,水干涸时钻入淤泥中或长时间紧闭壳盖静止不动,长期暴露于阳光下会造成螺体脱水而死亡。在适宜温度下螺摄食量大,生长快,尤以傍晚食量最多。幼螺喜食绿萍、麸皮、豆饼粉、腐殖质等细小饵料,成螺主食鲜嫩水生植物、青菜和各种无毛刺的青草。福寿螺为雌雄异体、体内受精、体外发育的卵生繁殖动物。交配后3~5天开始产卵,一次受精可多次产卵。雌螺多在夜间爬到离水面15~40 cm高的干燥物体或植株的表面,如茎秆、沟壁、墙壁、田埂、杂草等上产卵。每次产卵相互粘连成1块卵块,卵粒200~1 000粒,一年可产卵20~40次,产卵量为3万~5万粒。卵期为15天左右。在5~6月的气温条件下,5天后变为灰白色至褐色,这时卵内已孵化成幼螺。初孵化幼螺落入水中吞食浮游生物、水藻和幼嫩植物等。幼螺发育3~4个月后性成熟,除产卵或遇有不良环境条件时迁移外,一生均栖于淡水中,长达3~4个月或更长。最适宜生长水温为25℃~32℃,15℃即可取食,超过35℃生长速度明显下降,生存最高临界水温为45℃;水温12℃以下活动力减弱,8℃时基本停止活动,进入冬眠;最低临界水温为5℃,5℃以下会被冻死。

在长江以南广大地区福寿螺可自然越冬,以成螺、幼螺在河沟、渠道中越冬,少数在低洼潮湿田的表土内越冬,全年发生2代。每年3月至11月为福寿螺的繁殖季节,其中5月至8月是繁殖盛期。1只雌螺经1年2代就可繁殖幼螺30万余只,繁殖力极强。福寿螺原产于南美洲亚马孙河流域,在我国广泛分布于东南沿海地区。20世纪80年代引入广东。由于过度养殖,加上味道不好,因此,被释放到野外。由于福寿螺适应环境的生存能力很强,又繁殖得快,因此,迅速扩散于河湖与田野;其食量大且食性杂,破坏粮食作物、蔬菜和水生农作物的生长,已成为广东、广西、福建、云南、浙江、上海、江苏、江西、海南、湖南、台湾地区等地的有害动物。此外,福寿螺还是一种人畜共患的寄生虫病即广州管圆线虫等疾病的中间宿主。

防治方法

① 消灭越冬螺源。福寿螺主要集中在溪河渠道中和水沟低洼积水处越冬,因此,要在春耕前清理芡实田边水沟,清除淤泥和杂草,破坏福寿螺的越冬场所,降低越冬螺的成活率和冬后的残螺量。同时对沟渠和低洼积水处,采用药物进行防治。

② 阻断传播。在重发生区的下游片区,灌溉渠入口或者芡实田进水口安装阻隔网,防止福寿螺随水进入田间。

③ 人工捕杀。在春季产卵高峰期,结合田间管理摘除田间、沟渠边卵块,带离芡实田喂养鸭子或将卵块压碎。利用放水时成螺主要集中在进排水口和沟内,早晨和下午人工拾螺。人工摘除卵块和结合农时捡拾成螺,也可控制为害。

④ 人工诱杀。芡实田淹水后,在田中插30~100 cm高竹片(木条、油菜秸秆),引诱福寿螺在竹片(木条、秸秆)上集中产卵,每2~3天摘除一次卵块进行销毁。数量以每亩(667 m^2)30~80根竹片(木条、秸秆)为宜,靠近田边适当多插,方便卵块摘除。

⑤ 生物防治。选用化学杀螺剂不仅对水体毒性大,严重污染水质,而且施药量大、成本高、效果差。宜采取养鸭食螺方法,放鸭时间为芡实生长期,每天早晨和下午五六时各放养一次鸭群[每亩(667 m^2)放15~30只]到田和水渠中啄食幼螺,降低螺的数量,减少危害。也可养鱼治螺,在6月中下旬,芡实定植活棵后每亩(667 m^2)放养乌鳢(黑鱼)100~150尾(每尾50 g),捕食幼螺。

⑥ 药剂防治。防治指标:芡实苗期有螺1~2头/㎡,田边卵块1个/㎡;生长期3~4头/㎡,卵块1~2块/㎡。宜选在芡实播种前,先将芡实田块的水位降低,然后每亩(667 m^2)用茶籽饼10~15 kg,或20%硫酸烟酰苯胺(灭螺鱼安)粉剂500 g拌细土5~10 kg撒于田里,防治效果较好,既灭螺又不影响套养鱼类。在芡实生长期,每亩(667 m^2)可将20%硫酸烟酰苯胺粉剂500 g拌细土5~10 kg撒施,直接撒于芡田四周及芡株行间;也可用40%四聚乙醛悬浮剂250倍液喷施芡田。如螺害严重,隔2周后再用药1次。注意事项:施药时田间水层应有1~3 cm,保水7天。若施药后24 h以内下大雨就需要补施1次。杀螺

剂对鱼类有毒,施药后7天不可将田水排入鱼塘,也禁止放养鸭子。

4. 鲎虫

学名 *Triops* spp.,节肢动物门甲壳动物亚门鳃足纲鳃足亚纲背甲目鲎虫科鲎虫属,为淡水生甲壳类动物。现在已知世界上大约有15种鲎虫,都是淡水鲎虫,主要分布在欧洲和北美,中国已发现的有中华鲎虫和丰盛鲎虫两种。

别名 三眼恐龙虾、翻车车、王八鱼、水鳖子、王八盖子、马蹄子等。

寄主 芡实等水生植物。

危害状 啃食芡实幼叶成千疮百孔。

形态特征 [成虫]体长2.5~7.5 cm,身体分节达40节以上,胸肢至少40对,有些肢体多达70多对。体表为深灰绿色。虫体扁平,胸部与腹部分界不明显。头胸部及躯干前部覆有一扁盾形大背甲,腹部细长,柔软灵活。虫体后端有一对柱状细长分节的长尾巴呈叉状。有三只眼睛,背甲前缘中央可见一对无柄的左右两侧相互靠拢的黑色复眼,两复眼前中间有一只白色感光的眼睛。还有些叶子一样的附属肢体。鲎虫很像海洋生物鲎,但是仔细观察,它的腹部又裸露在背甲之外,尾节是一对柔软的尾叉,这点又与鲎的剑尾不同。[幼虫]白色,长2~3 cm。

生活习性和发生规律 鲎虫最早出现在距今约2亿年前的二叠纪,比恐龙还要久远。虽然鲎虫存在地球上已经2亿多年了,但是外貌没有进化,并且跟古代的三叶虫有一定关系。鲎虫是典型的水底栖居动物,栖息在湖泊、池塘水底。鲎虫的食性很杂,啃食芡实幼叶,或滤食细菌,或刮食沉积于水底的有机体的碎屑,但更偏好荤食,所以在自然生态环境中,捕食仙女虾、水蚤、孑孓等一些小型的浮游生物。特别指出的是,它们会自相残杀,体型小和刚刚蜕皮的鲎虫是最容易被猎食的。鲎虫的卵有很强的生命力,不怕干旱,池塘和湖干枯许多年以后它们的卵仍然存活,等有水以后还会孵化出来。它的卵属于休眠卵,可在地下休眠1~25年不等,当条件适宜的时候,便会终止休眠,幼虫破壳而出。可营孤雌繁殖。虽然鲎虫的生命周期不长,只有90天左右,但是它的卵在干旱的状态下,至少可以存活25年之久。这也就是为什么恐龙灭绝了,而鲎虫活了下来。

鲎虫主要生活于临时性的浅水体,比如雨后或季节性水体。而在这些水体中,它们通常都是最大最强壮的动物,很少有天敌,因此,它们的生活习性和形态变化很小。鲎虫有很多的本领,既会爬泳,又能仰泳。在水底,可以看到它们快速地爬泳,身手敏捷;在水面上又能经常看到它们随水流漂来漂去进行仰泳。在孵化后,幼虫会以一天一倍的惊人生长速率生长。幼虫成长阶段会很快经历多次蜕壳(大约每日1次),在30天内进化至成虫。鲎虫原产地是下雨天所形成的天然池塘,这些天然的池塘在干旱时期都会干涸消失,成虫因为缺乏水分以至于干死,但是它们的卵因为干涸而进入了一个生物界的特殊现象——"滞育期"。直到下一个雨季来临时,原来的低洼地又形成了天然的池塘,它们的卵受到了雨水的滋润,就会立即进行孵化,衍育出它们的下一代。进入滞育期的时候,雌性的鲎虫会发出一个生物信息,告诉它们的卵"不要进行孵化",在它们的卵产下的第13~27天,它们会停止继续孵化。而这项生物信息也同时通知了它们的卵,在下一个雨季来临的时候,就是该"进行孵化的时候"。这项生物信息或许是一个化学反应,经由雌性鲎虫来告诉虫卵,而停止了它们的生物时钟。鲎虫从不咬人,无毒无害。

防治方法 参考芡实的萍摇蚊。

5. 克氏原螯虾

学名 *Procambarus clarkii*,属节肢动物门甲壳纲软甲亚纲十足目多月尾亚目螯虾科螯虾亚科原螯虾属原螯虾亚属。

别名 小龙虾、淡水小龙虾、红螯虾。

寄主 杂食性,主要有芡实、莲藕、莼菜、菱、水芋、水蕹菜、眼子菜、水葫芦、鸭舌草等。

危害状 主要危害芡实的幼苗,大螯夹断嫩茎造成死苗。

形态特征、生活习性、发生规律、防治方法 参考莲藕的克氏原螯虾。

6. 鳃蚯蚓

学名 *Branchiura sowerbyi* Beddard,属环形动物门贫毛纲原始贫毛目。

别名 水蚯蚓、红砂虫、鼓泥虫。

寄主 芡实、莲藕、莼菜、菱等多种作物。

危害状 在水生蔬菜田的泥土中取食腐殖质,一般不直接危害作物。由于身体前半部埋于泥土中翻动,后半部在水中摆动,影响芡苗根系生长,使之不能扎根造成浮苗,因此,最终缺苗断垄。

形态特征、生活习性、发生规律、防治方法 参考莲藕的鳃蚯蚓。

7. 丝状绿藻类

学名 危害芡实的藻类有 *Zygnema spontaneum* Nordst.(野生双星藻)、*Hydrodictyon reticulatum*(L.)Lag.(水网藻)、*Spirogyra communis*(Hass.)Kütz.(普通水绵)和转板藻属中的一些丝状绿藻等4~5种。以普遍水绵为主,属绿藻门水绵属。

六、芡　实

别　名　水绵、青苔、绿丝子、青泥苔。

危害状　该藻类对芡实育苗期和移苗期的芡苗危害性大,藻类繁殖快,不仅使芡田水质劣化,夺走养料,严密遮光,导致芡实生长不良,叶色变淡,而且因芡苗植株小,新叶很易被藻丝缠绕包裹,妨碍芡实的心叶展开,影响植株生长。尤其在大、小棚育苗时更易发生。

形态特征　藻体是由筒状细胞连接而成的丝状群体。颜色为绿色,被有一层黏滑的胶质,不具分枝,常多数成团如同毛发,触摸有明显的柔滑感。营养细胞宽 19～22 μm,长 64～128 μm,细胞横壁平直,含有 1 条至多条带状螺旋状鲜绿色的色素体,梯形接合,有时侧面接合。配子囊为圆柱形。接合孢子呈椭圆形或长椭圆形,两端略尖,宽 23～25 μm,长 38～73 μm。

侵染途径和发病条件　藻类分布的范围极广,对环境条件要求不严,适应性较强,在只有极低的营养浓度、极微弱的光照强度和相当低的温度下也能生活。不仅能生长在江河、溪流、湖泊和海洋,而且能生长在短暂积水或潮湿的地方。从潮湿的地面到不是很深的土壤内,几乎到处都有藻类分布。适生在多腐殖质的水中。在不流动的浅水层中大量繁殖,能很快布满水里。以丝状体或接合子越冬。接合子生命力顽强,能长久处于休眠状态而保持发芽力。一般以细胞分裂进行繁殖,多在夜间进行。有性繁殖以 2 条丝状体的细胞互相接合,产生接合子,经休眠后萌发为新个体。生长发育的温度为 10℃～35℃,因而在 5 月至 10 月随时发育生长,以 6 月至 8 月生长最盛。丝状体或接合子随流水向外传播。大量藻类消耗水中的养料,会使水质变臭,溶氧偏低。凡是水质差,有机质过多,有利于发生繁殖。水温过高,追施人畜粪尿也易发生繁殖。

防治方法

① 加强肥水管理。育苗床基肥不施或少施有机肥,保持苗床水质清洁,移苗期适当施用复合肥,慎用氮肥,切忌追施有机肥。

② 人工捞除。苗床一旦出现丝状绿藻类,应立即进行人工捞除。

③ 化学除藻。采用自配的 0.5% 石灰等量式(1∶1∶200)波尔多液,或 80% 碱式硫酸铜(商品名为波尔多液)可湿性粉剂 500 倍液喷洒在芡实苗床的水面。绝不可单喷硫酸铜,芡苗易产生药害。

0.5% 石灰等量式(1∶1∶200)波尔多液配制方法:①容器应选用搪瓷、木质、陶瓷、塑料、缸等材质的,禁用金属容器;②取一桶放硫酸铜 100 g,先用少量热水充分溶化硫酸铜,再放入 15 kg 清水搅拌后化成硫酸铜液;③取另一桶放优质生石灰 100 g,加少量冷水充分爆开,再加 5 kg 清水搅拌后化成石灰乳,澄清后取清石灰水备用(沉淀石灰渣不用);④等石灰水温度降到室温后,将硫酸铜溶液缓慢倒入石灰水桶中,边倒边用棍棒剧烈搅拌,使两液混合均匀即得天蓝色的波尔多液。成品应液体清澈,下无沉淀物,上无浮渣,否则就不能使用。此法配成的波尔多液质量好,胶体性能强,不易沉淀。要注意切不可将石灰水倒入硫酸铜溶液中,否则易发生沉淀,影响药效。此外,也可用3只容器,1只容器按用水量一半溶化硫酸铜,另一只容器放另一半水溶化生石灰,待完全溶化后,再将两者同时缓慢倒入备用的第3只容器中,边倒边不断搅拌,也能配成同样的波尔多液。

8. 萍类

学名 危害芡实的萍类有 *Lemna minor* L.(浮萍)、*Spirodela polyrhiza*(L.)Schleid(紫萍)、*Azolla imbricate*(Roxb.)Nakai(满江红)、*Salvinia natans*(L.)All.(槐叶萍)等。浮萍属于被子植物门单子叶植物纲槟榔亚纲天南星目浮萍科浮萍属。紫萍属于浮萍科紫萍属。满江红属于蕨类植物门真蕨亚门真蕨纲薄囊蕨亚纲槐叶苹目满江红科满江红属。槐叶萍属于蕨类植物门真蕨亚门薄囊蕨纲槐叶苹科槐叶苹属。

别名 浮萍又名青萍、小浮萍、绿背浮萍、田萍、浮萍草、水浮萍、水萍草等。紫萍又名紫背浮萍、红萍。满江红又名绿萍、红萍、紫藻、三角藻、红浮萍等。槐叶萍又名槐叶苹、蜈蚣萍、山椒藻。

形态特征 浮萍是飘浮植物。叶状体对称,全缘,形状近圆形、倒卵形或倒卵状椭圆形。长1.5~5 mm,宽2~3 mm。上面稍凸起或沿中线隆起,具3根不明显叶脉。表面为绿色,背面为浅黄色或绿白色。背面垂生白色丝状根1条,长3~4 cm,根冠钝头,根鞘无翅。叶状体背面一侧具囊,新叶状体于囊内形成浮出,以极短的细柄与母体相连,随后脱落。雌花具弯生胚珠1枚。果实近陀螺状,种子具凸出的胚乳并具12~15条纵肋。一般不常开花,以芽进行繁殖。

紫萍表面呈淡绿色至灰绿色,背面呈棕绿色至紫棕色。其他与浮萍相似。

满江红植株体小,飘浮于水面,长约1 cm,呈三角形、菱形或类圆形。根状茎细弱,横卧茎短小纤细,羽状分枝,其下生须根下垂到水中,根丛生。上生小叶,叶细小如鳞片,肉质,鳞片状,互生,两行覆瓦状排列于茎上。每个叶片都深裂成上下重叠的两个裂片,上裂片肉质,浮在水面上,为红褐色或绿色,秋后变红色,能进行光合作用,常与蓝藻中的项圈藻(鱼腥藻)共生。项圈藻能固定大气中的氮气。下裂片膜质,斜生在水中,没有色素,上面着生孢子囊果。孢子囊果成对生于分枝基部的沉水叶片上。

槐叶萍茎细长,横走,无根,密被褐色节状短毛。叶3片轮生,2片漂浮水面,1 片细裂如丝,在水中形成假根,密生有节的粗毛。水面叶在茎两侧紧密排列,形如槐叶,叶片呈长圆形或椭圆形,长 8~13 cm,宽 5~8 mm,先端圆钝头,基部呈圆形或略呈心形,中脉明显,侧脉约 20 对,脉间有 5~9 个突起,突起上生一簇粗短毛,全缘,上面为绿色,下面为灰褐色,生有节的粗短毛,叶柄长约 2 mm。孢子果 4~8 枚聚生于水下叶的基部。有大、小之分,大孢子果小,生少数有短柄的大孢子囊,各含大孢子 1 个;小孢子果略大,生多数具长柄的小孢子囊,各有 64 个小孢子。

侵染途径和发病条件　浮萍、紫萍喜温气候和潮湿环境,忌严寒。常见广布于各地池塘、湖泊、沟渠内。通常群生。喜肥喜光,适生在多腐殖质的水面上。由叶状体、越冬芽和种子越冬。4 月至 5 月初发,6 月至 8 月生长最盛,9 月至 10 月逐渐消失。

满江红属于蕨类植物,一年生草本。多生长在水田或池塘中。广布于长江以南各省区。满江红有无性繁殖和有性繁殖 2 种繁殖方法。无性繁殖有 2 种方式:一是通过营养体的侧枝断离的方式进行;二是通过在主体上生侧芽的方式进行。有性繁殖是植株(孢子体)长到一定时期产生性器官——大小孢子果。其中大孢子果内有 1 个大孢子,发育为雌配子体;小孢子果内的部分小孢子囊发育产生许多雄配子体,通过精卵结合形成合子,并发育形成新的个体。生长期短,繁殖快,四季繁茂,秋天产生孢子果。常与浮萍、槐叶萍、无根萍等混生,冬季常成唯一的浮生植物。春季幼时呈绿色,生长迅速,常在水面上长成一片。秋冬时节,它的叶内含有很多花青素,低于 10℃后叶色由绿转红,群体呈现一片红色,形成大片水面被染红的景观,十分壮观,故名满江红。水的流动和风浪的飘动对满江红的生长不利。

槐叶萍因叶子形似槐树的羽状叶而得名,是一种漂浮在水面上的水生植物。生于水田、沟塘和静水溪河内。喜欢生长在温暖、无污染的静水水域上。

萍类含叶绿素,可进行光合作用,能固氮。萍类以无性繁殖为主,在春、秋两季也能进行有性繁殖。对生长温度条件要求高,温度过高过低均不宜生长。当气温低于 5℃或高于 40℃时生长停止,甚至死亡,8℃~12℃开始生长,15℃~20℃生长较快,20℃~25℃时生长发育最适宜,3~5 天即可成倍繁殖增长,35℃以上生长缓慢。萍类对土壤、水质均要求不严,可在 pH 为 3.5~10 的水体中正常生长发育,但最适 pH 为 6.5~7.5。肥水条件好时生长势更旺。长江中下游地区 5 月中旬至 6 月中旬及 9 月中旬至 10 月中旬是萍类生长繁殖最快季节。

防治方法　萍类的主要危害期正值芡实移苗期和定植后生长期。移苗期芡实植株生长缓慢,田间水浅肥足,植株间隙大,非常适宜萍类生长繁殖。定植后正值芡实茎叶旺盛生长期,因萍类黏在芡实叶面上,轻则影响芡实光合作用,重则压沉芡叶,或使芡叶上积水,引发病害,叶片腐烂。目前仍以人工清除为主,或利用刮风后将萍类吹集到田块一角后放水排出田外。也可在芡实定植后在芡田里放养白鲫鱼苗及 50 g 左右的乌鱼,利用白鲫鱼吃掉萍类植物,后期乌鱼又以白鲫鱼为饵料,实现生态种养,并获得非常好的经济收入。

(四)除草剂对芡实生长的危害

1. 危害芡实生长的除草剂种类及症状

表 6-1 列出了各类除草剂严重危害芡实生长的症状情况,因而在芡田里要严禁施用。还应注意周边水稻田等排出的含有此类除草剂的水流入芡实田。

表 6-1 水田常用除草剂对芡实生长危害症状

通用名称	商品名称	受害后植株表现症状
草甘膦	草甘膦异丙胺盐、镇草宁、农达、春多多	内吸型灭生性除草剂。从植株绿色叶、茎吸收,并传导全株和根部。芡实初出现顶叶失绿,后变干枯,全株死亡
百草枯	克无踪、对草快、百朵	速效触杀型灭生性除草剂。从绿色叶、茎吸收,破坏芡实的叶绿素,使细胞脱水 1~2 天后干枯死亡
氟氯吡氧乙酸	使它隆、塔隆、治荞灵、氟草定	从芡实的茎、叶吸收,传导全株,使叶扭曲畸形,枯萎死亡
二甲四氯	二甲四氯钠盐	茎、叶扭曲,根畸形,丧失吸收水分和养分能力,植株停止生长,萎蔫死亡
苄嘧磺隆	农得时、卞黄隆、威农、超农	磺酰脲类除草剂。使芡实叶失绿,变紫红色,叶缘上翘似碗形,叶片展开受抑制,植株生长停止,严重时全株枯死
二氯喹啉酸	神锄、快杀稗	内吸传导型选择性除草剂。从植株叶片、幼芽吸收,使芡实幼叶畸形,失绿枯死
五氟磺草胺	稻杰	磺酰胺类除草剂。从茎、叶吸收,使芡实叶、茎畸形和萎缩,甚至枯死

2. 减轻农药、肥料对芡实生长危害的补救措施

使用除草剂不当是芡实生产中常会遇到的突出问题,所造成的直接经济损失很大。一是芡实前茬小麦田使用的磺酰脲类除草剂的残留物对芡实的药害非常敏感,如绿黄隆、苄嘧磺隆等,实际上此类除草剂的残留期可长达 6 个月以上,而非 2 个月,因此,应注意前茬麦田尽量不施用该类除草剂,即便使用也应控制用量及使用时间。二是水稻田使用除草剂后排入河道水再灌入芡田,也易引起对芡实的药害。主要是在雨季,由稻田排出含有除草剂的水通过沟渠流入芡田造成药害,或由稻田排至河道里的含有除草剂的水又被附近芡农灌入芡田造成药害,或稻田打除草剂时遇风药液飘洒到芡田造成药害等。更有甚者,为了清理河道里的杂草,将水排干喷打除草剂,又未告知周边芡农,结果河道放水后直接灌入芡田造成药害。

因此,为了防止此类事件的经常发生,我们应注意将芡田与稻田的排灌系统分开,或保持一定的间隔距离。在无法远离时,要密切注意周边稻田使用除草剂的时间,防止直接引用稻田排放出含有除草剂的水,以免发生药害。

此外,过量施用有机肥、化肥,过量使用农药或用药不当,同样也会引发肥害或药害。如有的移苗后数日(尚未缓苗)即每亩(667 m^2)施尿素 10 kg,有的每亩(667 m^2)施氮磷钾复合肥 35 kg,有的在芡实营养生长期仅隔 1 周即连续 2 次每亩(667 m^2)施高浓度氮磷钾复合肥 50 kg,也有的每亩(667 m^2)施有机肥数千克,结果都造成了不同程度的肥害,轻者叶片发黄,生长缓慢,重者水质变浓绿,藻类暴发,叶片腐烂。若有此情况发生,必须采取下列措施以缓解肥害、药害等对芡实的危害程度:一是放跑马水,即开大口子边排边灌,彻底换水;二是叶面受害的立即喷清水冲洗;三是叶面喷施芸薹素内酯及其他具有缓解功能的叶面肥(注意不能施用含有促果膨大的叶面肥,否则芡实果内会无籽)。

(五)芡实病虫害防控技术

芡实病虫害防控技术必须以农业防治为基础,因地制宜协调应用各个防治措施。

1. 强化运用农业防治措施

① 选用良种。如食用米仁型的选用姑苏芡 2 号、姑苏芡 4 号等抗病、高产、优质的新品种。

② 水旱轮作。选择壤土、黏壤土田块种植,不用污泥及腐殖质含量多的池塘藕田。轮作可推迟芡实叶瘤病、叶斑病、炭疽病等 3 病的发生 20 天左右,减轻病情 40% ~ 60%。苏芡宜与其他水生蔬菜轮作,尤其可与旱生蔬菜或粮、油等作物轮作,但前茬麦田不能使用磺酰脲类除草剂,以防药害。

③ 清塘筑埂。一般芡田的田埂筑高达 60 ~ 70 cm,宽 40 ~ 50 cm,大型田块

及套养水产田埂应加宽至 100 cm,必要时在田埂内侧贴盖塑料薄膜,以防漏水,保持足够的田间水位。芡田清塘是确保定植后芡苗正常生长的重要一环,每亩 (667 m^2)撒施生石灰粉 70～100 kg,施后应保水 5 天以上,这样既能有效地灭菌消毒、清除水中有害生物,又能降酸增钙。

④ 适时播种。芡实一般在 4 月中旬播种,采用保护地育苗提早播种 10～15 天为宜,即在 3 月下旬至 4 月初播种。实践证明,过早播种虽能早熟,早上市,但不高产,病害反而发生早且重,施药成本高,并且芡株易早衰,从而导致产量低,经济效益并不高。

⑤ 合理灌水。掌握合理灌水是芡实生长中的关键,幼苗期水位保持在 5～10 cm,移栽后水位在 10～15 cm。定植后芡田要做到能灌能排,随着芡实逐渐生长,根据不同苗龄调控水位,田间水位由低到高,在茎叶生长旺盛期保证水位加深至 40～50 cm,促进芡株生长达到顶峰,采收期水位不低于 35 cm,便于采收。要经常添加水量,及时清除萍类、藻类,保持良好水质,防止"死水"。禁用污水灌溉,降低病害发生并蔓延。

⑥ 巧施肥料。肥料对水质影响较大,而水质的好坏直接影响病虫害及藻类等其他有害生物的发生危害。因此,严格控制有机肥(生物有机肥、腐熟鸡粪等)作基肥的数量,每亩(667 m^2)撒施 400 kg,撒施后耕翻混入土中。合理施用化肥十分重要,芡实对尿素比较敏感,生长期追施复合肥,避免偏施氮肥,适当增施钾肥和硼、锌肥等微量元素。在开花结果期,于晴天傍晚结合打药时,添加 0.2%磷酸二氢钾和 0.1%硼酸混合液喷施叶面,有利于靓花靓果,提高结果率。

2. 坚持科学的病虫害防治策略

(1) 芡实病虫草害总体防治策略

主攻三病(芡实叶斑病、叶瘤病、炭疽病)二螺(锥实螺、福寿螺),兼治其他有害生物。

(2) 抓好 3 个时期总体防治

芡实病虫害及有害生物等危害种类较多,但发生危害季节比较集中,且都有相同或相近的防治药剂,因此,可在芡实生长 3 个时期进行综合治理。

① 育苗期。芡实苗期有潜伏在土壤和水中的萍摇蚊、莲藕潜叶摇蚊、菰毛眼水蝇、食根金花虫等害虫,以及鳃蚯蚓、鲎虫、克氏原螯虾等有害生物的危害,可选用 4.5%氯氰菊酯乳油 1 500 倍液,或 90%敌百虫晶体 1 000 倍液,或 40%二嗪·辛硫磷乳油 1 000 倍液喷雾,就可将这些害虫一网打尽。对扁卷螺、锥实螺、福寿螺等螺害,可在苗床或移栽田每亩(667 m^2)撒施 20%硫酸烟酰苯胺

(灭螺鱼安)粉剂 500 g,或喷施 40% 四聚乙醛悬浮剂 250 倍液防治。对丝状绿藻类使用 0.5% 石灰等量式(1∶1∶200)波尔多液喷于水中防治。

② 移栽期。主要有莲缢管蚜,可选用 10% 吡虫啉可湿性粉剂 1 000 倍液喷雾。若有菱萤叶甲,可使用 90% 敌百虫晶体 1 000 倍液,或 42% 啶虫·哒螨灵可湿性粉剂 1 000 倍液喷雾。同时还应注意螺类和藻类的防治。

③ 生长盛期。每年 7 月至 9 月上旬是芡实生长盛期,主要害虫有斜纹夜蛾,可选用 24% 甲氧基虫酰肼悬浮剂 2 000 倍液,或 5% 氯虫苯甲酰胺悬浮剂 2 000 倍液喷雾。同时还应注意螺类、萍类和藻类的防治。芡实生长盛期亦是全年芡实病害发生危害的高峰期,应遵循农业防治措施为基础,以预防为主、治疗为辅的防治策略,采用几种农药搭配使用,进行组合式防治,能取得很好的防治效果。可按以下方法、时间、药剂组合进行防治。

其一,第 1 次大田病虫害总体防治战。

防治对策:以防芡实叶瘤病、炭疽病为主,兼治芡实叶斑病及其他虫害。

防治时间:7 月上旬末至 7 月下旬芡实封行前。

药剂选用:10% 腈菌唑乳油 40 mL + 10% 苯醚甲环唑水分散颗粒剂 10 g + 78% 碱式硫酸铜·锰锌(科博)可湿性粉剂 50 g + 助剂 2 mL + 清水 15~20 kg,充分搅拌均匀,避开中午高温喷施。每亩(667 m^2)施用药液量为 15~20 kg。

其二,第 2 次大田病虫害总体防治战。

防治对策:以防芡实叶斑病为主,兼治芡实叶瘤病、炭疽病及其他病虫害。

防治时间:7 月底至 8 月上旬末。

药剂选用:10% 腈菌唑乳油 30 mL + 80% 多菌灵可湿性粉剂 50 g(或 70% 甲基托布津可湿性粉剂 50 g) + 65% 代森锌可湿性粉剂 50 g + 25% 嘧菌酯悬浮剂 20 mL + 助剂 2 mL + 清水 15~20 kg。药剂稀释建议采用二次稀释方法,充分搅拌均匀,避开中午高温喷施。每亩(667 m^2)施用药液量为 15~20 kg。

其三,第 3 次大田病虫害总体防治战。

8 月上旬后,根据田间病虫害发生情况而定。此时,芡实将进入结果采收期,如管理严格加上前 2 次打药预防,一般无须再用药防治。连作田及发病田应按时用药防治。

此外,病害防治还可与虫害防治相结合,在杀菌剂中添加杀虫剂兼治。

(六)芡实病虫害防控示意图

芡实病虫害防控示意图如图 6-1 所示。

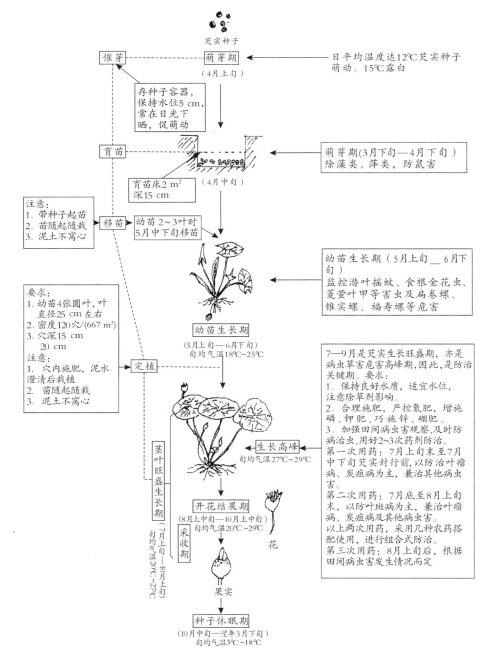

图 6-1 芡实病虫害防控示意图

七、菱

菱,学名为 *Trapa* spp.,英文名为 water caltrop,别名菱角、水栗、沙角,古称芰实,为菱科菱属一年生浮叶蔓生草本水生蔬菜。起源于亚洲和欧洲的温暖地区,栽培种原产中国和印度。在中国,菱的栽种史可追溯到距今2万余年前,分布于长江流域及其以南各地和台湾地区。江苏省的苏州、无锡,浙江省的嘉兴、杭州、湖州,安徽省的巢湖,湖北省的孝感、嘉鱼等地为主产区,不仅面积大,而且品种也多,品质亦好。菱喜温暖,不耐霜冻,植株生长适宜温度在20℃~30℃,开花结果适宜温度为25℃~30℃。光照充足有利于开花、结果。要求土壤松软、肥沃,淤泥层最好达20 cm深。水层深度因品种而异。栽培菱有2个种,即四角菱和二角菱,1个变种,即无角菱。菱采用果实繁殖,一般春种秋收,直播或育苗移栽均可。

菱的食用部位是果实。菱富含淀粉、糖、蛋白质、多种维生素和矿物质,并含有药用成分麦角甾四烯-4-6-8(14)-22酮-3。菱味甘,性平。生食能消暑解热,除烦止渴;熟食能益气健脾。我国民间常用菱治疗癌,日本曾报道菱对癌细胞有较好的抑制率。但应注意菱多食伤脏腑,损阳气痿。

(一)菱病害

1. 菱白绢病

症状 又称菱瘟。主要危害叶片、叶柄和浮在水面的菱角。叶片染病初期呈现淡黄色至灰色水渍状斑点,后不断扩展成圆形至不规则形斑,严重的可扩展到大半个叶片,乃至全叶。叶背生出白色密集菌丝和茶褐色小菌核,几十粒至百余粒,在高温高湿下叶正面也可出现菌丝和菌核,造成叶部分或全叶腐烂。同时蔓延到其他菱叶,造成整个菱盘腐烂。叶柄染病,多腐烂脱落。果实染病,幼果多腐烂,成熟果不能食用。

病原 学名为 *Sclerotium rolfsii* Sacc.,是齐整小核菌,属半知菌亚门真菌。有性态 *Athelia rolfsii* (Curzi) Tu. and Kimbrough 为罗耳阿太菌,属担子菌亚门

真菌。病菌的菌丝为白色绢丝状,呈扇状或放射状扩展,后集结成菌索或绞结成菌核。菌核初呈乳白色,后变茶褐色,表面光滑,为球形或近球形,直径为0.8～2.3 mm,似油菜籽。

侵染途径和发病条件 以菌核在菱塘四周的杂草、土中,附在病残体上越冬,或以菌丝随病残体遗留在土中越冬。翌年5月气温高于20℃时,菌核萌发长出菌丝,与菱角出水叶接触即形成初侵染,菌丝经伤口或直接侵入,成为中心病株。发病中心形成后不断向四周蔓延,病部又长出菌丝或菌核,与健株接触或通过杂草及病菌漂浮、菱萤叶甲等传播,进行再侵染。菌丝生长和菌核萌发适宜温度在24℃～32℃,最高温度为40℃,最低温度为8℃。高温高湿,或高温大暴雨,或连续的阴雨后突然放晴易发病。气温在24℃～32℃时病情扩展迅速,气温高于24℃时,经过24 h即可显示症状;气温高于34℃时,病情扩展受到抑制。田间5月至6月开始发病,7月至8月高温季节发病重。生产上偏施、过施氮肥,植株过于茂密,杂草丛生或连作菱塘及污水菱塘发病重。

防治方法

① 采菱后及时清除病残株、铲除塘内杂草,集中深埋或沤肥。

② 施用充分腐熟的有机肥或经酵素菌沤制的堆肥,采用配方施肥技术,避免过施、偏施氮肥。

③ 菱盘处在幼小阶段,在菱塘四周留1～1.5 m宽空白隔离保护带,防止在塘四周的越冬病原菌侵入。

④ 加强管理,保持洁净微流动活水。严禁串灌、漫灌,及时防治菱萤叶甲。

⑤ 在发病前或发病初期喷50%乙烯菌核利(农利灵)干悬浮剂1 000倍液,或25%丙环唑乳油1 500倍液,或30%醚菌酯水剂1 200倍液,或20%噻菌铜悬浮剂400倍液,或50%啶酰菌胺水分散粒剂1 000倍液。每隔5～7天喷施1次,连续防治2～3次,采收前3天停止用药。

2. 菱纹枯病

症状 又称菌核病。主要侵害叶片,水中的"菊状叶"或浮出水面的"出水叶"皆可被害。叶斑为圆形或椭圆形至不定型,呈褐色,具云纹,病健部界限明晰,病斑扩大并连合,致使叶片腐烂枯死,病部上可见菌丝缠绕和由菌丝纠结形成的菌核。

病原 学名为 *Rhizoctonia solani* Kühn,是立枯丝核菌AG-1菌丝融合群,属半知菌亚门真菌。成熟的菌核呈球形或扁球形,直径为2～3 mm,颜色为深褐色,表面粗糙,菌核具浮沉性,可随灌溉水传播。

侵染途径和发病条件　主要以菌核散落土中或以菌核及菌丝体在病残体、杂草等寄主上越冬。在菱生长期,浮于水面或沉于水下的菌核萌发伸出菌丝侵染致病,病部上菌核不经休眠即可萌发长出菌丝进行再侵染,病部菌丝靠攀缘接触侵染邻近叶片。时晴时雨及高温高湿的天气有利于病菌的繁殖和侵染,在8月至9月发病重。菱田偏施过施氮肥,菱株体内游离氨基酸含量高,易染病。

防治方法

① 加强肥水管理。根据菱各生育期的需要合理进行肥水管理,施足腐熟有机肥,适当增施磷钾肥,勤施薄施追肥;做好以水调温调肥管理,水层深浅适度,提高菱株抵抗力。

② 药剂防治。在病害始发期喷洒25%氟硅唑·咪鲜胺可溶性液剂1 000倍液,或40%嘧霉胺悬浮剂1 000倍液,或40%多菌灵·井冈霉素悬浮剂600倍液,或30%醚菌酯水剂1 200倍液,或50%纹枯利可湿性粉剂800倍液。在开花期可喷10%井冈霉素·蜡质芽孢杆菌悬浮剂300倍液。隔7~10天喷1次,连续防治2~3次。此外,喷药时可混入喷施宝、植宝素、磷酸二氢钾等。

3. 菱褐斑病

症状　主要危害菱叶,初在叶片边缘生不明显的淡褐色小斑点,后病斑逐渐扩大成圆形或不规则形,呈深褐色,病斑大小为4~5 mm,天气潮湿时病斑上可见黑褐色霉层。引起菱叶早衰,结菱少,菱角小,影响品质和产量。

病原　学名为 *Cercospora* spp.,属半知菌亚门尾孢霉属真菌。

侵染途径和发病条件　以菌丝体在病残体内越冬。翌年以分生孢子进行初侵染和再侵染,借助风雨传播蔓延。夏、秋两季多雨易发病;菱塘肥力不足,菱盘瘦小有利于发病。

防治方法

① 做好菱塘清洁卫生。采菱后及时清除病残株,集中深埋或沤肥。

② 加强肥水管理。施用腐熟的有机肥或经酵素菌沤制的堆肥,采用配方施肥技术,适当增施磷钾肥。菱塘水质要清净流动,防止污水流入。

③ 药剂防治。在发病初期用50%多菌灵可湿性粉剂800倍液,或40%多菌灵·井冈霉素胶悬剂600倍液,或70%甲基硫菌灵可湿性粉剂1 000倍液,或50%异菌脲可湿性粉剂1 000倍液,或10%苯醚甲环唑水分散颗粒剂1 000倍液。隔5~7天喷1次,连续防治2次。

4. 菱绵疫病

症状　主要危害菱叶,亦可危害花和果实。"出水叶"和菱盘易受害,初在叶片上形成近圆形至不定型病斑,呈灰绿色至绿褐色,迅速发展成不规则形大斑,边缘明显,短期内致叶片腐烂坏死。花和果实受害,呈水渍状腐烂,为褐色或暗绿色,病部表面可产生絮状白霉。

病原　学名为 *Phytophthora parasitica* Dast.,是寄生疫霉菌,属鞭毛菌亚门真菌。病菌菌丝为白色,絮状,无隔,多分枝,气生菌丝发达。孢囊梗无隔,纤细不分枝,无色,顶端产生孢子囊。孢子囊单胞,无色,为球形或卵圆形,有明显乳状突起。菌丝顶端或中间可单生或串生黄色球状厚垣孢子。卵孢子为球形,黄褐色。

侵染途径和发病条件　以卵孢子随病残体越冬。菱生长期随灌溉水、施肥传播,形成初侵染。发病后产生孢子囊通过雨水或操作管理传播蔓延形成再侵染。夏季多暴风雨或闷热天较多适宜发病。邻近已发病的瓜果蔬菜田块发病较重。

防治方法

① 菱塘适当远离瓜果类菜田,勿用蔬菜残体沤制的堆肥,采菱后及时彻底清除病残株。

② 菱塘里发现病株或病叶及时清除,带到菱塘外集中深埋或妥善处理。

③ 发病初期可选用72%霜脲·锰锌可湿性粉剂700倍液,或69%烯酰吗啉·锰锌可湿性粉剂1 000倍液,或58%甲霜灵·代森锰锌可湿性粉剂700倍液喷雾防治。

5. 菱软腐病

症状　可危害菱叶、茎蔓、菱盘和花果等各个部位。多从伤口处或接触水面的部位开始侵染,病部初呈水渍状暗绿色至绿褐色不规则腐烂,后迅速向四周扩展,使病部组织烂成糊状,最后仅剩维管组织,严重的田块向外散发恶臭气味。

病原　学名为 *Erwinia carotovora* subsp. *carotovora* (Jones) Bergey et al.,是胡萝卜软腐欧文氏杆状细菌胡萝卜软腐致病型,属细菌。参考茭白软腐病的病原。

侵染途径和发病条件　病菌主要来自邻近的多种作物田,通过雨水、灌溉水或害虫传播引起发病。发病后借助风雨和水面扩散蔓延,在田间形成再侵染。夏季暴风雨较多、害虫严重、植株受伤多有利于发病。施用未腐熟的有机肥或灌溉污水使病害严重。

防治方法

① 菱塘适当远离蔬菜田,施用充分腐熟的有机肥,严禁用污水灌溉,菱生长期防虫要适时。重病田及时彻底清除病残株后更换清水。

② 必要时在发病初期可喷洒72%农用硫酸链霉素可湿性粉剂4 000倍液,或15%溴菌腈可湿性粉剂1 000倍液,或4%春雷霉素可湿性粉剂400倍液,或

3%中生菌素可溶性粉剂800倍液,或57.6%冠菌清干粒剂1 000倍液。

(二)菱虫害

1. 菱萤叶甲

学名 *Galerucella birmanica* Jacoby,属鞘翅目叶甲科。

寄主 食性单一,主要取食菱、莼菜,也能危害芡实、莲藕,食料不足时才取食水鳖。

危害状 菱萤叶甲是菱的毁灭性害虫。其成虫和幼虫均蚕食菱叶,被食的叶千疮百孔,严重时叶肉全部被食尽,远视菱塘一片焦黄,可减产60%以上,甚至失收。

形态特征、生活习性、发生规律 参考芡实的菱萤叶甲。

防治方法

① 歼灭越冬虫源。秋后(10月上旬)及时处理菱盘,冬季烧毁河、塘边菱角残茬,铲除岸边菱草、蒲草、芦苇等杂草,可杀灭越冬成虫,压低越冬基数。

② 药剂防治。采取"狠治2代,补治3代"的防治策略,控制6月中旬至7月下旬的危害高峰。掌握在幼虫1~2龄期,以上午8~9时或下午3~4时施药最佳。药剂可选用42%啶虫·哒螨灵(阻甲)可湿性粉剂1 000倍液,或3%啶虫脒乳油1 000倍液,或90%敌百虫晶体1 000倍液,或4.5%氯氰菊酯乳油2 000倍液(应注意套养鱼虾的菱塘不宜使用)喷雾或大水泼浇。也可选用3%辛硫磷颗粒剂每亩(667 m^2)2~3 kg撒施水中防治。

2. 菱紫叶蝉

学名 *Macrosteles purpurata* Kuoh,属同翅目叶蝉科。

寄主 菱、芡实、莲藕、浮萍等水生植物。

危害状 成虫、若虫刺吸菱的茎叶,并产卵在茎叶组织内,造成伤痕。菱受害后生长滞缓,产量降低。

形态特征 [成虫]体长4.5 mm左右,呈紫色,头顶部有2个黄斑点,颜面为黄色,两边各有3~5条褐色横纹。前翅呈紫色,在前缘中部有1个椭圆形淡蓝色斑。腹部为黄白色,每节侧板上有1个褐色斑点。[卵]长1 mm左右,呈香蕉形,白色透明。卵帽为长条形,随着卵的发育卵色逐渐变黄,出现橘红色眼点。[若虫]体呈紫色,腹部背面节间及腹部色浅。

生活习性和发生规律 成虫、若虫嗜食菱。雌成虫寿命为7~29天,平均16.9天;雄成虫寿命为5~9天,平均6.9天。雌虫产卵前期经历4~6天,产卵历期15~25天。产卵量大,平均每头雌虫产卵97.5粒,最多可达211粒。卵多产于菱叶柄膨大的通气组织内,长条形卵帽外露。卵的胚胎发育在18℃~22℃时需8天,25℃~32℃时需5天。若虫分5龄,历期15~20天。由于产卵历期长,因此,从第2代开始世代重叠。该虫在水稻上不能发育完成整个世代,成虫不能在水稻上产卵繁殖。

在苏、浙一带1年发生6代。在10月下旬至11月上旬,菱盘枯黄后,成虫即迁入河塘边莎草科杂草水毛花、栖霞薰草上产卵,以卵在其棱茎中越冬。翌年3月中下旬,卵解除滞育,开始发育。越冬卵4月初出现眼点,5月初孵化。第1代初孵若虫即迁入刚出水面的菱盘上取食危害,第2代发生在6月上旬至7月初,第3代发生在7月上旬至7月下旬,第4代发生在7月下旬至8月中下旬,第5代发生在8月中下旬至9月中旬,第6代发生在9月中旬至10月下旬。凡塘边莎草科杂草多,菱生长旺盛郁青,易发生危害。6月份梅雨少,早黄梅有利于发生。

防治方法

① 做好田园清洁卫生。清除河边、塘边、沟边的杂草,尤其是莎草科杂草,可减少越冬虫源。

② 药剂防治。可选用20%异丙威乳油500倍液,或10%吡虫啉可湿性粉剂1 000倍液,或25%噻虫嗪水分散粒剂3 000倍液,或60%烯啶·吡蚜酮水分散粒剂3 000倍液,或22%氟啶虫胺腈悬浮剂4 000倍液喷雾。隔7~10天喷1次,连续防治2次。

3. 菱角水螟

学名 *Parapoynx crisonalis* Walker,属鳞翅目草螟蛾科。

别名 褐带纹水螟、壮筒水螟。

寄主 菱、芡实、莲藕、眼子菜、水龙、荇菜等水生植物。

危害状 幼虫取食菱叶,喜欢藏身两菱叶之间,将菱叶四周用胶状物质相连呈袋状,躲在其中取食,造成菱叶呈缺刻,取食完后转移至相邻的叶片上继续为害。

形态特征 [成虫]头部平斜向前突出,额呈灰白色。触角为丝状,灰白相间,约为体长的2/3。前胸背部呈黑灰色,中胸背部具黑褐色长毛区,后胸背部为灰白色。前翅为灰白色,密布黑色小斑点,基部中央各有一棕黑色圆斑,稍大;外侧另有一黑色斑,较小;翅中部各有两个棕黄色圆斑,一大一小,并行排列,其外侧有两个小黑斑;翅后半部各有两条棕黄色条带,内侧的呈"√"状,尖端向外缘线,外侧的与外缘线平行。前翅外缘具褐色长毛,外缘线有一排黑色斑点,亚外缘线有褐色弧线。腹部背面颜色为黑色、橘黄色、白色交替分布,末端呈棕黄色。足细长,为灰白色。[卵]形态为圆球形,中间呈灰褐色,四周为棕黄色。[幼虫]低龄时头前半部为黄色,有褐色斑点,通体透明,呈淡绿色。老熟时头部呈黄棕色,具褐色斑点,胸部为棕黑色,腹部为深黄色。1龄幼虫无气管鳃,2龄以上密布黄白色气管鳃,气管鳃具分支。[蛹]被蛹,通体黄色。复眼大,为黑色。第2、第3、第4腹节两侧各具一红棕色突起气孔,腹末透明,臀棘不发达。羽化前蛹腹面清晰可见褐色的翅和灰白色的触角。

生活习性和发生规律　成虫昼伏夜出,具有趋光性。卵产于浮于水面菱叶的下表面。幼虫分5龄,环切菱叶吐丝作巢,并藏身于其中,受到外界惊扰,会装死或迅速逃到能躲避的地方,严重发生时多条幼虫聚集在一起。老熟幼虫在化蛹时伴生有丝织椭圆形茧,附着在菱叶表面上,呈半透明状,具有避水作用。该虫在早春就发生危害,危害期长。

防治方法
① 清洁菱塘。秋收后,及时处理菱塘及附近沟渠等处的绿萍,消灭其越冬虫源。
② 灯光诱杀。安装频振式杀虫灯,夜间诱杀成虫。
③ 保护天敌。保护利用赤眼蜂等寄生性天敌。
④ 人工捕杀。发生早期人工摘除产卵菱叶。利用幼虫假死性或在水面上漂浮的习性,进行小网捕捞集中灭杀。
⑤ 药剂防治。在初孵幼虫聚集取食尚未分散时,可选用90%敌百虫晶体1 000倍液,或20%氯虫苯甲酰胺悬浮剂4 000倍液,或10%四氯虫酰胺悬浮剂1 000倍液喷雾。

(三)其他危害生物

1. 扁卷螺

学名　危害芡实的扁卷螺有 *Gyraulus convexiusculus* Hütton.(凸旋螺)、*Hippeutis umbilicalis* Benson.(大脐圆扁螺)、*Hippeutis cantori* Benson.(尖口圆扁螺)等3种,属软体动物腹足纲扁卷螺科。

寄主　菱、芡实、莼菜、莲藕、绿萍、水浮草等水生作物。

危害状　主要危害菱的叶片,造成缺刻和孔洞,还可咬伤根和茎,使植株腐烂死亡。

形态特征、生活习性、发生规律、防治方法　参考芡实的扁卷螺。

2. 锥实螺

学名　*Radix auricularia* L., 属软体动物腹足纲。

别名 耳萝卜螺。

寄主 菱、莲藕、莼菜、芡实、红萍、水浮草、水葫芦等水生植物,偏嗜菱、莼菜、芡实,是杂食软体动物害虫。

危害状 危害菱的叶、茎、花,造成叶片缺刻和孔洞,尤其是嗜食菱的花蕾,对产量影响较大。

形态特征、生活习性、发生规律、防治方法 参考芡实的锥实螺。

3. 福寿螺

学名 *Ampullarium crosseana* Hidalgo,软体动物腹足纲中腹足目瓶螺科瓶螺属。

别名 大瓶螺、苹果螺、雪螺、金宝螺。

异名 *Pomacea canaliculata*。

寄主 菱、芡实、莲藕、莼菜、茭白、水芹、慈姑、水蕹菜、水稻及水葫芦等水生植物,是杂食性软体动物害虫。

危害状 危害菱的嫩茎和幼叶,食量大,一夜即可造成绝苗。危害菱成叶,造成叶片缺刻和穿孔,严重时叶片被啃食得千疮百孔,影响光合作用及营养输送,对产量有较大影响。

形态特征、生活习性、发生规律、防治方法 参考芡实的福寿螺。

4. 克氏原螯虾

学名 *Procambarus clarkii*,属节肢动物门甲壳纲软甲亚纲十足目多月尾亚目螯虾科螯虾亚科原螯虾属原螯虾亚属。

别名 小龙虾、淡水小龙虾、红螯虾。

寄主 杂食性,主要有菱、芡实、莲藕、莼菜、水芋、水蕹菜、眼子菜、水葫芦、鸭舌草等。

危害状 主要危害菱的幼苗,大螯夹断嫩茎造成死苗。

形态特征、生活习性、发生规律、防治方法 参考莲藕的克氏原螯虾。

5. 鳃蚯蚓

学名 *Branchiura sowerbyi* Beddard,属环形动物门贫毛纲原始贫毛目颤蚓科。

别名 水蚯蚓、红砂虫、鼓泥虫。

寄主 菱、芡实、莲藕、莼菜等多种作物。

危害状 在水生蔬菜田的泥土中取食腐殖质,一般不直接危害作物。由于身体前半部埋于泥土中翻动,后半部在水中摆动,影响菱苗根系生长,使之不能扎根造成浮苗,因此,最终缺苗断垄。

形态特征、生活习性、发生规律、防治方法 参考莲藕的鳃蚯蚓。

（四）菱病虫害防控技术

1. 强化运用农业防治措施

① 湖塘选择。菱塘的水质是种好菱的首要条件，要求塘水不过肥，塘面风浪不过大，水能流动，无污染，有一定水位的湖塘（浅水菱塘水深 2 m 左右，深水菱塘水深不超过 4 m）。

② 清塘除草。栽种菱前要将菱塘中杂草如荇草、水鳖、萍类、藻类及水底野菱等及时清除干净，以防栽种后遭受这些杂草危害。此项农事十分重要，菱塘应每年清塘和播种，防止品种混杂退化，病虫害加重。

③ 适时追肥。为了提高菱的产量，改善品质，适当施用有机肥，适量追施复合肥或叶面喷肥。可在菱始收期，顺着菱盘间每亩（667 m²）撒施氮、磷、钾复合肥 15 kg，或在防病治虫时喷施药肥。

④ 歼灭越冬病虫源。秋后（10月至11月初）及时处理菱盘，冬季烧毁河、塘边菱残茬，铲除岸边菱草、蒲草、芦苇等杂草，可杀灭越冬病虫，压低越冬基数。

2. 坚持科学的病虫害防治策略

（1）菱病虫害总体防治策略

主攻一病（菱白绢病）一虫（菱萤叶甲），兼治其他病虫。

（2）抓好 2 个时期总体防治

其一，第 1 次大田病虫害总体防治战。

① 防治对策：主攻菱萤叶甲，压低越冬代，狠治 2 代，兼治菱白绢病。

② 防治时间：5 月上旬至 6 月中旬，即菱盘形成期。掌握菱萤叶甲幼虫 1~2 龄期，上午 8—9 时或下午 3—4 时施药为佳。

③ 药剂选用：防治菱萤叶甲可选用 42% 啶虫·哒螨灵（阻甲）可湿性粉剂 1 000 倍液，或 25% 噻虫嗪水分散粒剂 3 000 倍液，或 90% 敌百虫晶体 1 000 倍液，或 4.5% 氯氰菊酯乳油 2 000 倍液（应注意套养鱼虾的菱塘不宜使用）喷雾。若有菱白绢病发生，可添加 30% 醚菌酯水剂 1 200 倍液，或 50% 乙烯菌核利干悬浮剂 1 000 倍液，或 25% 丙环唑乳油 1 500 倍液，或 10% 苯醚甲环唑水分散颗粒剂 1 000 倍液一并喷雾。

螺类的危害防治应掌握幼螺期施药，产卵高峰后 15~20 天为幼螺孵化高峰，亦是防治适期。每亩（667 m²）可选用茶籽饼 10 kg 撒于菱塘里。

其二，第 2 次大田病虫害总体防治战。

① 防治对策：主攻菱白绢病、纹枯病，兼治 3 代菱萤叶甲、菱紫叶蝉。

② 防治时间:7月初至8月中旬,即菱开花结果期。

③ 药剂选用:同第1次总体防治战选用的药剂,但可在药液中添加0.2%~0.5%的磷酸二氢钾混合喷雾。

(五)菱病虫害防控示意图

菱病虫害防控示意图如图7-1所示。

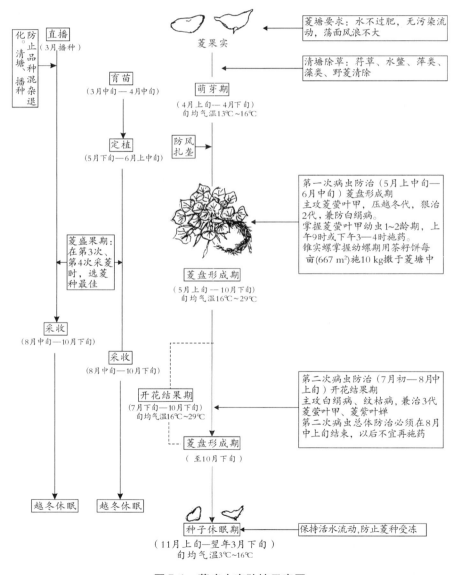

图7-1　菱病虫害防控示意图

八、莼 菜

莼菜,学名为 *Brasenia schreberi* J. F. Gmel.,英文名为 water shield,别名蓴菜、凫葵、水葵、马蹄草,古称茆,为睡莲科莼属多年生宿根性草本水生蔬菜。原产中国。浙江、江苏、江西、湖南、湖北、四川、云南等地均有分布,尤以苏州太湖、杭州西湖等地莼菜驰名中外,还有湖北利川市福宝山和四川雷波县马湖莼菜。全国种植总面积不足 1 000 公顷。生长于湖沼、池塘之中。莼菜喜温暖,不耐霜冻和高温,生长适宜温度在 20℃~30℃。生长期不能断水,且对水质要求较高。要求富含有机质、土层深厚、含磷量较高的壤土或黏壤土。莼菜按叶背颜色不同分为红叶和绿叶 2 种类型。莼菜采用越冬地下茎、冬芽繁殖。长江以南地区春季栽种。连收 3 年后更新种植。

莼菜的食用部位是嫩芽、初生卷叶。莼菜富含维生素 C、氨基酸及矿物质,卷叶分泌的透明胶质富含多糖。多糖是一种较好的免疫促进剂,能增加巨噬细胞的吞噬功能,并促进淋巴细胞的转化。莼菜味甘、性寒、无毒,具有消渴热痹、厚肠胃、安下焦、逐水解毒、下气止呕等功效。

(一)莼菜病害

1. 莼菜叶腐病

症状 主要危害叶片,叶柄亦能受害。在已展开的叶片上初期出现褪绿色,大小为 0.5~1 cm 不规则病斑,后病斑扩大到半叶至整叶,变暗褐色湿腐状病斑。未展开的幼叶,常整叶变成黑色腐烂,对产量影响较大。

病原 学名为 *Phytophthora* sp.,是一种疫霉菌,属鞭毛菌亚门疫霉菌属真菌。孢子囊呈长梨形,顶部有乳头状突起,基部有短柄,大小为 $(10~11)$ μm × $(3.5~5)$ μm。

侵染途径和发病条件 以菌丝体或卵孢子随病残体在莼菜塘中越冬。以孢子囊及其产生的游动孢子从叶片气孔侵入发病,又产生游动孢子做再次侵染。在水质差,水色呈淡黄色或咖啡色,水面有一层锈色浮沫的浑浊池水中易多发,在青苔多的池水中也易发生。

防治方法

① 加强肥水管理。保持池水清洁、流动,追肥不用人畜粪便等有机肥。

② 药剂防治。在发病初期可选用30%氧氯化铜悬浮剂(或等量式波尔多液,或77%氢氧化铜可湿性微粒粉剂)+25%甲霜灵可湿性粉剂(或70%烯酰·霜脲氰水分散粒剂,或50%烯酰吗啉可湿性粉剂,或60%代森·吡唑醚菌酯水分散粒剂)按1∶1比例兑水1 000倍液泼浇或喷雾。在施药前1天宜排水保持薄水层,喷药后过24～48 h再回水,隔7～10天再施药1次。药剂交替使用为佳。

2. 莼菜根腐病

症状　主要危害地下根茎。病株初期抽出的叶片变淡,卷转,不展开。叶柄呈弯曲状,后变褐色腐烂。拔出根部可见已变棕褐色,严重时会腐烂。

病原　学名为 *Fusarium* sp.(属半知菌亚门的镰刀菌)和 *Pythium* sp.(属鞭毛菌亚门的腐霉菌)。

侵染途径和发病条件　连作田,偏施或过施氮肥,或用未腐熟的有机肥作基肥,或被食根金花虫危害等易发病并受害重。连绵阴雨,日照不足或暴风雨频繁,污水入田也易引起发病。

防治方法

① 加强莼菜池塘管理。施用腐熟有机肥,经常保持池水清洁流动。

② 清除丝状藻类及防治食根金花虫危害。

③ 发现初发病株及时挖除,带出塘外妥善处理。用50%多菌灵可湿性粉剂(或70%甲基托布津可湿性粉剂)+25%甲霜灵可湿性粉剂(或72%霜脲氰·锰锌可湿性粉剂,或70%烯酰·霜脲氰水分散粒剂,或50%烯酰吗啉可湿性粉剂)按1∶1比例混合,每亩(667 m²)用混合粉100～150 g加干细土10 kg左右拌匀撒入塘中。地上部采用混合粉兑水1 000倍液喷施叶片。隔7～10天喷1次,连续防治2次。

(二)莼菜虫害

1. 萍摇蚊

学名　危害莼菜的萍摇蚊有 *Tendipes attenuatas* Walker(萍褐摇蚊)和 *Tendipes riparius* Mergcn(萍绿摇蚊),这2种萍摇蚊的幼虫均被称为红丝虫;还有 *Tendipes cricotopus* sp.(萍黄摇蚊),其幼虫俗称白丝虫。均属双翅目摇蚊科摇蚊属。

别名　摇蚊的幼虫统称萍丝虫。

寄主　莼菜、芡实、绿萍。

危害状 幼虫咬食莼菜叶背的叶肉,使叶片残缺不全,严重时整片叶被吃光。还能危害茎和根,造成莼菜无根,茎叶残缺,生长缓慢。

形态特征、生活习性、发生规律、防治方法 参考芡实的萍摇蚊。

2. 菱萤叶甲

学名 *Galerucella birmanica* Jacoby,属鞘翅目叶甲科。

寄主 莼菜、菱、芡实、莲藕等水生植物,但偏食莼菜和菱。食料不足时也会取食水鳖。

危害状 成虫和幼虫均以蚕食莼菜叶正面为主,咬啃成条孔状,对莼菜产量影响大,严重时可减产60%以上。一般8月至9月危害最重。

形态特征、生活习性、发生规律、防治方法 参考芡实的菱萤叶甲。

3. 食根金花虫

学名 *Donacia provosti* Fairmaire,属鞘翅目叶甲科。

别名 长腿水叶甲、稻根叶甲、稻食根虫、食根蛆、饭米虫、水蛆虫等。

寄主 莼菜、芡实、莲藕、水稻、茭白、矮慈姑、稗、眼子菜、鸭舌草、长叶泽泻等。

危害状 成虫和幼虫均能为害,成虫取食浮出水面的叶片,吃成穿孔斑驳,影响莼菜品质。幼虫钻入莼菜地下茎内吸取汁液,造成发黑死亡。

形态特征、生活习性、发生规律、防治方法 参考莲藕的食根金花虫。

(三)其他危害生物

1. 扁卷螺

学名 危害莼菜的扁卷螺有 *Gyraulus convexiusculus* Hütton.(凸旋螺)、*Hippeutis umbilicalis* Benson.(大脐圆扁螺)、*Hippeutis cantori* Benson.(尖口圆扁螺)等3种,属软体动物腹足纲扁卷螺科。

寄主 莼菜、芡实、莲藕、绿萍、水浮草等水生作物。

危害状 主要危害水生作物浮于水面的叶片,造成缺刻和孔洞,还可咬伤根和茎,使植株腐烂死亡。

形态特征、生活习性、发生规律、防治方法 参考芡实的扁卷螺。

2. 锥实螺

学名 *Radix auricularia* L.,属软体动物腹足纲。

别名 耳萝卜螺。

寄主 莼菜、芡实、菱、莲藕、红萍、水浮草、水葫芦等水生植物,偏嗜莼菜、菱、芡实,是杂食软体动物害虫。

危害状　主要危害莼菜叶片,形成缺刻和孔洞,严重时茎亦被啃食。

形态特征、生活习性、发生规律、防治方法　参考芡实的锥实螺。

3. 福寿螺

学名　*Ampullarium crosseana* Hidalgo,软体动物腹足纲中腹足目瓶螺科瓶螺属。

别名　大瓶螺、苹果螺、雪螺、金宝螺。

异名　*Pomacea canaliculata*。

寄主　莼菜、芡实、莲藕、菱、茭白、水芹、慈姑、水蕹菜、水稻及水葫芦等水生植物,是杂食性软体动物害虫。

危害状　危害茎和叶,造成叶片缺刻和穿孔,食量大,一夜即可造成绝苗,对产量有较大影响。

形态特征、生活习性、发生规律、防治方法　参考芡实的福寿螺。

4. 克氏原螯虾

学名　*Procambarus clarkii*,属节肢动物门甲壳纲软甲亚纲十足目多月尾亚目螯虾科螯虾亚科原螯虾属原螯虾亚属。

别名　小龙虾、淡水小龙虾、红螯虾。

寄主　杂食性,主要有莼菜、芡实、莲藕、菱、水芋、水蕹菜、眼子菜、水葫芦、鸭舌草等。

危害状　主要危害莼菜的幼苗,大螯夹断嫩茎造成死苗。

形态特征、生活习性、发生规律、防治方法　参考莲藕的克氏原螯虾。

5. 鳃蚯蚓

学名　*Branchiura sowerbyi* Beddard,属环形动物门贫毛纲原始贫毛目颤蚓科。

别名　水蚯蚓、红砂虫、鼓泥虫。

寄主　莼菜、芡实、莲藕、菱等多种作物。

危害状　在水生蔬菜田的泥土中取食腐殖质,一般不直接危害作物。由于身体前半部埋于泥土中翻动,后半部在水中摆动,影响莼菜苗根系生长,使之不能扎根造成浮苗,因此,最终缺苗断垄。

形态特征、生活习性、发生规律、防治方法　参考莲藕的鳃蚯蚓。

6. 丝状绿藻类

学名　危害莼菜的藻类有 *Zygnema spontaneum* Nordst.（野生双星藻）、*Hydrodictyon reticulatum*（L.）Lag.（水网藻）、*Spirogyra communis*（Hass.）Kütz.（普通水绵）和转板藻属中的一些丝状绿藻等 4~5 种。以普通水绵为主,属绿

藻门水绵属。

别名 水绵、青苔、绿丝子、青泥苔。

危害状 该藻类可造成莼菜池塘的水质劣化,使莼菜生长不良,叶色变淡。严重时莼菜的茎叶甚至新梢上也长青苔,妨碍植株生长,污染产品,使产品丧失食用价值。

形态特征、侵染途径、发病条件、防治方法 参考芡实的丝状绿藻类。

7. 萍类

学名 危害莼菜的萍类有 *Lemna minor* L.(浮萍)、*Spirodela polyrhiza*(L.) Schleid(紫萍)、*Azolla imbricate*(Roxb.) Nakai(满江红)、*Salvinia natans*(L.) All.(槐叶萍)等。浮萍属于被子植物门单子叶植物纲槟榔亚纲天南星目浮萍科浮萍属。紫萍属于浮萍科紫萍属。满江红属于蕨类植物门真蕨亚门真蕨纲薄囊蕨亚纲槐叶苹目满江红科满江红属。槐叶萍属于蕨类植物门真蕨亚门薄囊蕨纲槐叶苹科槐叶苹属。

别名 浮萍又名青萍、小浮萍、绿背浮萍、田萍、浮萍草、水浮萍、水萍草等。紫萍又名紫背浮萍、红萍。满江红又名绿萍、红萍、紫藻、三角藻、红浮萍等。槐叶萍又名槐叶苹、蜈蚣萍、山椒藻。

形态特征、侵染途径、发病条件、防治方法 参考芡实的萍类。

(四)莼菜病虫害防控技术

1. 强化运用农业防治措施

① 湖塘选择。湖泊、池塘、河道及低洼田均可作为莼菜的种植地,但要获得高产、优质的莼菜则必须选择微酸性土质,pH 为 5.5~6.5。土壤以富含腐殖质的泥炭土、香灰土及经过改良的稻田土为佳。

② 优质水质。莼菜生长的首要条件是要有优质水质的保障。莼菜全株生长在水中,需要较深的水位,一般为 50~70 cm,最深不超过 1 m。水质要清洁微流动,矿物质含量高、无污染的水最有利于莼菜生长。死水、污水容易滋生藻类、萍类和病虫害,造成烂叶,胶质减少,产量降低,品质变差,甚至死亡,因此,不宜种植。

③ 清洁池塘。种前每亩(667 m^2)施用生石灰 30~50 kg 清塘,清除杂草、藻类、萍类、螺类、鱼及虫等。

④ 除草追肥。莼菜是多年生水生蔬菜,每年追肥应掌握在冬春根茎萌发前施用,不要偏施氮肥,增施钾肥,巧施锌肥,否则易滋生藻类。防治藻类每亩

（667 m²）可喷施 0.5%石灰等量式（1∶1∶200）波尔多液 50 kg。

⑤ 轮作更新。莼菜种植后，可连续采收多年，在定植后 2~4 年为高产年，以后逐年衰退，病虫害加重。因此，需要进行轮作，对莼菜进行提纯复壮更新。

2. 坚持科学的病虫害防治策略

（1）莼菜病虫害总体防治策略

主治虫害（菱萤叶甲、萍摇蚊、食根金花虫）及有害生物（螺类、萍类、藻类），兼防病害。莼菜病害的发生与水质关系密切，凡是水质差，莼菜叶腐病、根腐病易发生，产量低、品质差，严重时颗粒无收。据调查，目前太湖莼菜只能在东太湖栽培。1971 年，苏州吴县洞庭公社还有野生、半野生莼菜千余亩，后因太湖围垦产量逐年减少，目前几乎绝迹。

（2）抓好 2 个时期总体防治

其一，第 1 次大田病虫害总体防治战。

① 防治对策：主攻菱萤叶甲、萍摇蚊、螺类，兼治其他病虫。

② 防治时间：4 月下旬至 5 月下旬，即莼菜萌芽后至春季旺盛生长期。此间旬均气温上升到 16℃~28℃，是莼菜生长最旺盛时期，但也有利于病虫害发生。

③ 药剂选用：防治菱萤叶甲可选用 5%氯虫苯甲酰胺悬浮剂 2 000 倍液，或 90%敌百虫晶体 1 000 倍液，或 4.5%氯氰菊酯乳油 2 000 倍液（应注意套养鱼虾的莼菜田不宜使用）喷雾。若有莼菜叶腐病发生，可添加 25%吡唑醚菌酯乳油 600 倍液，或 23.4%双炔酰菌胺悬浮剂 1 500 倍液，或 10%氟噻唑吡乙酮可分散油悬浮剂 2 000 倍液一并喷雾。也可加入 70%代森锌可湿性粉剂 500 倍液或 0.2%磷酸二氢钾液混合喷雾。

螺类的危害防治应掌握幼螺期施药，产卵高峰后 15~20 天为幼螺孵化高峰，亦是防治适期。每亩（667 m²）可选用茶籽饼 10 kg 撒于莼菜田里。

其二，第 2 次大田病虫害总体防治战。

① 防治对策：以防病害（莼菜叶腐病、根腐病）为主，兼治虫害。

② 防治时间：7 月上中旬至 8 月上旬，即莼菜越夏缓慢生长期。此间旬均气温维持在 28℃~30℃，莼菜植株生长基本停滞，抽生新枝、新叶极少。池塘水温高，病虫害易发生，莼菜叶、茎、根易腐烂。生产上一般停止采收，可在夜间及时换水，降低水温。

③ 药剂选用：防治莼菜叶腐病、根腐病可选用 23.4%双炔酰菌胺悬浮剂 1 500 倍液，或 10%氟噻唑吡乙酮可分散油悬浮剂 2 000 倍液喷雾。也可加入 70%代森锌可湿性粉剂 500 倍液，或 0.2%磷酸二氢钾液混合喷雾。若有萍摇

蚊、菱萤叶甲发生,可添加 90% 敌百虫晶体 1 000 倍液,或 40% 二嗪·辛硫磷乳油 1 000 倍液一并喷雾。

（五）莼菜病虫害防控示意图

莼菜病虫害防控示意图如图 8-1 所示。

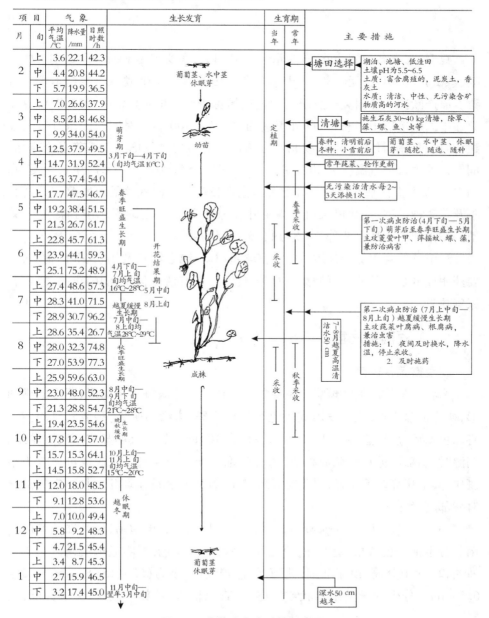

图 8-1　莼菜病虫害防控示意图

九、豆瓣菜

豆瓣菜,学名为 *Nasturtium officinale* R. Br.,英文名是 water cress,别名西洋菜、水田芥、水蔊菜、无心芥,为十字花科水田芥属二年生或多年生草本水生蔬菜。原产欧洲。中国关于豆瓣菜的记载始见于《广东通志稿》(1935 年),豆瓣菜在中国栽培历史不长,从国外引进而来,仅有 100 多年时间。广东、广西、福建、四川、云南、江苏、上海、湖北及台湾地区等地均有栽培。豆瓣菜喜冷凉、湿润。营养生长适宜温度为 20℃左右,温度超过 25℃或低于 15℃时生长缓慢,降到 10℃以下生长基本停止。对土壤适应性较广。中国栽培的豆瓣菜有开花和不开花 2 种类型;按叶色又可分为褐叶和绿叶 2 类。豆瓣菜采用分株、种子繁殖。华南地区为秋季栽种,一直可收获至翌年春季。

豆瓣菜的食用部位是嫩茎叶。富含蛋白质、维生素 C 及钙、铁等矿物质,主要药用成分是芥子油。豆瓣菜味甘苦、性寒。具有清燥化痰、润肺止咳、通经利尿等功效。

(一)豆瓣菜病害

1. 豆瓣菜褐斑病

症状 又称尾孢叶斑病。主要危害叶片。叶片病斑呈半圆形、圆形或椭圆形,初为褪绿小点,逐渐发展成黄色至褐色病斑,边缘不明显,多数病斑周围具有绿色晕环,病斑直径为 3~5 mm,少数在 10 mm 以上,具明显或不明显轮纹。潮湿时,病部可见灰黑色薄霉层,为分生孢子梗及分生孢子。病斑可连合为小斑块,其上病症多不明显,严重时叶斑密布,致使叶片黄化坏死干枯。空气潮湿时病部腐烂穿孔。

病原 学名为 *Cercospora nasturtii* Pass.,是水田芥尾孢菌,属半知菌亚门真菌。分生孢子梗数根丛生,不分枝,呈丝状,为淡褐色,具明显孢痕,有 0~3 个屈曲,2~5 个分隔,顶端渐细,钝圆,颜色较浅,大小为(55~153)μm×(3.8~6.5)μm。分生孢子呈细棒状或鼠尾状,直或稍弯,基部平截状,尖端钝圆,具

3～18个横隔,无色,大小为(42.5～164.8)μm×(3.5～6.5)μm。

侵染途径和发病条件 以菌丝体和分生孢子在病叶或病残体上越冬。以分生孢子进行初侵染和再侵染,借助气流或雨水溅射传播。南方地区不存在越冬而只存在越夏问题,越夏场所多为遗落田间的病残体,或旱地留种株。种植季节温暖多湿的天气、偏施过施氮肥、植株生长茂密通透性差、田间积水等有利于发病。

防治方法

① 重病地块实行与非十字花科蔬菜轮作,避免偏施过施氮肥。

② 重病区及早喷洒40%多·硫胶悬剂500倍液,或10%苯醚甲环唑水分散颗粒剂1 000倍液,或50%甲基硫菌灵可湿性粉剂500倍液,或50%异菌脲悬浮剂1 000倍液。隔10天左右喷1次,连续防治2～3次。

2. 豆瓣菜丝核菌病

症状 又称豆瓣菜丝核菌腐烂病。危害叶片和茎。叶片病斑呈椭圆形至不定型,颜色为浅黄至灰褐色或灰绿色或灰白色,多从叶尖或叶缘始侵害,湿度大时腐烂,病斑面现蛛丝状霉即菌丝体。发病严重的许多叶片枯白或腐烂,不能食用。茎部染病初呈水渍状,后变成浅褐色不定型斑,随病情发展茎软腐或干腐,病情严重可绕茎一周,致使茎部缢缩、变褐色黏性,其上产生较明显的白霉,后期病部可见茶褐色萝卜籽状的菌核,最后全株倒折,萎蔫死亡。

病原 学名为 *Rhizoctonia solani* Kühn,是丝核菌,属半知菌亚门真菌。初生菌丝无色,后变成浅褐色,直径为4.5～8.5 μm,分枝呈直角或近直角,分枝处有缢缩,并具1 膈膜。菌丝后期绞接形成菌核,菌核初为白色,后变淡褐色或深褐色,大小为0.5～5 mm。

侵染途径和发病条件 以菌丝体或菌核在土壤、田间杂草或其他寄主上越冬。借助水流或灌溉水传播,进行初侵染。病部产生的菌丝,通过叶片接触或菌丝的匍匐攀缘进行再侵染,使病害由点片发生逐渐蔓延扩大。菌丝生长最适宜温度为23℃,温度高于32℃或低于4℃均不利于生长,菌核形成的适宜温度在23℃～28℃。通常早春至初夏天气温暖,降雨多,雾露重,有利于该病发生。偏施过施氮肥,植株长势过旺,发病重。

防治方法

① 选择好田块,勿与前茬水稻田连作,尤其是纹枯病发生重的田块。

② 避免偏施过施氮肥。

③ 管好水层。避免长期灌深水,适时适度进行搁田,促进根系发育。

④ 发病初期喷洒50%啶菌酰胺水分散粒剂1 000倍液,或50%乙烯菌核利干悬浮剂1 000倍液,或40%嘧霉胺悬浮剂1 000倍液,或20%噻菌铜悬浮剂400倍液。隔7~10天喷1次,连续防治2~3次。喷匀喷足,喷药时加入0.1%的洗衣粉可增加附着性,若在喷药前后各排水搁田1~2天,防病效果更佳。

3. 豆瓣菜病毒病

症状　在各个生育期都可发病,在田间因受侵染毒源的影响,常表现为花叶、坏死斑和畸形三种类型病症状。花叶型:植株系统染病,由下向上叶片呈淡绿色与黄绿色相间的斑驳,或出现网状花叶,病株轻度畸形,叶柄扭曲,叶片均向下呈勺状扣卷,较短时间内病株即枯黄坏死。坏死型:染病植株中下部叶片上出现许多不规则红褐色坏死小斑点,其边缘常具有黄色晕圈,病叶亦向下反卷,随着病情发展多个病斑连接汇合,致叶片坏死。畸形型:在中后期染病植株,仅幼嫩叶片表现出轻度花叶或斑驳,新出幼叶变小而厚,叶面呈泡状突起,皱缩不平,节间和叶柄缩短,或腋芽丛生,心叶和外叶比例严重失调,病株发育缓慢,分枝少,矮小。

病原　主要由 Cucumber mosaic virus(简称 CMV,黄瓜花叶病毒)和 Turnip mosaic virus(简称 TuMV,芜菁花叶病毒)单独或混合侵染引起。芜菁花叶病毒可侵染多种十字花科作物,如豆瓣菜、白菜、甘蓝、油菜、萝卜等,还可侵染藜菜、柿藜、苍耳等杂草。病毒粒体杆状,长约680nm,钝化温度为55℃~60℃,稀释限点为1 000倍,体外存活期为48~72 h。在心叶烟上表现为系统侵染,普通烟上为局部坏死斑,不侵染曼陀罗及黄瓜。黄瓜花叶病毒参考莲藕花叶病毒病的病原。

侵染途径和发病条件　芜菁花叶病毒和黄瓜花叶病毒潜伏在豆瓣菜种株上及田边杂草上越冬、越夏。田间传播主要靠蚜虫传毒,如桃蚜、棉蚜、萝卜蚜等。蚜虫传播病毒主要是依靠有翅蚜,无翅蚜因活动范围小,其传染病的作用亦小。其次通过汁液摩擦接触传染病。芜菁花叶病毒在常年栽培十字花科蔬菜地区,病毒能不断地从病株传到健株上引起发病。黄瓜花叶病毒寄主广,又可在大棚蔬菜上或多年生杂草的宿根中越冬。干旱高温,不利于植株的生长发育,而有利于蚜虫的繁殖活动和病毒的繁殖传播。栽培管理不良的地块,如缺肥、缺水及治蚜不及时,病害发生亦重。

防治方法

① 合理密植,加强管理,适时施肥。

② 及时治蚜。有翅蚜迁飞初期开始喷药防治,可选用10%吡虫啉可湿性

粉剂1 000倍液,或3%啶虫脒乳油1 500倍液,或25%吡蚜酮可湿性粉剂3 000倍液。

③ 发病初期喷洒1.5%烷醇·硫酸铜(植病灵)乳剂1 000倍液,或20%盐酸吗啉胍·铜可湿性粉剂500倍液,或31%吗啉胍·利巴韦林可溶性粉剂1 000倍液。隔5~7天喷1次,连续防治2次。

4. 豆瓣菜黑斑病

症状 主要危害叶片。多从中下部老叶开始侵染,花期有时也侵染花序。初期在叶片上出现水渍状褐色坏死小点,周围逐渐褪色黄化,形成近圆形浅黄至黄绿色晕环,病健交界模糊,后来病斑中心组织进一步不规则变褐坏死腐烂。湿度高时病斑表面产生稀疏灰黑色霉层。随着病害发展,病部坏死干腐破裂,多个病斑相互汇合致叶片黄化坏死。

病原 学名为 *Alternaria brassicicola* (Schweinitz) Wilts.,是甘蓝链格孢菌,属半知菌亚门真菌。分生孢子梗为榄褐色,呈葡萄状单生,偶有分枝,具0~3个分隔,大小为$(25~45)\mu m \times (5~9)\mu m$。分生孢子为浅褐色,顶生、单生或数个链生,倒棍棒形,个别呈长卵形,具2~7个横膈膜,很少产生纵膈膜,无喙细胞或极短,大小为$(15~85)\mu m \times (7.5~18)\mu m$。

侵染途径和发病条件 以菌丝体或分生孢子在土壤中病残体上越冬,也可在种株上或附着在种子表面越冬。分生孢子借助气流传播。病菌生长发育温度在10℃~35℃,最适宜温度为17℃,最适pH为6.6,病菌在水中可存活1个月,在土中可存活3个月,在表层土中可存活1年。生长期间连续阴雨或暴风雨较多病害发生较重。管理粗放,植株后期脱肥较早,有利于发病。

防治方法

① 施足有机底肥,增施磷钾肥。生长期适时追肥,避免植株脱肥早衰,增强植株抗病能力。

② 搞好田园清洁,收获后彻底清除病残组织,生长期及时清除病叶,减少菌源。

③ 发病初期可选用50%异菌脲可湿性粉剂1 000倍液,或10%苯醚甲环唑水分散粒剂1 000倍液,或70%代森锰锌可湿性粉剂600倍液喷雾。10~15天防治1次,根据病情连续防治1~3次。

5. 豆瓣菜菌核病

症状 在各生育期均可发生。初期多使基部叶片、叶柄或匍匐茎呈暗绿至黄褐色水渍状腐烂,随即在病部长出浓密的絮状白色菌丝团,最后由菌丝集结形成黑色鼠粪状菌核。植株染病后病情发展迅速,很快造成病株死亡,或形成大片死株、烂秧。

病原 学名为 *Sclerotinia sclerotiorum* (Lib.) de Bary,是核盘菌,属子囊菌亚门真菌。菌核初为白色,后表面变黑,由菌丝扭集形成,大小一般为(1.3~14)mm×1.2~5.5 mm。菌核在适宜条件下萌发产生浅褐色子囊盘。子囊盘呈杯状或盘状,成熟后变成暗红色,盘中产生许多子囊和侧丝,子囊内的子囊孢子呈烟状弹放。子囊无色,呈棍棒状,内生8个无色子囊孢子。子囊孢子呈椭圆形,单细胞,大小为(10~15)μm×(5~10)μm。

侵染途径和发病条件 以菌核在土壤中或混杂在种子里越冬。在5℃~20℃并吸足水分时菌核萌发产生子囊盘。子囊盘放出的子囊孢子,借助气流或灌溉水传播,进行初侵染。病部产生的菌丝与健株接触进行再侵染,使病害逐渐蔓延扩大。菌丝生长适宜温度范围较广,相对湿度在85%以上有利于发病。此外,带病的种苗调运和移栽病苗可扩大传播。

防治方法

① 收获后及时清除病残体,深翻土壤,将遗漏的菌核深埋在土壤深层,使之不能萌发出土。

② 发病初期随时清除染病植株并及时进行药剂防治,可选用40%嘧霉胺悬浮剂1 000倍液,或25%氟硅唑·咪鲜胺可溶性液剂1 000倍液,或30%醚菌酯水剂1 200倍液,或50%啶酰菌胺水分散粒剂1 000倍液喷雾。隔7~10天再防治1次。

6. 豆瓣菜灰霉病

症状 多在生长中后期发病。多从基部枯黄叶片或受伤的部位开始侵染,使病部呈水渍状黄褐色坏死腐烂,发病进展迅速,在病组织表面产生灰色霉层,即分生孢子梗和分生孢子。

病原 学名为 *Botrytis cinerea* Pers.,是灰葡萄孢菌,属半知菌亚门真菌。分生孢子梗单生或丛生,为浅褐色,有膈膜,基部略膨大,顶端具1~2次分枝,分枝顶端产生小柄,其上着生大量分生孢子,大小为(1 200~2 800)μm×(10~19.3)μm。分生孢子呈圆形或椭圆形,单细胞,近无色,大小为(6.3~11.3)μm×(7.5~17.5)μm,平均为9.6~15.2 μm。

侵染途径和发病条件 以分生孢子或菌核在病残体上、土壤中或地表越冬越夏。由菌丝体或分生孢子侵入寄主。分生孢子借助气流、灌水和农事操作传播。病菌产生分生孢子的最低温度为2℃~4℃,最适温度为10℃~22℃,24℃

以上不利于病害发展,30℃以上高温抑制病害发展。病菌孢子萌发和侵染需要较高的空气湿度,相对湿度在94%~100%对病害发展最适宜,植株表面有水滴或水膜最有利于病害发生。

防治方法

① 收获后和定植前彻底清除病残体,未翻地之前可用比生长期较浓的药液喷洒地表面,进行表面灭菌。

② 提倡应用有利于栽培防病的滴灌、管灌等节水灌溉技术。

③ 在保护地栽培的于发病初期加强放风管理,适当提高管理温度,上午棚温尽可能保持在20℃~25℃,下午适当延长放风,以降低空气湿度。

④ 发病初期可选用50%啶酰菌胺水分散粒剂1 500倍+50%咯菌腈可湿性粉剂5 000倍按1∶1混合液,或42.4%唑醚·氟酰胺悬浮剂3 000倍液,或40%嘧霉胺悬浮剂1 000倍液,或25%嘧菌酯悬浮剂1 000倍液,或25%啶菌噁唑乳油1 000倍液喷雾防治。

(二)豆瓣菜虫害

1. 蚜虫

学名 危害豆瓣菜的蚜虫主要有 *Myzus persicae* Sulzer(桃蚜)、*Lipaphis erysimi pseudobrassicae* Davis(萝卜蚜)、*Aphis gossypii* Glover(瓜蚜)。均属同翅目蚜科。

别名 桃蚜又名烟蚜、桃赤蚜、菜蚜等;萝卜蚜又名菜蚜、菜缢管蚜(误订);瓜蚜又名棉蚜等。危害十字花科蔬菜的蚜虫又被统称为菜蚜。

异名 萝卜蚜曾有 *Lipaphis erysimi* Kaltenbach、*Rhopalosiphum pseudobrassicae* Davis 之称。

寄主 桃蚜是食性广的杂食性害虫,寄主有350多种,如白菜、萝卜、豆瓣菜、油菜、大豆、瓜类、茄子、烟草及桃、李、杏、梅等果树。萝卜蚜是寡食性害虫,寄主约有50种,以十字花科为主,莴苣、芹菜等非十字花科作物也可危害。瓜蚜是食性广的杂食性害虫,寄主有100多种,以棉花和瓜类为主,十字花科作物也危害,还危害其他作物如木棉、黄豆、马铃薯、木槿、石榴、鼠李、夏至草等。

危害状 若蚜和成蚜群集在叶背面及嫩茎上刺吸寄主植物体内的汁液,则会使叶片发黄,卷缩变形,植株生长不良,矮小。还能引起煤污病,传播病毒病。

形态特征 萝卜蚜:[有翅胎生雌蚜]体长1.6~1.8 mm。头为黑色,中额瘤明显隆起,额瘤微隆起,外倾呈浅"W"形,眼瘤明显。有6节触角,第3节、第

4节为黑色,第3节有感觉圈21~29个,排列不规则,第4节有7~14个,排列成一行,第5节有0~4个,第6节有1个。胸部黑色有光泽。腹部为暗绿色,两侧有黑斑。腹管较短,呈淡黑色,为圆筒形,具瓦纹,近端部和近基部凹隘。尾片为圆锥形,两侧各有刚毛2~3根。[无翅胎生雌蚜]体长0.85~1.7 mm。为卵形,全身呈橄榄绿色,被白粉。有6节触角,较体短,仅第5节、第6节各有1个感觉圈。胸部各节中央有1黑色横纹,并散生小黑点。额瘤、眼瘤、腹管、尾片均与有翅胎生雌蚜相似。

瓜蚜:[有翅胎生雌蚜]体长1.2~1.9 mm。体呈黄色、淡绿色或深绿色,前胸背板为黑色。腹部背面两侧有3~4对黑斑。触角比体长,有6节,第3节上有成一排的感觉圈5~8个,第4节有0~2个感觉圈,近第5节端部有1个感觉圈。腹管为黑色,呈圆筒形,基部较宽,表面具瓦纹。尾片为青色,呈乳头状,具刚毛4~7根。[无翅胎生雌蚜]体长1.5~1.9 mm。夏季为黄绿色或黄色,春、秋季为深绿色、黑色或棕色。体背有斑纹,腹管、尾片均为灰黑色至黑色。全身被有蜡粉。有6节触角,第3节、第4节无感觉圈,仅第5节端部有1个感觉圈。腹管呈长圆筒形,基部较宽,具瓦纹。尾片与有翅胎生雌蚜相似。

桃蚜:参考水芹的桃蚜形态特征。

生活习性和发生规律 萝卜蚜1年发生20~30代,为半周期生活型(留守型),以无翅胎生雌蚜在蔬菜心叶及杂草丛中越冬,亦可以卵在枯菜叶背面越冬。食料较单一,主要在十字花科植物或近缘寄主上转移扩大为害,秋季转入冬菜上产生性蚜,交尾产卵越冬或继续繁殖危害。发育最适宜温度在15℃~26℃,相对湿度为70%以下。在适宜条件下,无翅胎生雌蚜寿命可达2个月。夏季每雌一生可胎生若蚜80~100头。若蚜期夏季仅4天,冬季长达21天,一般为1周左右。

瓜蚜1年发生20~30代,以卵在越冬寄主上或以成蚜、若蚜在温室内蔬菜上越冬或继续繁殖。无滞育现象,以有性和孤雌两种繁殖方式,1头雌蚜一生能繁殖60~70头若蚜。春、季气温达6℃以上开始活动,春、秋季10余天完成1代,夏季4~5天即可完成1代。瓜蚜繁殖最适宜温度在16℃~22℃,超过25℃,相对湿度达75%以上就不利于繁殖。因此,干旱气候适合于瓜蚜发生危害。瓜蚜还具有较强的迁飞和扩散能力。

桃蚜:参考水芹的桃蚜生活习性和发生规律。

防治方法

① 选择种植豆瓣菜的田块最好远离冬寄主的植物区。在早春时对豆瓣菜

九、豆瓣菜

田块附近的冬寄主植物要及时主动防治蚜虫,减少迁飞虫口基数。

② 物理防治。放置黄色黏胶板诱黏有翅蚜。采用银灰色塑料薄膜反光,拒避有翅蚜迁入。

③ 化学防治。在蚜虫初发时期,掌握有蚜株率达20%,百株蚜量不超过200头,进行用药防治。可选用10%吡虫啉可湿性粉剂2 000倍液,或25%吡蚜酮可湿性粉剂3 000倍液,或25%噻虫嗪可湿性粉剂5 000倍液,或10%烟碱乳油500倍液,或1.1%苦参碱粉剂1 000倍液,或3.2%烟碱·川楝素水剂300倍液,或3%啶虫脒乳油1 500倍液喷雾。施药后遇雨天,天气转好后要及时补喷。

2. 小菜蛾

学　名　*Plutella xylostella* L.,属鳞翅目菜蛾科。

别　名　菜蛾、吊丝虫、两头尖、小青虫。

异　名　*Plutella maculipennis* Curtis。

寄　主　豆瓣菜、青菜、白菜、甘蓝、花椰菜、萝卜、油菜等十字花科蔬菜。

危害状　初孵幼虫潜叶危害,形成细小潜道,2龄后在叶背取食下表皮和叶肉,仅留上表皮呈透明的斑,俗称"开天窗",3~4龄可蚕食叶片呈缺刻或孔洞,严重时全叶被吃成网状或仅留叶脉。

形态特征　[成虫]体长6~7 mm,翅展12~15 mm。前、后翅细长,有长缘毛。前翅前半部呈淡褐色,散布褐色小点,翅中间从翅基到外缘有1条三度弯曲的黑色波状纹,翅的后面部分呈灰黄色。停息时,两翅覆盖于体背成屋脊状,前翅缘毛翘起,两翅接合处,由翅面黄白色部分组成3个连串的斜方块。后翅呈银灰色。触角为丝状,褐色有白纹,静止时向前伸。雌蛾较雄蛾肥大,腹部末端呈圆筒状,雄蛾腹末为圆锥形,抱握器微张开。[卵]长0.5 mm左右。形状为椭圆形,稍扁平,为淡黄绿色,具光泽,卵壳表面光滑。[幼虫]老熟时体长10~12 mm。体节明显,两头尖细,腹部第4节、第5节膨大,整个虫体呈纺锤形。体上生有稀疏的长而黑的刚毛。头部为黄褐色,胸部、腹部为黄绿色。前胸背板上有由小黑点组成的2个"U"字形纹。臀足向后伸长超过腹部末端,腹足趾钩为单序缺环。[蛹]体长5~8 mm。初化蛹时为绿色,后变灰褐色。腹部第2节至第7节背面两侧各有1个小突起,腹部末节腹面有3对钩刺。茧呈纺锤形,为灰白色,丝质薄网状,可透见蛹体。

生活习性和发生规律　成虫有趋光性,昼伏夜出,白天隐藏在植株荫蔽处或杂草丛中,日落后开始取食、交尾、产卵等活动,又以午夜前后活动最盛。产卵高峰则在开始产卵后的前3天,产卵历期平均6~10天。卵散产或数粒在一起,多产于寄主叶背脉间凹陷处。卵期为3~11天。初孵幼虫潜入叶肉取食,形成潜道,2龄后在叶背上取食下表皮和叶肉,留下上表皮呈"开天窗",4龄则蚕食叶片呈孔洞和缺刻。幼虫分4龄,历期12~27天。幼虫一般早、晚活动,中午躲在荫凉处,受惊后则激烈扭动、倒退或吐丝下垂。老熟幼虫多在叶背叶脉处结茧化蛹。蛹期约9天。小菜蛾发育最适宜温度是20℃~26℃,温度高于29℃或低于20℃时对生长发育都有影响,幼虫、蛹的抗寒性较强。相对湿度的影响没有温度影响显著,但大风暴雨或雷阵雨对卵和幼虫有冲刷作用,因此,夏季气候温暖、干燥、少暴雨有利于发生,1年中以4月至6月上旬危害最重。

全年发生的代数因地而异,从南向北递减。长江流域1年发生10~14代,有2个危害高峰期,第1个危害高峰从4月至6月上旬为"春害峰",第2个危害高峰从8月下旬至11月上旬为"秋害峰"。夏季受高温、暴雨等影响,田间虫量较低。在长江中下游流域,世代重叠,幼虫、蛹、成虫各虫态均可越冬,无滞育现象。

防治方法

① 利用小菜蛾只危害十字花科蔬菜的特性,合理布局,尽量避免十字花科蔬菜周年连作,达到拆桥预防小菜蛾发生危害的目的。

② 做好田园清洁。十字花科蔬菜收获后,及时清除田间的残株落叶,随时翻耕,消灭越夏越冬的虫源,铲除田边、路边、地角等处的杂草,以减少成虫产卵场所和幼虫食料。

③ 诱杀成虫。利用小菜蛾性诱剂诱杀成虫的方法,将一口径较大的水盆内盛满水,并加入少量洗衣粉,诱芯悬吊在距水面1 cm左右的水面上,每天晚放晨收,一只诱芯可使用1个月左右。

④ 生物防治。在卵孵盛期,使用16 000IU苏云金杆菌(Bt)可湿性粉剂800倍液+0.1%洗衣粉喷雾防治。

⑤ 化学防治。掌握在卵孵化盛期到2龄幼虫发生期用药,可选用15%茚虫威悬浮3 000倍液,或2.5%多杀菌素悬浮剂1 500倍液,或5%氯虫苯甲酰胺悬浮剂2 000倍液喷雾。

3. 黄曲条跳甲

学名 *Phyllotreta striolata* Fabricius,属鞘翅目叶甲科。

别名 菜蚤子、土跳蚤、黄跳蚤、狗虱虫、黄条跳甲等。

异名 *Phyllotreta vittata* Fabr.、*Ph. sinuate* Redt.。

九、豆瓣菜

寄主 寄主较多,偏食十字花科蔬菜,以白菜、甘蓝、萝卜、花椰菜、菜薹、油菜、芥菜、豆瓣菜等受害较重,还有大麦、小麦、豆类、瓜类、茄果类等。

危害状 成虫咬食叶片成稠密椭圆状小孔,并能取食花蕾和嫩荚,幼苗被害后易枯死,造成缺苗断垄。幼虫主要取食旱田十字花科蔬菜的根,蛀入根表皮内成许多弯曲的虫道,出现黑痕,咬断须根,使植株叶片由外向内发黄萎蔫、腐烂,可传播软腐病。

形态特征 [成虫]体长1.8～2.4 mm。呈椭圆形,黑色有光泽。前胸背板及翅鞘上有许多点刻,排列成纵行。两鞘翅上中央各有1弓形黄色纵斑,两端大,中央狭,其外侧中部凹曲颇深,内侧中部直形,仅前后两端向内弯曲。后足腿节膨大,胫节、跗节呈黄褐色。[卵]长0.3 mm。为椭圆形,呈淡黄色,半透明。[幼虫]老熟时体长4 mm左右。为长圆筒形,呈黄白色,头部和前胸盾片及腹末臀板呈淡褐色,胸部及腹部均为乳白色。各节有不显著的肉瘤,上生有细毛。[蛹]体长约2 mm。为长椭圆形,呈乳白色。头部隐于前胸下面,翅芽和足达第5腹节。胸部背面有稀疏的褐色刚毛,腹部末端有1叉状突起,叉端褐色。

生活习性和发生规律 成虫、幼虫均可为害。成虫善跳,在中午前后活动最盛,具假死性,有趋光性、趋黄色、绿色习性明显,多栖息在心叶或下部叶背面。成虫活动最适宜温度为21℃～30℃,耐低温能力较强。成虫寿命较长,有的可长达1年。产卵历期1～1.5个月,1头雌虫产卵150～200粒,最多可产600粒。卵散产于植株周围湿润的土隙中或细根上,也可在植株基部咬一小孔产卵于内。卵历期3～5天。卵必须在湿润的环境下才能孵化。孵化幼虫在土中取食根部,壤土、沙壤土适合幼虫生长,危害重,砂土发生少。幼虫分3龄,幼虫历期11～16天。老熟幼虫移至3～7 cm深的土中作室化蛹。前蛹期为2～12天,蛹期为3～17天。

在苏、浙一带1年发生6～7代,北方4～5代,南方7～8代。以成虫在田间、沟边的落叶、杂草及土缝中越冬。3月中下旬开始出蛰活动,随着气温升高活动加强。4月上旬开始产卵,以后约每月1代,因成虫寿命长,故世代重叠,10～11月成虫先后蛰伏越冬。春末夏初(5月下旬至6月)与秋季(8月下旬至9月)发生重。冬天温度高,越冬基数高,6月至7月高温,降雨少,发生多且危害重。

防治方法

① 保持田园清洁。清除杂草及残株落叶,消灭越冬场所和食料基地,压低

越冬基数。

② 实行轮作减轻危害。十字花科水生蔬菜和非十字花科水生蔬菜进行轮作。

③ 种前深耕晒土。造成不得于幼虫生活的环境,并消灭部分蛹。

④ 物理防治。在成虫盛发期利用频振杀虫灯和黄板诱杀成虫。

⑤ 药剂防治。在豆瓣菜移栽前1周每亩(667 m²)用3%辛硫磷颗粒剂1~1.5 kg撒施,混土耙匀进行土壤处理。移栽后若被害率达15%左右,平均单株有虫1头,开始用药。可选用90%敌百虫晶体1 000倍液,或42%啶虫·哒螨灵可湿性粉剂1 000倍液,或6%乙基多杀菌素悬浮剂1 500倍液喷雾防治成虫或灌根防治幼虫。或者每亩(667 m²)采用0.5%噻虫胺颗粒剂4~5 kg撒施。

4. 菜粉蝶

学 名　*Pieris rapae* Linnaeue,属鳞翅目粉蝶科。

别 名　菜白蝶、白粉蝶、斑粉蝶、褐脉粉蝶等。幼虫称菜青虫、青虫。

异 名　*Artogia rapae* L.。

寄 主　豆瓣菜、白菜、萝卜、甘蓝、油菜、芥蓝等十字花科植物,尤以偏嗜含有芥子油醣苷、叶表光滑无毛的甘蓝、花椰菜等。

危害状　幼虫咬食叶背的叶肉,残留表皮,或成孔洞、缺刻,严重时将全叶吃尽,仅留叶柄和叶脉。幼虫粪便直接污染菜叶,被害的伤口易引起病害腐烂。

形态特征　[成虫]体长15~20 mm,翅展41~55 mm。体呈黑色,腹部密被白色及黑褐色长毛。前后翅皆呈粉白色。雌蝶前翅前缘和基部大部分呈灰黑色,翅尖有1个三角形的黑斑,翅的中室的外侧有2个黑色圆斑。后翅基部为灰黑色,前缘有1个黑斑,展翅时,3个圆斑呈一直线。雄蝶翅较白,前翅近后缘的圆斑不明显,翅尖的三角形黑斑较小,后翅前缘也有1个黑斑。[卵]长1 mm左右。瓶形,顶端收窄,基部较钝。初产时为白色后变黄色。表面有12~15条纵棱,其棱间有若干横列的脊纹相连,形成长方形小方格。[幼虫]老熟时体长28~35 mm。颜色为青绿色,密布黑色小瘤突,上生细毛。各环节有横皱纹,背线细,呈淡黄色,腹面呈淡绿白色,沿气门线有1列黄色斑点。[蛹]体长15~21 mm。为纺锤形,两端尖细,中部膨大而有棱角状突起。蛹色随化蛹环境而异,有绿色、淡褐色、灰黄色。头部前端中央具一短而直的管状突起。背中线突起呈脊状,在胸部处特高,成一角状突起,腹部两侧也各有1黄色脊,第2、第3腹节上的特高,成一角状突起。

生活习性和发生规律　成虫有集群迁飞现象,白天飞翔,取食花蜜补充营养,夜间、风雨日停息在树枝下、草丛中,并有趋集于白花、蓝花、黄花间吸食与休息的习性。有趋含芥子油醣苷的十字花科植物产卵习性,尤其偏嗜甘蓝、花椰菜,其次是青菜、白菜、萝卜、豆瓣菜等。每头雌蝶可产 100~200 粒卵,多时可达 500 粒。卵散产,竖立叶面上,气温高时多产于叶背。初孵幼虫先食卵壳,然后在叶背食叶肉,残留表皮,2 龄后食叶成孔和缺刻,炎热天栖息叶背,秋霜后栖于叶面。幼虫分 5 龄。1、2 龄幼虫受到惊动有吐丝下垂的习性,而高龄幼虫则蜷缩落地。老熟幼虫能爬行很远觅找化蛹场所,多化蛹于菜株叶背上,吐一丝带将体缚在叶上化蛹,越冬蛹在菜田附近、建筑物或枯枝残叶等处。卵发育起点温度为 8.4℃,历期 4~8 天;幼虫发育起点温度为 6℃,历期 11~22 天;蛹发育起点温度为 7℃,历期(越冬蛹除外)5~16 天;成虫产卵前期经 1~6 天,寿命为 5 天至 5 周不等。

在华东地区 1 年发生 6~8 代,以蛹在菜田附近避风向阳的建筑物、树干、篱笆及枯枝残叶下越冬。翌年 3 月中旬越冬代成虫发生,11 月上旬开始化蛹越冬。菜粉蝶适宜于温暖的气候条件下生长发育繁殖,最适宜温度在 20℃~25℃,相对湿度为 76%。在长江中下游地区及南方,菜粉蝶种群变化呈双峰型消长。全年以春夏之交(5 月至 6 月)和秋季(9 月至 10 月)发生量最大,危害猖獗。在夏季天气炎热,不适宜幼虫的生长发育,且天敌多,因此,发生危害极少。

防治方法

① 合理布局。尽量避免在十字花科蔬菜连作田栽种。若要栽种,及时翻耕灭茬,清除田间残株,以消灭田间残留的幼虫和蛹,减轻危害。

② 保护利用天敌。在天敌发生期间,尽量少施化学农药,尤其是广谱性和残效期长的农药。提倡使用微生物农药如苏云金杆菌(Bt)、"7216""HD-1"等,每克含活孢子数 100 亿以上菌粉 1 kg 加水 800 kg,再加入 0.1% 洗衣粉,掌握在 3 龄幼虫期前,傍晚喷施效果可达 94% 以上。亦可喷施昆虫生长调节剂,如 20% 灭幼脲 1 号悬浮剂 1 000 倍液,或 25% 灭幼脲 3 号悬浮剂 1 000 倍液。

③ 物理防治。利用性诱剂诱杀成虫。

④ 药剂防治。掌握成虫产卵高峰后 1 周,3 龄前幼虫占 50% 左右时喷药为宜。药剂可用 4.5% 氯氰菊酯乳油 2 000 倍液,或 5% 氟啶脲乳油 1 000 倍液,或 15% 茚虫威悬浮剂 2 000 倍液,或 5% 氯虫苯甲酰胺悬浮剂 2 000 倍液喷雾。每隔 5~7 天喷 1 次,连续防治 1~2 次。

5. 斜纹夜蛾

学名 *Prodenia litura* Fabricius,属鳞翅目夜蛾科。

别　名　莲纹夜蛾、莲纹夜盗蛾、夜盗虫。

异　名　*Spodoptera litura* Fabricius。

寄　主　斜纹夜蛾是杂食性害虫,危害的植物达99科290多种,其中喜食的有90种以上,如豆瓣菜、莲藕、水芋、芡实、苋菜、蕹菜、白菜、甘蓝、萝卜、落葵、豆类、瓜类、茄科蔬菜等。

危害状　初孵幼虫群集啃食叶片,3龄后分散危害,蚕食豆瓣菜叶成缺刻。严重时将叶、叶柄吃光,仅留茎秆。

形态特征、生活习性、发生规律、防治方法　参考莲藕的斜纹夜蛾。

6. 甜菜夜蛾

学　名　*Spodoptera exigua* Hübner,属鳞翅目夜蛾科。

别　名　白菜褐夜蛾、玉米叶夜蛾、贪夜蛾。

异　名　*Laphygma exigua* Hübner。

寄　主　杂食性。甘蓝、白菜、萝卜、豆瓣菜、番茄、辣椒、黄瓜、豇豆、莴苣、胡萝卜、芹菜等多种蔬菜及其他植物170余种。

危害状　初孵幼虫在叶背群集吐丝结网,啃食叶肉,仅留表皮,成透明的小孔。3龄后分散危害,食叶成缺刻或孔洞,严重时食尽叶片,幼苗仅留茎秆。

形态特征　[成虫]体长10～14 mm,翅展25～33 mm。体呈灰褐色。前翅内横线、亚外缘线为灰白色,外缘有1列黑色的三角形小斑,中央近前缘外方有1肾状纹,内方有1环状纹,均为黄褐色,有黑色轮廓线。后翅呈银白色,略带粉红色,翅缘为灰褐色。[卵]直径为0.5 mm。圆馒头形,呈淡绿色至淡黄色,孵化前呈灰黑色,有40～50条线纹。卵8～100粒不等,排为1～3层,重叠成块状,上盖有黄土色绒毛。[幼虫]老熟时体长22～30 mm。体色变化大,有绿色、暗绿色、黄褐色、黑褐色。3龄后头后方有2条黑色斑纹。腹部气门下线有明显的黄白色纵带,有的略带粉红色,纵带之末端直达腹末,不弯到臀足上去。每节气门后上方各有1个明显的白点。[蛹]体长10 mm左右。呈黄褐色。中胸气门显著外突,3～7节背面和5～7节腹面有粗刻点。臀棘上有刚毛2根,臀棘的腹面基部也有极短的刚毛2根。

生活习性和发生规律　成虫具有较强的迁飞能力,昼伏夜出,白天多隐藏在杂草、土缝、枯枝落叶及植物茎叶庇荫处,受惊时可做短距离飞行,又很快落在地面上。在夜晚8～11时活动最盛,进行取食、交尾和产卵。最适宜的温度是20℃～23℃,相对湿度为50%～75%。成虫对黑光灯有较强的趋性,对糖醋液也有趋性。卵多产于叶背面、叶柄及杂草上,1头雌虫可产卵100～700粒,最多可达1700粒。产卵前期经1~2天,产卵历期3~4天,卵历期3~7天。幼虫共5龄,少数6龄。2龄前幼虫群聚叶背面结网啃食叶肉,只留上表皮,成透明的小孔,3龄后分散危害,并可钻蛀危害,且留有细丝缠绕的粪便。幼虫可成群迁移,白天潜伏在土缝、土表层或植物基部,夜间取食,并有假死性,受震扰即落地,3龄后抗药性强,缺乏食料且虫口过大时幼虫可互相残杀。幼虫期为11~39天。幼虫老熟后钻入4~9 cm的土内吐丝筑室化蛹,蛹期为7~11天。该虫蛹对低温有较强的抗寒力,在-12℃下经2~3日才死亡,但不能长期抵御低温。成虫和幼虫的抗寒力较弱,幼虫在2℃以下经数日即可大量死亡;对高温有较强的抗性。秋后的降温是否正值抗寒力较强的虫态越冬,是决定越冬死亡率和次年发生基数的重要因素。

在长江中下游流域1年发生5~6代,以蛹在土室内越冬。全年主要发生在5月至10月,各世代周期不同,第1代至第3代21~25天,第4代平均32.5天。甜菜夜蛾是一种间歇性暴发性害虫,年度间发生轻重程度差异大,1年内不同时间虫口密度差异也很大,可局部暴发成灾。一般春季少雨,入梅、出梅早,夏天炎热,秋季发生多。

防治方法

① 清洁田园。春季3—4月清除杂草,处理残枝落叶,及时秋耕或冬耕可消灭部分越冬蛹。合理轮作。

② 诱杀成虫。利用黑光灯、糖醋、性诱剂等诱杀成虫。

③ 掌握卵期及初孵幼虫集中取食习性,结合田间管理,摘除卵块及初孵幼虫危害的叶片。

④ 药剂防治。掌握在1~2龄幼虫期,晴天的傍晚时防治。可选用24%甲氧基虫酰肼悬浮剂2 000倍液,或20%氯苯虫酰胺水分散粒剂2 500倍液,或15%茚虫威悬浮剂2 000倍液,或20%虫酰肼悬浮剂1 500倍液,或5%氯虫苯甲酰胺悬浮剂2 000倍液,或5%氟啶脲乳油1 000倍液喷雾。

(三)豆瓣菜病虫害防控技术

1. 强化运用农业防治措施

① 苗床设置。选择排灌水两便的水田,播前床土应晒垡,所用腐熟肥要施匀。

② 药土拌种。50%多菌灵可湿性粉剂100 g与细干土15 kg拌匀成毒土,再按豆瓣菜种子25 g与多菌灵毒土0.5 kg拌和,既便于撒播,又能预防病害。

③ 加强管理。以水调温,苗期保持浅水(水位1~3 cm),低温时要深水(水位3~5 cm),水面不超过顶叶;高温时要经常换水,以防茎、叶腐烂。冬季低温时可采用小拱棚覆盖保温,夏天高温季节可用遮阳网降温。

2. 坚持科学的病虫害防治策略

(1) 豆瓣菜病虫害总体防治策略

主攻幼苗期病虫害,巧治秋季及翌年春季茎叶生长期病虫害。

(2) 抓好2个时期总体防治

其一,第1次大田病虫害总体防治战。

① 防治对策:主攻虫害(蚜虫、黄曲条跳甲、斜纹夜蛾、甜菜夜蛾),兼治褐斑病、病毒病。

② 防治时间:8月下旬至9月中下旬,即豆瓣菜苗期。此期正值蚜虫秋季迁飞危害高峰期,又是小菜蛾、黄曲条跳甲、斜纹夜蛾、甜菜夜蛾的发生期,而豆瓣菜此时正处在抗病虫害最脆弱时期,易被病毒病感染,因此,豆瓣菜第一次病虫害总体防治是整个生长期中防病治虫最关键的时期。

③ 药剂选用:防治蚜虫可选用10%吡虫啉可湿性粉剂2 000倍液,或25%吡蚜酮可湿性粉剂3 000倍液喷雾。若有黄曲条跳甲、斜纹夜蛾、甜菜夜蛾发生,可添加30%氯虫苯甲酰胺·噻虫嗪悬浮剂2 000倍液,或40%二嗪·辛硫磷乳油1 000倍液一并喷雾。若有病毒病发生,可添加50%氯溴异氰尿酸水溶性粉1 500倍液,或10%吗啉胍·羟基·烯腺可溶性粉1 000倍液一并喷雾。若有豆瓣菜褐斑病发生,可添加50%多菌灵可湿性粉剂800倍液,或50%异菌脲可湿性粉剂1 000倍液一并喷雾。隔7~10天再喷1次。

其二,第2次大田病虫害总体防治战。

① 防治对策:主治虫害,兼防病害。

② 防治时间:翌年的5月中下旬至6月上旬,即豆瓣菜始花期。

③ 药剂选用:防治蚜虫可选用10%吡虫啉可湿性粉剂2 000倍液,或60%烯啶·吡蚜酮水分散粒剂3 000倍液喷雾。若有小菜蛾、菜粉蝶等害虫发生,可添加6%乙基多杀菌素悬浮剂1 500倍液,或15%茚虫威悬浮剂2 000倍液一并喷雾。若有豆瓣菜褐斑病发生,可添加50%多菌灵可湿性粉剂800倍液一并喷雾。

(四)豆瓣菜病虫害防控示意图

豆瓣菜病虫害防控示意图如图 9-1 所示。

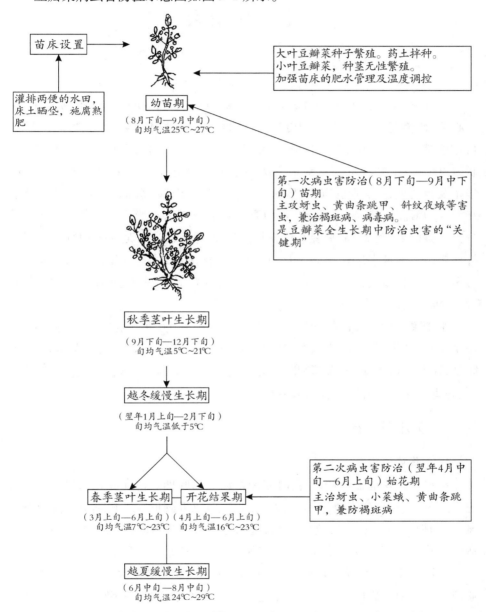

图 9-1　豆瓣菜病虫害防控示意图

十、水蕹菜

水蕹菜,学名为 *Ipomoea aquatica* Forsk.,英文名为 water spinach,别名通菜、空心菜、蕹菜、藤菜、竹叶菜,为旋花科牵牛属一年生或多年生蔓性草本蔬菜。自花授粉。原产中国,在我国栽培水蕹菜历史悠久,据西晋嵇含撰《南方草木状》(304 年)上就有水蕹菜栽培方法的记述。华南、西南地区为主产区,华中、华东及台湾地区等地也有广泛种植。水蕹菜喜温暖、湿润,生长适宜温度在 25℃~30℃。耐热、耐旱、耐湿,不耐寒。对土壤要求不严。水蕹菜按能否结实分为子蕹(结实类型)和藤蕹(不结实类型)2 种类型。水蕹菜采用种子或枝条扦插繁殖。子蕹多用作旱蕹栽培,可直播或育苗移栽,也可作水蕹菜栽培。藤蕹多在水田种植或在较深水面作浮水栽培。露地栽培一般于春季播种或扦插育苗,也可在设施内栽培。

水蕹菜的食用部位是嫩茎叶。富含维生素 C、胡萝卜素、纤维素及钙。水蕹菜味甘、性平,具有清热凉血、利尿除湿、解毒行水之功效。能增强体质,洁齿防龋,还有降血脂、降低血糖和降胆固醇的作用。但因水蕹菜性寒滑利,体质虚弱、脾胃虚寒、大便溏泄者不宜多食。

(一)水蕹菜病害

1. 水蕹菜白锈病

症状 主要危害叶片,严重时亦侵害嫩茎和叶柄。初在叶正面出现淡黄绿色至黄色斑点,后变褐色,病斑较大,叶背生白色近圆形或不规则形的隆起状疱斑,后期疱斑破裂散出白色物,为病菌的孢子囊。严重时病斑密集,叶片畸形,造成落叶。叶柄和茎秆受害变肿大畸形,内含大量卵孢子和孢子囊。

病原 学名为 *Albugo ipomoeae-aquaticae* Sawada,是蕹菜白锈菌,属鞭毛菌亚门真菌。孢子囊梗呈棍棒状,无色,不分枝,大小为(35~62.5)μm×(15~25)μm,平均为 47.7 μm×20.6 μm。孢子囊呈椭圆形至扁椭圆形,无色,串生,大小为(15.9~25)μm×(12.5~22.1)μm。有性孢子只在被害茎中发现。藏卵器表面皱褶,呈淡黄褐色,直径为48.8~75 μm。卵孢子近球形,表面平滑,无色至淡黄色,直径为33.75~58.8 μm,壁厚4.5~9.5 μm,平均为6.6 μm。

另外,还有 *Albugo ipomoeae-panduranae*(Schw.)Swingle,为旋花白锈菌,也是该病病原,属鞭毛菌亚门真菌。孢子囊呈梗棍棒状,顶部较大,楔足明显,大小为(20~78)μm×(8~27)μm。孢子囊呈短圆筒形或近球形,无色,中央膜稍厚,大小为(12.5~24.3)μm×(12.5~21.6)μm。卵孢子呈淡黄色至暗褐色,平滑或成熟时外壁具瘤状突起,大小为(35~51.4)μm×(31.3~42.7)μm。藏卵器无色,散生或群生,大小为(46~61)μm×(41~52)μm。

侵染途径和发病条件 以卵孢子随病残体遗落在土中或附在种子上越冬。卵孢子主要形成于根和茎基部的肿瘤内,大量遗落到土壤中。翌年春季卵孢子萌发产生孢子囊或直接产生芽管侵染发病。在田间病菌再次侵染主要靠孢子囊随风或雨水传播蔓延。孢子囊萌发适宜温度在20℃~35℃,最适宜温度在25℃~30℃,15℃时萌发率低,高于40℃则不能萌发。病害发生与湿度关系密切,寄主表面有水膜,病菌易侵入,因此,阴雨连绵或台风暴雨后发病重。偏施氮肥可加重发病。孢子囊在叶片幼嫩阶段易侵染。

防治方法

① 实行轮作。水旱蔬菜轮作或与水稻轮作可大大减少越冬菌源。

② 选用无病种子。用种子量的0.3%的25%甲霜灵可湿性粉剂,或50%啶酰菌胺水分散粒剂,或50%烯酰吗啉可湿性粉剂,或25%嘧菌酯悬浮剂拌种。

③ 加强肥水管理,适度密植,避免偏施氮肥。

④ 发病初期喷施70%烯酰·霜脲氰水分散粒剂1 000倍液,或50%烯酰吗啉可湿性粉剂1 500倍液,或72%霜脲氰·锰锌可湿性粉剂1 000倍液,或72.2%丙酰胺水剂1 000倍液。隔7~10天喷1次,连续防治2~3次。

2. 水蕹菜褐斑病

症状 以危害叶为主,初在叶上出现黄褐色小点,后扩大成4~8 mm大小的近圆形或不规则形边缘为暗褐色、中央为灰白至黄褐色坏死病斑,外围常具有浅黄绿色晕环,后期转成灰褐色至黑褐色病斑,边缘明显。空气潮湿时病斑表面产生稀疏绒状霉层,即病菌的分生孢子梗和分生孢子。严重时病斑连片,叶片早枯。

病原 学名为 *Cercospora ipomoeae* Wint.,是甘薯尾孢菌,属半知菌亚门尾孢菌目真菌。分生孢子梗3~7根一束,直或稍弯曲,略带淡橄榄色,大小为(24.5~98)μm×(4.1~5.1)μm。分生孢子无色,为针形,基部平切,直或稍弯曲,具横隔1~16个,一般不明显,大小为(63.7~218)μm×(2.6~4.4)μm。

侵染途径和发病条件　以菌丝体在病叶内越冬。次年产生分生孢子进行初侵染和再侵染,借助风雨传播蔓延。多雨季节田块瘦,肥力不足,发病重。

防治方法

① 加强肥水管理,合理密植,增施磷钾肥。

② 发病初期喷施10%苯醚甲环唑水分散颗粒剂1 000倍液,或40%多菌灵·井冈霉素胶悬剂600倍液,或50%异菌脲可湿性粉剂1 000倍液。隔7~10天喷1次,连续防治2~3次。

3. 水蕹菜病毒病

症状　水蕹菜各生育期都能发生,受害症状常因侵染的病毒种类不同而变化较大。通常表现为叶片变小,皱缩畸形,质地粗厚,植株矮小。有时表现为黄绿花叶,或网状花叶。

病原　主要为Tobacco mosaic virus(简称TMV,烟草花叶病毒)、Cucumber mosaic virus(简称CMV,黄瓜花叶病毒)和Beet curly top virus(甜菜曲顶病毒)等3种病毒。可单一或复合侵染引起发病。烟草花叶病毒为粒体杆状,大小约280nm×15nm,稀释限点1 000 000倍,失毒温度90℃~93℃经10 min,体外存活期为72~96 h,在干燥病组织内存活30年以上,主要通过汁液接触传染。甜菜曲顶病毒质粒为球形,直径为18~22nm,稀释限点1 000倍,致死温度为80℃,体外存活期为8~330天,在干燥病组织内可存活4个月至8年,汁液不传毒,可借助叶蝉和菟丝子传染。黄瓜花叶病毒参考莲藕花叶病毒病的病原。

侵染途径和发病条件　由多种病毒复合侵染引起。病毒可经汁液,由蚜虫、叶蝉及种子传毒。农事操作造成的伤口和蚜虫、叶蝉发生重的年份,有利于病毒病发生。田间管理粗放、土壤贫瘠、植株长势衰弱、缺少水肥则发病严重。

防治方法

① 注意田园卫生,生长季节收集病残体及时烧掉。

② 及时治蚜和叶蝉,可用10%吡虫啉可湿性粉剂1 000倍液,或10%烯啶虫胺水剂2 000倍液喷雾。

③ 发病初期喷1.5%烷醇·硫酸铜(植病灵)乳剂1 000倍液,或20%盐酸吗啉胍·铜可湿性粉剂500倍液,或31%吗啉胍·利巴韦林可溶性粉剂1 000倍液。隔7天喷1次,连续防治2次。

4. 水蕹菜炭疽病

症状　主要危害叶和茎,幼苗受害可死苗。叶片受害,初现褪绿色或黄褐色近圆形斑,后变暗褐色,病斑上微具轮纹,密生小黑点。严重时叶片上病斑扩大并融合而变黄干枯。茎上病斑近椭圆形,略下陷。

病原　学名为 *Colletotrichum* spp.,是刺盘孢菌,属半知菌亚门真菌。分生孢子盘浅,呈盘状,上生刚毛。刚毛为鞭状,黑褐色,末端尖细而色稍淡。分生孢子有两种:一种呈短杆状,两端钝圆,单胞,无色,近中部有 1 透明油点;另一种呈新月形,弯而两端尖,单胞,无色,近中部亦有 1 油点。

侵染途径和发病条件　以菌丝体和分生孢子盘在病组织内越冬。以分生孢子进行初侵染和再侵染,借助雨水传播。施肥不当,氮肥施用过多,植株生长过旺,田间郁蔽易发病。在生长季节,遇高温多雨,病害发生重。

防治方法

① 选用早熟品种,一般青梗品种比白梗品种抗病。

② 结合采收,及时采摘上市,改善植株间通风透光性。

③ 发病初期,选用 50% 咪鲜胺可湿性粉剂 1 500 倍液,或 40% 氟硅唑乳油 5 000 倍液,或 70% 甲基托布津可湿性粉剂 800 倍液,或 43% 戊唑醇悬浮剂 3 000 倍液,或 10% 苯醚甲环唑水分散颗粒剂 1 500 倍液喷雾。

5. 水蕹菜根腐病

症状　苗期、成株期均可发生,以成株期发病较重。初期植株稍萎蔫,根茎部变褐色稍凹陷,表皮呈湿腐状,湿度大时病部生出稀疏的略带粉红色的霉状物,即病菌分生孢子梗和分生孢子,严重时经半个月左右即枯死。

病原　学名为 *Fusarium solani*（Mart.）App. et Wollenw.,是腐皮镰孢菌,属半知菌亚门真菌。大型分生孢子呈纺锤形,稍弯曲,具 3~5 个隔膜,3 隔膜的大小为 $(19\sim50)\mu m\times(3.5\sim7)\mu m$,5 隔膜的大小为 $(32\sim68)\mu m\times(4\sim7)\mu m$。厚垣孢子顶生或间生,为褐色,呈球形或洋梨形,单胞的大小为 $8\mu m\times8\mu m$,双胞的大小为 $(9\sim16)\mu m\times(6\sim10)\mu m$。

侵染途径和发病条件　以菌丝体、厚垣孢子或菌核在土中及病残体上越冬。厚垣孢子在土中能存活 5 年以上。病菌从根部伤口侵入,再次侵染为分生孢子,借助雨水或灌溉水传播蔓延。连作田,土质黏性重,生长期遇高温高湿,有利于发病。

防治方法

① 实行轮作,至少要 3 年以上,可与十字花科等作物轮作。

② 使用充分腐熟的有机肥,适量施用化肥,防止土壤酸化、板结。

③ 采用 95% 噁霉灵晶体 3 000~4 000 倍液进行土壤消毒。

④ 发病初期,喷施50%多菌灵可湿性粉剂600倍液,或70%敌磺钠可湿性粉剂600倍液,或95%噁霉灵晶体3 000倍液,3%甲霜·噁霉灵水剂700倍液。隔7~10天喷1次,连续防治2~3次。

6. 水蕹菜轮纹病

症状 又称轮斑病。主要危害叶片,初生为褐色小斑点,后扩大呈近圆形或不规则形、红褐色或淡褐色较大的病斑。病斑上具有明显深淡同心轮纹,边缘明显,后期上稀生小黑点,为病菌的分生孢子器。病害严重时多个病斑可连成不规则形大斑,空气干燥时病斑易破裂穿孔,终致病叶坏死干枯。叶柄和嫩茎受害,多形成长椭圆形凹陷斑,易从病部折断。

病原 学名为 *Phyllosticta ipomoeae* Ell. et Kell.,是蕹菜叶点霉,属半知菌亚门真菌。分生孢子器球形或扁球形,着生于叶病斑两面,埋于寄主组织内,大小为110~150 μm,孔口突破表皮外露,直径为14~29 μm。分生孢子呈卵形或椭圆形,无色,单胞,大小为(6~10)μm×(2.5~4)μm。

侵染途径和发病条件 以菌丝体、分生孢子随病残体遗留在土中越冬。翌年春天随雨水溅射,先侵入近地面叶片,引起发病,产生分生孢子进行再侵染。苏、浙一带以6月初始发,随着梅雨季节到来病情加重。凡是多雨水年份,或生长过旺、早封行田块发病重。

防治方法

① 实行1~2年轮作。

② 做好田园卫生,冬季及时清除枯叶及病残体。

③ 发病初期,喷施25%嘧菌酯悬浮剂1 500倍液,或50%啶酰菌胺水分散粒剂700倍液,或50%烯酰吗啉可湿性粉剂1 500倍液,或10%苯醚甲环唑水分散颗粒剂1 000倍液。隔7~9天喷1次,连续防治2次。

7. 水蕹菜(球腔菌)褐斑病

症状 主要危害叶片,初生褐色圆形叶斑,周边有褐色晕圈,扩展后具同心轮纹,病斑上散生黑色小粒点,为病菌的分生孢子器。

病原 学名为 *Mycosphaerella ipomoeaecola* Hara,是甘薯生球腔菌,属子囊菌亚门真菌。子囊座呈球形至扁球形,大小为60~120 μm,孔口直径为20~25 μm。子囊呈圆筒形、棍棒形或长卵形,大小为(45~65)μm×(12~15)μm。子囊孢子呈纺锤形或长椭圆形,双细胞,大小为(14~18)μm×(6~7)μm。

侵染途径和发病条件 以子囊果或菌丝体在病残体上越冬。次年温度、湿度适宜时,以子囊孢子接触寄主的叶、茎引起侵染。阴雨连绵或反季节栽培易于发病。

防治方法

① 施用经发酵后的腐熟有机肥。

② 及时清除病残体,集中深埋或烧毁,减少初侵染源。

③ 发病初期,可选用10%苯醚甲环唑水分散颗粒剂1 000倍液,或40%多菌灵·井冈霉素胶悬剂600倍液,或50%异菌脲可湿性粉剂1 000倍液,或25%嘧菌酯悬浮剂1 500倍液,或50%烯酰吗啉可湿性粉剂1 500倍液,或50%多菌灵可湿性粉剂700倍液。隔7~10天喷1次,连续防治2~3次。

8. 水蕹菜叶斑病

症状 主要危害叶片,其次是叶柄和茎蔓。初始叶面生黄色至黄褐色病斑,边缘不明显,病斑受叶面限制呈圆形或不规则形,后期病斑颜色逐渐变深,四周具黄色晕圈。有时表面破裂,后全叶枯死。湿度大时病斑表面可见淡灰色霉层。

病原 学名为 *Cylindrosporium* sp.,是柱盘孢菌,属半知菌亚门真菌。分生孢子盘由分生孢子梗集生而成。分生孢子梗呈短线状,单胞无色,排列成栅状,直或略弯。分生孢子呈线形至长棍棒形,直立或弯。

另外,引起该病的病原还有 *Stemphylium solani* Weber(茄匍柄霉)和 *Pseudocercospora timorensis* (Cooke) Daghton(帝纹假尾孢菌),均属半知菌亚门真菌。

侵染途径和发病条件 以菌丝体或分生孢子座附着在病残体或寄主上越冬。翌年春季产生分生孢子,经风雨或昆虫传播进行侵染,在水蕹菜生长期再产生分生孢子进行再侵染。潮湿多雨季节或反季节栽培有利于其发病。

防治方法

① 收获后及时清除枯枝残叶,以减少菌源积累。

② 加强田间管理,合理密植,提高寄主抗病能力。

③ 发病初期,可选用77%氢氧化铜可湿性微粒粉剂700倍液,或50%异菌脲悬浮剂1 000倍液,或50%烯酰吗啉可湿性粉剂1 500倍液,或70%甲基硫菌灵可湿性粉剂600倍液。隔7~10天喷1次,连续防治2次。

9. 水蕹菜黑斑病

症状 水蕹菜全生育期均可发生,在生长中后期较常见,主要危害叶片。初始叶上产生浅红褐色水渍状坏死小点,后发展成近圆形、黄褐色至红褐色、大小不等的坏死病斑,具有同心轮纹,边缘常具有褪绿晕环。湿度大时病斑正背面可见稀疏黑色霉层,即病菌的分生孢子梗和分生孢子。病害严重时病斑密布相连成片,短期内可使叶片坏死枯萎。

病原 学名为 *Altenaria bataticola* Ikata,是甘薯交链孢霉,属半知菌亚门真菌。分生孢子梗单生或几根成束,呈浅褐色,偶有分枝,具 2~5 个膈膜,直立,大小为 $(24~110)\mu m \times (3~6)\mu m$。分生孢子呈棍棒形,浅色,具横膈膜 3~8 个,纵膈膜 0~6 个,喙细胞有或无,大小为 $(27~62)\mu m \times (11~19)\mu m$。喙胞大小为 $(5.5~35)\mu m \times (3.5~6)\mu m$。

侵染途径和发病条件 以菌丝体在病残体上越冬,南方温暖地区可继续危害越冬。翌年条件适宜时产生分生孢子,经风雨传播进行侵染,在病斑上再产生分生孢子进行再侵染。高温高湿有利于发病,植株生长衰弱、茂密、缺肥等病害较重。

防治方法

① 收获后及时清除枯枝残叶,集中处理,以减少越冬菌源。

② 加强田间管理,合理密植。增施有机底肥,氮、磷、钾合理配合施用,提高寄主抗病能力。中后期适时追肥,防止植株脱肥早衰。

③ 发病初期可选用 50% 异菌脲可湿性粉剂 1 000 倍液,或 10% 苯醚甲环唑水分散粒剂 1 000 倍液,或 70% 代森锰锌可湿性粉剂 600 倍液喷雾。隔 10~15 天防治 1 次,根据病情连续防治 1~3 次。

10. 水蕹菜锈病

症状 主要危害叶片。初始在叶面产生许多鲜黄色至橘红色帽状锈孢子器,叶背形成隆起小疱斑,表皮破裂散出锈褐色至暗褐色粉末状物,即病菌冬孢子。病斑多时致叶片黄化枯死。

病原 学名为 *Uromyces* sp.,是单孢锈菌,属担子菌亚门真菌。夏孢子堆粉状,无包被,夏孢子单生在柄上,壁有色,有细疣状突起。冬孢子堆粉状,为暗褐色,冬孢子单胞,单生在柄上。

侵染途径和发病条件 病害初侵染来源不详。通常在个别地块零星发病。温暖高湿有利于发病。雾大露重、植株生长茂密、柔嫩,病害较重。

防治方法

① 收获后及时清除枯枝残叶,集中烧毁,以减少越冬病菌。

② 加强田间管理,合理密植,增施磷钾肥,提高寄主抗病能力。

③ 发病初期,可选用 25% 丙环唑乳油 3 000 倍液,或 40% 氟硅唑乳油 6 000 倍液,或 50% 醚菌酯干悬浮剂 2 500 倍液,或 40% 多·硫胶悬剂 800 倍液喷雾。

隔 7~10 天防治 1 次,连续防治 2~3 次。

11. 水蕹菜菌核病

症状 全生育期均可发病,主要危害水蕹菜地上部分各个部位。病部初始水渍状,呈灰绿色至暗绿色,后在病部表面产生浓密絮状菌丝层,随病害的发展,感病组织迅速软化腐烂,使茎叶瘫倒在地,最后在病部表面形成鼠粪状菌核。

病原 学名为 *Sclerotinia scleroyiorum* (Lib.) de Bary,是核盘菌,属子囊菌亚门真菌。菌核初为白色,后表面变黑,由菌丝扭集形成,大小一般为 (1.3~14) mm × (1.2~5.5) mm。菌核在适宜条件下萌发产生浅褐色子囊盘。子囊呈盘杯状或盘状,成熟后变成暗红色;盘中产生许多子囊和侧丝,子囊内的子囊孢子呈烟状弹放。子囊无色,呈棍棒状,内生 8 个无色子囊孢子。子囊孢子呈椭圆形,为单细胞,大小为 (10~15) μm × (5~10) μm。

侵染途径和发病条件 以菌核在土壤中或混杂在种子里越冬。在 5℃~20℃ 并吸足水分时菌核萌发产生子囊盘。子囊盘放出的子囊孢子,借助气流或灌溉水传播,进行初侵染。病部产生的菌丝与健株接触进行再侵染,使病害逐渐蔓延扩大。菌丝生长适宜温度范围较广,相对湿度在 85% 以上有利于发病。此外,带病的种苗调运和移栽病苗可扩大传播。

防治方法

① 收获后及时清除病残体,深翻土壤,将遗漏的菌核埋在土壤深层使之不能萌发出土。

② 发病初期随时清除染病植株,并及时进行药剂防治,可选用 40% 嘧霉胺悬浮剂 1 000 倍液,或 25% 氟硅唑·咪鲜胺可溶性液剂 1 000 倍液,或 30% 醚菌酯水剂 1 200 倍液,或 50% 啶酰菌胺水分散粒剂 1 000 倍液喷雾。隔 7~10 天再防治 1 次。

12. 水蕹菜细菌性叶枯病

症状 水蕹菜全生育期均可发生,主要危害叶片,严重时也可危害嫩茎和叶柄。病菌多从叶缘开始侵染,初沿叶缘向里呈黄褐色至红褐色坏死,形成半圆形至不规则形坏死斑,后发展成大型不规则形坏死枯斑。严重时几个病斑连接成片,致病叶枯死或腐烂。叶柄或嫩茎感病,呈水渍状变褐坏死,后腐烂或干缩,常从病部倒折。

病原 此病为一种细菌侵染所致,病原不祥,待进一步鉴定研究。

侵染途径和发病条件 病菌可能由种子携带传播,幼苗期即发病,田间病株分布较均匀。水蕹菜生长期降雨多、雨量大病害发生重,不同地块间病情差异很大。

防治方法

① 实行2年以上轮作。

② 播种前进行种子处理,可选用种子重量0.3%的47%春雷氧氯铜可湿性粉剂拌种。

③ 生长期加强肥水管理,追施充分腐熟的有机肥。避免大水漫灌,雨后及时排水。及时治虫,减少伤口。

④ 发病初期可选用喷施72%农用硫酸链霉素可湿性粉剂4 000倍液,或15%溴菌腈可湿性粉剂1 000倍液,或47%春雷氧氯铜可湿性粉剂600倍液,或3%中生菌素可溶性粉剂800倍液,或57.6%冠菌清干粒剂1 000倍液。隔7天喷1次,连续防治2~3次。

(二)水蕹菜虫害

1. 甘薯麦蛾

学名 *Brachmia macroscopa* Meyrick,属鳞翅目麦蛾科。

别名 甘薯小蛾、甘薯卷叶蛾、红芋包叶虫。

异名 *Brachmia triannuella* Herrich-Schǎffer。

寄主 水蕹菜、甘薯、山药、月光花、牵牛花等旋花科植物。

危害状 以幼虫吐丝卷叶,在卷叶内取食叶肉,留下白色表皮,似一层薄膜。严重时叶片大量卷缀,灰白色一片。幼虫除危害叶片外,还能危害嫩茎和嫩梢。

形态特征 [成虫]体长约6 mm,翅展约15 mm。头胸部呈暗褐色。头顶与颜面紧贴深褐色鳞片。触角细长,复眼为黑色。唇须为镰刀形,侧扁,超过头顶。前翅狭长,呈暗褐色或黄褐色,近中央有前小后大2个灰白色环状纹,环状纹中间有1个黑褐色小点,翅外缘有5个横列的小黑点。后翅宽,呈淡灰色,缘毛长。[卵]为椭圆形,长0.6 mm左右。初产时呈淡黄色,后为黄褐色,近孵化时一端有1黑点。卵表面具稍凸的细纵横脊纹。[幼虫]体细长,为15~18 mm。头稍扁,呈黑褐色。体表被长毛。前胸背板褐色,两侧具暗色倒"八"字纹。中胸至第2腹节背面黑色,第3腹节以后各节呈乳白色,亚背线黑色,第3至第6腹节各具黑色条纹1对。胸足呈黑色,腹足为乳白色。[蛹]体长7~9 mm,呈纺锤形,头纯尾尖。由淡白色变为黄褐色。臀棘末端具钩刺8个,圆形排列。

生活习性和发生规律 成虫白天栖息在水蕹菜田荫蔽处,受惊做短距离飞翔,有强趋光性。成虫羽化后当晚交配,次晚产卵。成虫寿命为11～18天,产卵历期6～8天。卵散产于嫩叶背的叶脉间,占总产卵量的60%左右,也可产在新芽和嫩茎上。每头雌虫产卵40～120粒。卵历期4～9天。幼虫共4龄。1龄幼虫有吐丝下坠习性,取食叶肉,但不卷叶;2龄幼虫开始吐丝作小部分卷叶,并食息其中;3龄后食量大,并卷叶危害,有转叶危害习性,并排泄粪便于卷叶内。2龄后幼虫特别活泼,善跳跃,遇到惊扰即曲体跳跃逃逸。幼虫期最短为9天,最长为55天,一般为10～28天。老熟幼虫在卷叶或土缝里化蛹。蛹期为4～16天,最短为3天,最长达38天。

在长江中下游流域1年发生4～5代。以蛹在枯枝落叶间越冬,南方可以成虫在杂草丛中及屋内阴暗处越冬。以8月至9月第3代、第4代危害最严重。高温中湿有利于甘薯麦蛾发生,但超过30℃时成虫停止繁殖。

防治方法

① 秋冬做好清洁田园工作,清除杂草,收集枯枝落叶做烧毁处理,消灭越冬虫源,降低田间虫源基数。

② 田间初见幼虫卷叶危害时,及时手捏新卷叶中幼虫或摘除新卷叶。

③ 在成虫盛发期可使用频振式杀虫灯进行诱杀,也可应用甘薯麦蛾性诱剂进行诱杀成虫。

④ 掌握在幼虫卷叶之前用药剂防治。可选用20%氯苯虫酰胺水分散粒剂2 500倍液,或5%氟啶脲乳油1 000倍液,或4.5%氯氰菊酯乳油3 000倍液,或15%茚虫威悬浮剂2 000倍液。以下午4～5时喷药效果最佳。

2. 甘薯天蛾

学名 *Agrius convolvuli* Linnaeus,属鳞翅目天蛾科。

别名 旋花天蛾、白薯天蛾、甘薯叶天蛾、虾壳天蛾。

寄主 水蕹菜、甘薯、芋头、牵牛花等旋花科植物及扁豆、赤豆、葡萄、楸树等。

危害状 幼虫食叶和嫩茎,初孵幼虫在叶背啃食成斑痕乃至小洞,大龄幼虫食量大,危害叶片成缺刻状,严重时把叶茎啃光,仅留老茎。

形态特征 [成虫] 体长43～52 mm,翅展100～120 mm。体呈灰褐色。胸部背面具两丛鳞毛构成黑褐色"八"字纹,同时围成灰白色钟状纹。腹部背面中央有1条暗灰色宽纵纹,各节两侧顺次有白、粉红、黑横带3条。前翅呈灰褐色,内、中、外各横线为尖锯齿状带的2条深棕色细线,还有许多云状纵纹,翅尖有黑色斜纹。后翅呈淡灰色,有4条暗褐色横带,缘毛为白色及暗褐色相杂。

雄蛾触角呈栉齿状,雌蛾触角呈棍棒状,末端膨大。[卵]球形,直径为1.5～2 mm。表面光滑。初产时为蓝绿色,孵化时为黄白色。[幼虫]老熟时体长50～83 mm。初孵时为黄白色,头呈乳白色。1～3龄体色为黄绿色或青绿色,4～5龄体色多变,逐渐加深,可出现青、绿、红、黑等多种体色。中、后胸及第1至第8腹节背面有许多横皱纹,形成若干小环,第8腹节末端具弧形的尾角。气孔红色,外有黑轮。老熟幼虫分绿色和褐色二型:绿色型幼虫体为绿色,头为黄绿色,腹部1—8节各节的侧面具白色斜纹,气门、胸足为黑色,尾角为杏黄色,端部为黑色。褐色型幼虫体背为土黄色,具粗大黑斑,头黄褐色,中部具倒"丫"状黑色纹,两侧还各具2条黑纹,腹部1—8节各节侧面有灰白色斜纹,胸足、气门、尾角黑色。[蛹]体长50～60 mm。初时呈淡绿色,后变朱红色或暗红色。口器吻状,喙管延长弯曲似象鼻状,与体相接。翅达第4腹节末。

生活习性和发生规律　成虫白天躲藏于作物地内,傍晚活动,飞翔力强,有很强的趋化性和趋光性,喜吸吮棉花、芝麻、南瓜、大豆、向日葵、葱等作物的花蜜。晚间8～10时交尾,交尾后2～6 h开始产卵。卵多单粒散产在水蕹菜叶正、反面和叶柄上,有趋嫩绿产卵习性,凡叶色嫩绿茂密的水蕹菜田,产卵量多,危害也重。平均每头雌蛾产卵1035粒,最多1 200粒。幼虫5龄。初孵幼虫有取食卵壳的习性,虫龄越大食量越大。卵期为5～7天,幼虫期为14～22天,预蛹期为1～3天,蛹期为10～18天。

在长江流域1年发生3～4代。为间歇性发生的害虫,全年8月至9月危害最重。以老熟幼虫在土中5～10 cm处做土室化蛹越冬。甘薯天蛾发生与环境因子关系密切,凡是6月至9月气温高、雨水少的年份,发生重;而低温多雨的年份,则发生轻。若天气过旱和雨水过多也对其发生不利。耕作粗放,越冬虫口基数大有利于发生。

防治方法

① 人工灭除。该虫常零星发生,可结合田间管理人工捕杀幼虫。

② 农业防治。冬、春季适时翻耕或进行大水漫灌,破坏蛹的生活环境,增加蛹的死亡率。

③ 灯光诱杀。利用成虫的强趋光性,设置黑光灯或频振式杀虫灯进行诱杀,减少田间落卵量。

④ 药剂防治。掌握在蛾量激增后14天,即幼虫3龄盛期为防治适期。药剂可选用90%敌百虫晶体1 000倍液,或20%氯苯虫酰胺水分散粒剂2 500倍液,或5%氟啶脲乳油1 000倍液,或4.5%氯氰菊酯乳油3 000倍液。

3. 斜纹夜蛾

学名　*Prodenia litura* Fabricius，属鳞翅目夜蛾科。

别名　莲纹夜蛾、莲纹夜盗蛾、夜盗虫。

异名　*Spodoptera litura* Fabricius 。

寄主　是杂食性害虫，危害的植物达99科290多种，其中喜食的有90种以上，如水蕹菜、莲藕、水芋、芡实、豆瓣菜、苋菜、白菜、甘蓝、萝卜、落葵、豆类、瓜类、茄科蔬菜等。

危害状　初孵幼虫群集啃食叶片，3龄后分散危害，蚕食叶成缺刻。严重时将叶、叶柄吃光，仅留茎秆。

形态特征、生活习性、发生规律、防治方法　参考莲藕的斜纹夜蛾。

4. 甜菜夜蛾

学名　*Spodoptera exigua* Hübner，属鳞翅目夜蛾科。

别名　白菜褐夜蛾、玉米叶夜蛾、贪夜蛾。

异名　*Laphygma exigua* Hübner。

寄主　是杂食性害虫。水蕹菜、豆瓣菜、甘蓝、白菜、萝卜、番茄、辣椒、黄瓜、豇豆、莴苣、胡萝卜、芹菜等多种蔬菜及其他植物170余种。

危害状　初孵幼虫在叶背群集吐丝结网，啃食叶肉，仅留表皮，成透明的小孔。3龄后分散危害，食叶成缺刻或孔洞，严重时食尽叶片，幼茎仅留茎秆。

形态特征、生活习性、发生规律、防治方法　参考豆瓣菜的甜菜夜蛾。

（三）其他危害生物

1. 蛞蝓

学名　主要有 *Agriolimax agrestis* Linnaeus（野蛞蝓）和 *Limax flavus* Linnaeus（黄蛞蝓），均属软体动物门腹足纲柄眼目蛞蝓科。

别名　鼻涕虫、游延虫、水蜒蚰。

异名　野蛞蝓的异名有 *Limax agrestis* Linne、*Krynickillus minutus* Kaleniczenko、*Deroceras agrestis* Ehrmann 。

寄主　是杂食性害虫，可危害水蕹菜、甘薯、马铃薯、白菜、棉花、麻、烟等各种作物。

危害状　成体、幼体均能啃食水蕹菜叶片成孔洞或缺刻，尤其以幼苗、嫩叶受害最重，造成缺株、断苗。

形态特征　野蛞蝓：[成体]体长25～30 mm，体宽4～6 mm，爬行时体伸长达 36～60 mm。内壳长 4 mm,宽 2.3 mm。呈长梭形,体柔软光滑,无外壳。体表呈暗灰色、黄白色或灰红色,少数有不明显暗带或斑点。头部有触角 2 对,呈暗黑色,下边 1 对短,约 1 mm,称前触角,具感觉作用;上边 1 对长,约 4 mm,称后触角,端部具眼。体背前端具外套膜,为体长的 1/3,边缘卷起,其内有退化的贝壳(即盾板),上有明显的同心圆线,即生长线。同心圆线中心在外套膜后端偏右。呼吸孔在体右侧前方,其上有细小的色线环绕。尾崎钝。黏液无色。生殖孔在右触角后方约 2 mm 处。[卵] 呈卵圆形,直径为 2～2.5 mm。韧而富有弹性。白色透明可见卵核,孵化时色变深。[幼体] 初孵时体长 2～2.5 mm,宽约 1 mm。呈淡褐色,体形同成体。

黄蛞蝓:[成体]全体伸展时长约 100 mm,宽 12 mm。体裸露柔软,无外壳保护。体表为黄褐色或深橙色,背部较深,靠近足部两侧的颜色较淡,体表有零散的浅黄色点状斑,跖足为浅黄色。头部具 2 对浅蓝色的触角。在体背部近前端 1/3 处具 1 椭圆形的外套膜,前半部为游离状态,运动收缩时可把头部覆盖住,外套膜里具 1 薄且透明椭圆形石灰质盾板,是已退化的贝壳,尾部生有短尾崎。[卵] 呈小颗粒状卵圆形。[幼体] 体形同成体。

生活习性和发生规律　以成体或幼体在作物根部湿土下越冬。常生活在阴暗潮湿的温室、大棚、农田、菜窖、住宅附近及水渠、沟旁等地,或在腐殖质多的落叶、石块下及草丛中。爬行过的地方有白色黏带。翌年 3 月日平均气温达 10℃ 以上时,开始活动为害,5～7 月在田间大量活动为害、产卵,入夏后随气温升高,活动减弱,秋季气候凉爽后又活动为害。在南方遇温暖的冬季仍能活动为害。全年形成 2 个危害高峰,即春季 4 月至 6 月和秋季 9 月中旬至 10 月。完成 1 个世代约 250 天,卵期 16～17 天,从孵化到成体性成熟约 55 天,成体产卵期可长达 160 天。蛞蝓雌雄同体,异体受精,亦可同体受精繁殖。卵产于湿度高又隐蔽的土缝中,或者在杂草及枯叶上。每隔 1～2 天产 1 次,每处产卵 10 粒左右,平均产卵量为 400 余粒。卵粒一般 8～20 粒互相黏附成卵堆。蛞蝓怕光,强日照下 2～3 h 即死亡,因此,均在夜间活动,从傍晚开始活动,晚上 10～11 时达到活动高峰,日出之前又陆续潜入土中或隐蔽处。耐饥力强,在食料少或不良环境下能不吃不动,休眠期长达 1～2 年。对低温有较强忍受力,-7℃ 不致死,在温室中可周年生长。蛞蝓的活动与气温、湿度、光照关系密切,温度为 19℃～29℃,相对湿度在 88%～95% 时最为活跃,雨后活动性增强。喜低温湿润,一般在有露水的夜晚气温在 10℃ 以上,20℃ 以下,土壤含水量为 20%～30% 的田块对其生长发育最为有利。

防治方法

① 清洁田园,铲除杂草,破土晒田,减少滋生地,使卵暴露在土表自行破灭。

② 实行水旱轮作,结合田间管理,注意排水,降低地下水位。

③ 在田边、地埂上撒施石灰或草木灰,以降低湿度,造成不利于蛞蝓活动的环境。晴天每亩(667 m²)可撒生石灰 7~10 kg,让蛞蝓爬过后身体失水而亡。

④ 在 4—5 月蛞蝓盛发期喷洒稀释 100 倍的氨水或碳酸氢铵水,蛞蝓体上只要被喷到就能杀死。

⑤ 选用绿肥或菜叶、瓦砾等堆积在田间,翌晨或在下细雨天人工捕捉,集中杀灭。

⑥ 每亩(667 m²)用油茶饼 7~10 kg,在 50 kg 水中泡开,取其滤液喷洒也有效果。

⑦ 药剂防治,每亩(667 m²)可选用 10% 多副醛颗粒剂,或 6% 四聚乙醛颗粒剂 1~1.5 kg,于晴天傍晚撒施在植株间。

(四)水蕹菜病虫害防控技术

1. 强化运用农业防治措施

① 轮作换茬。水蕹菜不宜连作,易引起多种病虫害发生,尤其是白锈病,严重时水蕹菜的叶、茎、根畸形,失去商品性。一般水旱轮作是与水稻轮作,或与水芹、慈姑、荸荠、茭白等水生蔬菜换茬。

② 选用早熟品种。一般青梗品种比白梗品种抗病。

③ 加强管理。增施磷钾肥,避免偏施氮肥,以防生长过旺,合理密植,田间郁蔽会加重病虫害发生。

④ 做好田园卫生。水蕹菜生长期及时采摘上市。清除杂草,摘除病、老叶,集中深埋或烧毁,减少初侵染菌源。

⑤ 种子处理。选用 25% 甲霜灵可湿性粉剂,或 72% 霜脲氰·锰锌可湿性粉剂,或 64% 噁唑烷酮·代森锰锌可湿性粉剂拌种,用药量是种子量的 0.3%。

2. 坚持科学的病虫害防治策略

(1)水蕹菜病虫害总体防治策略

主攻水蕹菜白锈病、褐斑病、病毒病等病害,密切监控斜纹夜蛾、甜菜夜蛾、甘薯麦蛾、甘薯天蛾。

(2)抓好 2 个时期总体防治

其一,第 1 次大田病虫害总体防治战。

① 防治对策:主攻蛞蝓和白锈病,兼治其他病虫。

② 防治时间:3月中旬至4月中旬,即水蕹菜幼苗期。

③ 药剂选用:防治水蕹菜白锈病可选用25%嘧菌酯悬浮剂1 000倍液(或72%霜脲氰·锰锌可湿性粉剂800倍液,或25%甲霜灵可湿性粉剂600倍液)+50%多菌灵可湿性粉剂500倍液(或50%咪鲜胺可湿性粉剂1 500倍液)喷雾。若有蛞蝓发生,可添加40%四聚乙醛悬浮剂400倍液或30%甲萘·四聚乙醛母粉200倍液一并喷雾。

其二,第2次大田病虫害总体防治战。

① 防治对策:主治白锈病、褐斑病、炭疽病及食叶害虫,兼防蚜虫。

② 防治时间:分2个时期施药,第1个时期在5月中下旬至6月中下旬,以防病害为主,兼治虫害;第2个时期在8月下旬至10月中旬,以治虫害为主,兼治病害。此期正值水蕹菜生长采收期,为保证水蕹菜质量,必须做到先采收,后施药,施药后要确保有10~15天安全间隔期,严禁使用高毒、高残留农药。

③ 药剂选用:防治水蕹菜白锈病、褐斑病、炭疽病等病害可选用25%嘧菌酯悬浮剂1 000倍液,或50%醚菌酯干悬浮剂2 500倍液,或60%代森·吡唑醚菌酯水分散粒剂1 000倍液喷雾。若有食叶类害虫发生,可添加5%氯虫苯甲酰胺悬浮剂2 000倍液或10%四氯虫酰胺悬浮剂2 000倍液一并喷雾。

（五）水蕹菜病虫害防控示意图

水蕹菜病虫害防控示意图如图 10-1 所示。

水蕹菜能有性繁殖（子蕹）亦能无性繁殖（藤蕹）。

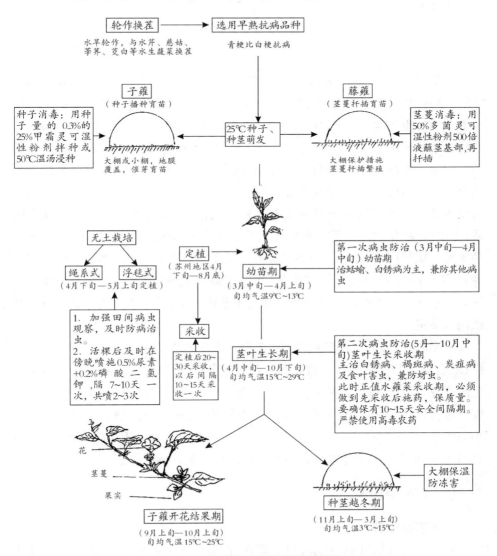

图 10-1　水蕹菜病虫害防控示意图

十一、水 芋

水芋,学名为 *Colocasia esculenta*(L.)Schott,英文名为 taro,dasheen,别名芋头、芋艿、芋仔(台湾地区)、毛芋,古称蹲鸱、土芝,为天南星科芋属多年生宿根性草本湿生蔬菜。原产中国、印度、马来半岛等热带亚洲沼泽或多雨地区。我国水芋栽种历史悠久,最早在《管子》(公元前5世纪至前3世纪)中即有芋的相关记载。主产于珠江、长江、淮河流域及台湾地区中南部等地,全国种植面积约有117.91万公顷。水芋喜温暖、潮湿,生长适宜温度在21℃~27℃,球茎膨大要求较高温度和较大的昼夜温差。较耐阴,不需强光照。土壤以富含有机质、土层深厚、保水性较强的黏壤土为宜。水芋有叶柄用变种和球茎用变种2种类型。球茎用芋依母芋、子芋发达程度及子芋着生习性又有魁芋(母芋用品种)、多子芋(子芋用品种)、多头芋(母子芋兼用品种)之分。水芋采用球茎繁殖。忌连作。一般在春季选母芋中部的子芋作种芋直播,或育苗移栽。可旱栽或浅水栽植。

水芋的食用部位是球茎、叶柄、花梗。水芋富含淀粉、蛋白质、钾、钙、磷、铁、维生素A和维生素C及膳食纤维等。水芋味辛、性平、滑,有小毒。其主要药用成分为氰甙、酸性毒皂苷。芋头含有的黏液蛋白,被人体吸收后能产生免疫球蛋白,可提高机体抵抗力。芋头可宽肠胃、充肌肤、疗烦热、破宿血。但芋头会滞胃气,难尅化,小儿戒食,尤有风疾服风药者忌食。因生芋有小毒,食时必须煮熟,生芋汁还易引起皮肤过敏、瘙痒,可用姜汁擦拭解之。

(一)水芋病害

1. 水芋病毒病

症状 病叶沿叶脉呈现出褪绿黄点,扩展后呈黄绿相间花叶,最后卷曲坏死,新生叶还常出现羽毛状黄绿色斑纹或叶片扭曲畸形。有时病叶上产生大小不等浅褐色环形蚀纹坏死病斑,相互汇合致叶片枯死。严重的植株矮化,分蘖少,球茎退化变小或不生球茎,有时维管束呈淡褐色坏死。

十一、水 芋

病原 主要由Cucumber mosaic virus(简称CMV,为黄瓜花叶病毒)和Dasheen mosaic virus(简称DMV,为芋花叶病毒)单独或复合侵染引起。芋花叶病毒质粒呈线状,大小为750nm×13nm。黄瓜花叶病毒参考莲藕花叶病毒病的病原。

侵染途径和发病条件 病毒可在水芋球茎内或野生寄主及其他栽培植物体内越冬。翌春播种带毒球茎,出芽后即出现病症,6~7叶前叶部症状明显,进入高温期后症状隐藏消失。主要由蚜虫传播。长江以南地区5月中下旬至6月上中旬为发病高峰期。用带毒球茎作母种,病毒随之繁殖蔓延,造成种性退化。

防治方法

① 选用抗病品种。选种青梗芋、红梗芋中抗病品种种植。

② 采用无病株留种芋或进行脱毒后种植。

③ 成片或联片种植,发展水芋的专业生产。

④ 严防蚜虫。在有翅蚜迁飞期,及时喷药防蚜。

⑤ 药剂防治。发病初期喷1.5%烷醇·硫酸铜(植病灵)乳剂1 000倍液,或20%盐酸吗啉胍·铜可湿性粉剂500倍液,或31%吗啉胍·利巴韦林可溶性粉剂1 000倍液。若在药液中加0.1%的磷酸二氢钾效果更好。隔10天左右喷1次,连续防治2~3次。

2. 水芋疫病

症状 主要侵害叶片、叶柄及球茎。叶片初生黄褐色圆形斑点,后逐渐扩大融合成圆形或不规则斑,具不明显轮纹,斑边缘围有暗绿色水渍状环带;湿度大时病斑出现白色粉状薄层,并常伴随黄褐色的液滴状物;病斑中央常腐烂成裂孔;最后全叶破裂,只剩叶脉,呈破伞状。叶柄受侵害,上生大小不等的黑褐色不规则斑,病斑周围组织褪绿变黄,相互连接致叶柄变软腐烂倒折,叶片下垂凋萎。球茎受侵害变褐色腐烂,对产量影响很大。

病原 学名为 *Phytophthora colocasiae* Racib.,是芋疫霉,属鞭毛菌亚门真菌。孢囊梗1至数枝,自叶片气孔伸出,短而直,无色,无膈膜,大小为$(15\sim24)\mu m\times(2\sim4)\mu m$,顶端着生孢子囊。孢子囊呈梨形或长椭圆形,单胞无色,胞膜薄,顶端具乳头状突起,下端具1短柄,大小为$(45\sim145)\mu m\times(15\sim21)\mu m$,遇水湿条件萌发产生游动孢子,水湿不足则直接萌生芽管。游动孢子呈肾状,单胞无色,无胞膜,为一团裸露的原生质,大小为$(17\sim18)\mu m\times(10\sim12)\mu m$,中部一侧具2根鞭毛,在水中能游动。

侵染途径和发病条件 主要以菌丝体在种芋球茎内或菌丝及卵孢子在水芋上或随病残体在土壤中越冬。在我国初侵染源主要是带菌种芋,种植带菌种芋,长出的水芋植株成为中心病株。发病后,病斑上产生孢子囊通过风雨传播引起再侵染。在田间水芋植株终年存在地区,初侵染源主要来自遗落田间的零星病株,病菌借助风雨辗转传播危害,无明显的越冬期。该病常在梅雨至盛夏季节发生。凡6月至8月雨量雨日多,病害就重。田块低洼,排水差,种植过密,偏施氮肥,植株生长势过旺,有利于发病。品种间抗性差异较大,水芋较旱芋抗病,香芋较红芽芋、白芽芋抗病。

防治方法

① 种植抗病品种。

② 从无病或轻病地块选留种芋。

③ 实行轮作,与其他作物实行水旱轮作1~2年。

④ 及时铲除田间零星病芋植株,收集并烧毁病残体。

⑤ 加强肥水管理。施足基肥,增施磷钾肥,避免偏施过施氮肥,注意田间通风透光性,加强雨季排水。

⑥ 及早喷药预防。在梅雨来临之前是喷药预防的关键期。药剂可选用50%烯酰吗啉可湿性粉剂1 500倍液,或25%烯肟菌酯乳油2 000倍液,或68.75%氟菌·霜霉威悬浮剂800倍液,或64%噁唑烷酮·代森锰锌(杀毒矾)可湿性粉剂500倍液,或72.2%丙酰胺水剂800倍液,或72%霜脲氰·代森锰锌可湿性粉剂800倍液喷洒。隔7~10天喷1次,连续防治3~4次。

3. 水芋污斑病

症状 主要发生在叶片上,常从老叶开始发病,以后逐渐蔓延到心叶。在叶上初呈绿褐色大小不等的近圆形或不规则形病斑,后呈淡黄色,最后变成浅褐色至暗褐色,叶背病斑颜色较浅,呈淡黄褐色。病斑边缘界限不明晰,似污渍状,故名污斑病。湿度大时病斑上生隐约可见的烟煤状霉层,即分生孢子梗和分生孢子。严重时病斑密布全叶,病部腐败裂孔,致使叶片变黄干枯。

病原 学名为 *Cladosporium colocasiae* Saw.,是芋芽枝孢霉,属半知菌亚门丛梗孢目真菌。分生孢子梗单生或2~3枝丛生,呈丝状,略弯曲,基部稍粗,呈暗褐色,大小为$(60\sim160)\mu m\times(4.5\sim6)\mu m$,具1~6个膈膜。分生孢子呈长椭圆形或茧形,单胞或双胞,无色至淡色,大小为$(12\sim18)\mu m\times(6.5\sim8)\mu m$,膈膜处稍缢缩。

侵染途径和发病条件 以菌丝体和分生孢子在病残体上越冬。翌年环境

条件适宜时,病菌以分生孢子进行初侵染,借助气流或雨水溅射传播蔓延,病部不断产生分生孢子进行再侵染,使病害得以蔓延扩大。在南方,田间芋株周年存在,病菌可辗转传播危害,无明显越冬期。病菌属弱寄生菌,多侵害生长势弱的植株,在病部或土壤中营腐生生活。高温多湿的天气或田间郁蔽高湿,或偏施过施氮肥使芋株旺而不壮,或肥水不足致使芋株衰弱,都易诱发病害发生。

防治方法

① 注重田间清洁卫生,及时收集病残体深埋或烧毁以便减少菌源。

② 加强肥水管理,注意肥料的合理使用和氮、磷、钾肥的适当配合,避免偏施氮肥和生长后期缺肥,增强植株抗病力。

③ 药剂防治。在发病初期喷洒50%甲基硫菌灵可湿性粉剂600倍液,或75%百菌清可湿性粉剂600倍液,或40%多·硫悬浮剂500倍液,或10%苯醚甲环唑水分散颗粒剂1 000倍液。喷洒时雾滴要细,可加入0.2%洗衣粉或27%高脂膜乳剂400倍液以增加黏着力。

4. 水芋软腐病

症状 主要危害叶柄基部或地下球茎。叶柄基部受害初期呈水渍状,颜色为暗绿色,病斑边缘不明显,扩展后叶柄内部组织变褐色腐烂,叶片变黄而折倒,亦散发出臭味。球茎染病呈不规则逐渐腐烂。该病剧烈发生时病部迅速软化、腐败,致使全株枯萎而倒伏,病部散发出恶臭味。

病原 学名为 *Erwinia carotovora* subsp. *carotovora*(Jones)Bergey et al.,是胡萝卜软腐欧文氏杆状细菌胡萝卜软腐致病型,属细菌。参考茭白软腐病的病原。

侵染途径和发病条件 病菌在种芋内或其他寄生植物病残体内越冬。翌春从伤口侵入,在田间辗转危害。该菌脱离寄主,或单独进入土中则不能生存。长江流域栽培的水芋或旱芋,当叶柄基部或地下球茎伤口多时,遇有高温条件易发病。

防治方法

① 选用耐病品种,如红芽芋。

② 实行2~3年轮作。

③ 加强田间管理。尤其要施用充分腐熟的有机肥。发现病株开始腐烂或水中出现发酵情况时,要及时排水晒田。

④ 药剂防治。喷洒30%氧氯化铜悬浮剂600倍液,或72%农用硫酸链霉素可湿性粉剂3 000倍液,或20%噻菌铜悬浮剂400倍液,或77%氢氧化铜可

湿性微粒粉剂700倍液,或40%春雷·噻唑锌悬浮剂1 000倍液。隔10天左右喷1次,连续防治2~3次。

5. 水芋炭疽病

症状 主要危害叶片。下部老叶易发病,初在叶片上产生水渍状暗绿色病斑,后逐渐变为近圆形、褐色至暗褐色病斑,四周具湿润的变色圈。干燥条件下,病斑干缩成羊皮纸状,易破裂,上面轮生黑色小点,即病菌分生孢子盘。球茎染病生圆形病斑,似漏斗状深入肉质球茎内部,去皮后病部呈黄褐色,无臭味。

病原 学名为 Colletotrichum capsici (Syd.) Butler & Bisby,是辣椒刺盘孢,异名为 Vermicularia capsici Syd.,属半知菌亚门真菌。在PDA上菌落白色,后变灰色。气生菌丝呈淡灰色至暗灰色,培养基背面为黑色。黏分子孢子团为白色,刚毛很多。分生孢子梗具分枝。产孢细胞筒形,内壁芽殖产孢。分生孢子单胞无色,呈镰刀形,顶端尖锐,末端钝圆,大小为(17.8~23.3)μm×(2.3~3.6)μm。附着胞多,呈黑褐色,形状为椭圆形至棍棒形,大小为(8.3~24)μm×(3.7~15.7)μm。

侵染途径和发病条件 以分生孢子附着在球茎表面或以菌丝体潜伏在球茎内越冬,也可以菌丝体和分生孢子盘及分生孢子随病残体在土壤中越冬。翌年条件适宜时,分生孢子借助风雨和昆虫传播,由伤口或从寄主表皮直接侵入进行初侵染和再侵染。气温在25℃~30℃时易发病,高于35℃时发病少或不发病。此外,水分对该菌繁殖和传播有重要作用,在田间分生孢子需经雨水溅射才能分散开来,孢子在有水膜条件下萌发。遇连阴雨或多雾、重雾的天气易发病,种植过密,灌水过度或排水不良发病重。

防治方法

① 选用无病种芋,在无病田或无病株上采种。如种芋带菌可用58℃~60℃温水浸10 min或50%多菌灵可湿性粉剂500倍液浸30 min进行灭菌。

② 选择地势平坦、排水良好的沙壤土种植,提倡施用经酵素菌沤制的堆肥或腐熟有机肥,减少化肥施用量,发现病株应及时拔除,集中深埋或烧毁。

③ 在发病初期喷洒40%氟硅唑乳油5 000倍液,或43%戊唑醇悬浮剂3 000倍液,或25%嘧菌酯悬浮剂2 000倍液,或50%咪鲜胺可湿性粉剂1 500倍液,或20%苯醚甲环唑微乳剂1 500倍液,或50%多菌灵可湿性粉剂800倍液+75%百菌清可湿性粉剂800倍液,或50%甲基硫菌灵·硫黄悬浮剂800倍液。隔7~10天喷1次,连续防治2~3次。

6. 水芋灰斑病

症状 主要危害叶片。病斑呈圆形,大小为 1~4 mm,颜色为深灰色,四周呈褐色。叶上病斑正、背面生出黑色霉层,即病原菌的分生孢子梗和分生孢子。

病原 学名为 *Cercospora caladii* Cooke,是芋尾孢菌,属半知菌亚门真菌。子实体生于叶两面,子座小,呈褐色。分生孢子梗 12~21 根束生,呈淡褐色至褐色,顶端色浅略狭,不分枝,具隔膜 1~3 个,膝状节 0~1 个,孢痕明显,顶端近截形,大小为 (58~116) μm × 4 μm。分生孢子无色透明,呈鞭状、正直或略弯,基部截形,顶端尖,多隔膜,大小为 (40~92) μm × (3~5) μm。

侵染途径和发病条件 以菌丝体和分生孢子座在病残体上越冬。以分生孢子进行初侵染和再侵染,借助气流或风雨传播蔓延。高温高湿有利于发病,连作地或植株过密通风透光性差的田块发病重。

防治方法

① 清洁田园,生长期或收获时采集病残体深埋或烧毁。

② 重病田必须实行轮作。

③ 合理密植,管好肥水。注意肥料的合理使用和氮、磷、钾肥的适当配合,避免偏施氮肥,增强植株抗病力。注意田间通风透光性。

④ 结合防治水芋污斑病喷药兼治本病。

⑤ 发病重田块可在发病初期喷洒 40% 氟硅唑乳油 5 000 倍液,或 75% 百菌清可湿性粉剂 600 倍液,或 25% 嘧菌酯悬浮剂 2 000 倍液,或 50% 咪鲜胺可湿性粉剂 1 500 倍液,或 20% 苯醚甲环唑微乳剂 1 500 倍液,或 50% 甲基硫菌灵·硫黄悬浮剂 800 倍液。隔 15 天左右喷 1 次,连续防治 1~2 次。

7. 水芋细菌性斑点病

症状 主要危害叶片。初生为褐色圆形或近圆形小斑点,四周有黄色晕环,扩展后变为暗褐色,后期病斑中间变为灰白色,四周为黑褐色,病部易穿孔。

病原 学名为 *Pseudomonas colocasiae* (Takimoto) Okabe et Goto,是芋假单胞菌,属细菌。菌体呈短杆状,两端钝圆,有单极生鞭毛 1 根。在 PDA 培养基上产生圆形菌落,发育温度在 4℃~37℃,适宜温度为 28℃。

侵染途径和发病条件 病菌主要在种球上或土壤及病残体上越冬。在土壤中可存活 1 年以上,随时可侵染水芋。雨后易发病。

防治方法

① 发现少量病株及时拔除。

② 于发病初期喷洒 72% 农用硫酸链霉素可湿性粉剂 3 000 倍液,或 20%

噻菌铜悬浮剂400倍液,或77%氢氧化铜可湿性微粒粉剂700倍液,或40%春雷·噻唑锌悬浮剂1 000倍液,或50%琥胶肥酸铜可湿性粉剂500倍液,或12%松脂酸铜(绿乳铜)乳油500倍液。

8. 水芋枯萎病

症状 又称干腐病。主要寄生在茎部,引起植株枯萎或腐烂。发病轻的芋株症状不明显,先是生长慢,老叶黄化迅速。重病株表现为生长不良,叶色变为黄绿色,由外叶向里枯死,秋季提早干枯或茎叶倒伏。剥开球茎,皮层变红,横切可见红色小斑点,严重的大块变为红褐色,造成干腐或中空。

病原 学名为 *Fusarium solani* (Martius) App. Et Wr.,是茄腐皮镰孢霉,属半知菌亚门真菌。分生孢子散生或生在假头状体上或孢子座、黏孢子团中,群集呈褐白色或土黄色、绿色至深褐色。大型孢子呈纺锤形稍弯曲,两端圆,基部在长轴斜向具微小凸起,具膈膜3~5个,3个膈膜的大小为(19~50)μm×(3.5~7)μm,5个膈膜的大小为(32~68)μm×(4~7)μm。厚垣孢子间生或顶生,呈褐色球形至洋梨形,单生,单胞者大小为8 μm×8 μm,双胞者大小为(9~16)μm×(6~10)μm,平滑或有小瘤。

侵染途径和发病条件 以厚垣孢子在土壤中病残体上存活或越冬。种芋内越冬的病菌随翌年栽种水芋引起发病,球茎中母芋带菌率高,子芋次之,孙芋最低。该病不仅在田间侵染蔓延,贮运期间也可扩展。气温在28℃~30℃易发病。种植病芋、连作田易诱发此病。管理粗放发病重。

防治方法

① 从无病地或无病株上留种。选用无病种芋,最好用孙芋或子芋,尽量少用母芋。必要时种芋可用50%多菌灵可湿性粉剂500倍液浸种芋30 min,晾干后直接播种。

② 实行3年以上轮作,及时清除病残体,携出田外深埋或烧毁。

③ 提倡施用经酵素菌沤制的堆肥或充分腐熟有机肥,抑制有害病原菌,达到防病目的。

④ 水芋种植前每亩(667 m²)选用50%多菌灵可湿性粉剂,或70%甲基托布津可湿性粉剂3~4 kg,拌细土均匀后撒施在种植地里。

⑤ 发病初期先排干水,选用50%多菌灵可湿性粉剂400倍液,或50%甲基硫菌灵可湿性粉剂500倍液,或70%敌磺钠可湿性粉剂500倍液,或3%甲霜·噁霉灵水剂700倍液灌根,每株灌药液0.2~0.3L。

9. 水芋褐腐病

症状 主要危害叶柄基部和球茎。初在叶柄基部形成浅褐色近椭圆形坏死斑,后发展成不定型坏死大斑,呈浅褐色至暗褐色,同时向球茎和叶柄组织内扩展,使病部组织干腐,地上部萎蔫枯死。球茎感病呈黄褐色至暗褐色坏死,由表层向内部和向外围扩展,逐渐使球茎组织腐朽干缩,最后仅剩维管束组织和病菌菌丝。

病原 学名为 *Rhizoctonia solani* Kühn,是立枯丝核菌,属半知菌亚门真菌。病菌菌丝初期无色,后为黄褐色,具有膈膜,粗 $8\sim12~\mu m$,多呈直角分枝,基部略缢缩,老菌丝常呈一连串桶状细胞状。菌核不定型至近球形,大小为 $0.5\sim1~\mu m$,呈淡褐色至深褐色。担孢子为近圆形,大小为 $(6\sim9)\mu m\times(5\sim7)\mu m$。

侵染途径和发病条件 以菌核或厚垣孢子在土壤中休眠越冬。春季地温高于10℃病菌开始萌发,进入腐生阶段,水芋生长期病菌从叶柄基部或球茎上的伤口或表皮直接侵入,引起发病。以后病部长出菌丝继续向四周扩展,病菌还可通过雨水、灌水、肥料或病土传播蔓延。高温、连阴雨、田间管理粗放,植株长势衰弱,地下害虫较多,病害容易发生。

防治方法

① 从无病地上留种。选用无病种芋。必要时在播种前可用50%异菌脲可湿性粉剂700倍液,或福尔马林200倍液浸种芋10 min,杀死种芋上沾着的菌核,晾干后直接播种。

② 实行3年以上轮作。生长期加强管理,减少根伤。施用充分腐熟的有机肥,增施磷钾肥,提高植株抗病力。

③ 发病初期喷洒50%啶菌酰胺水分散粒剂1 000倍液,或50%乙烯菌核利干悬浮剂1 000倍液,或40%嘧霉胺悬浮剂1 000倍液,或20%噻菌铜悬浮剂400倍液。隔7~10天喷1次,连续防治2~3次。喷匀喷足,喷药时加入0.1%的洗衣粉可增加附着性,若在喷药前后各排水搁田1~2天,防病效果更佳。

10. 水芋轮斑病

症状 主要危害叶片。多从叶缘或叶面外围开始侵染,初在叶缘或叶面生浅褐色水渍状小点,后扩展成半圆形、近圆形或不定型黄褐色至灰褐色坏死病斑,具有同心轮纹,外围常具有较宽浅黄色晕环,后期病斑上轮生小黑点,即病菌的分生孢子器。空气干燥时病斑易破裂穿孔。

病原 学名为 *Ascochyta* sp.,是壳二孢菌,属半知菌亚门真菌。病菌分生孢子器为球形至扁球形,器壁为褐色,初埋生,后突破寄主表皮部分外露,具有孔口。分生孢子呈椭圆形,无色,双细胞,分隔处略缢缩。

侵染途径和发病条件 以分生孢子器随病叶遗留在土壤中越冬。条件适宜时产生分生孢子形成初侵染。发病后病部产生分生孢子,借助雨水传播进行再侵染。多在夏秋季发病,高温高湿有利于发病。水芋生长期多雨,土壤贫瘠,植株生长衰弱适宜发病。

防治方法

① 收获后及时清除病残体,携出田外集中深埋或烧毁。

② 施用充分腐熟的有机肥,增施磷钾肥,提高植株抗病力。

③ 发病初期喷洒70%甲基托布津可湿性粉剂600倍液,或50%异菌脲可湿性粉剂1 000倍液,或40%多·硫悬浮剂500倍液。隔7～10天喷1次,连续防治2～3次。

11. 水芋白粉病

症状　主要危害叶片。在叶片正背面产生圆形至不定型白色粉状斑,大小变化较大,相互融合形成不规则形粉斑,严重时致叶片早衰枯死。

病原　不详。仅见无性时期,病菌菌丝体在叶两面生,分生孢子串生,呈近圆柱形至卵圆形。

侵染途径和发病条件　不详。多在秋季发病。

防治方法

① 收获后及时清除病残体,携出田外集中深埋或烧毁。

② 施用充分腐熟的有机肥,增施磷钾肥,提高植株抗病力。

③ 发病初期及时喷洒40%氟硅唑乳油5 000倍液,或25%嘧菌酯悬浮剂2 000倍液,或25%丙环唑乳油3 000倍液,或5%烯肟菌胺乳油1 000倍液,或25%吡唑醚菌酯乳油1 500倍液,或25%戊唑醇水乳剂3 000倍液。隔10～15天喷1次,连续防治2～3次。

12. 水芋黄萎病

症状　主要危害水芋维管束组织形成全株性发病,多从外叶开始显示病症。初期在叶脉间出现许多浅绿褐色边缘模糊的不规则小斑,随后沿叶缘向里黄化坏死,最后变褐色,致病叶卷曲枯死。纵剖叶柄可见维管束组织变色。随着病害的发展,病株叶片由外向里萎蔫枯死。

病原　学名为 Verticillium sp.,是轮枝霉菌,属半知菌亚门真菌。病菌分生孢子梗直立,分枝,初次分枝两出,二次分枝轮生,顶层小,梗下部膨大,尖端细削。分生孢子单生,很快脱落,单细胞,呈卵圆形至长椭圆形,大小为$(4～10)\mu m \times (2.5～4)\mu m$。

侵染途径和发病条件　以休眠菌丝或厚垣孢子随病残体在土壤中越冬。

条件适宜时从根部伤口或幼根侵入,通过风雨、灌水、肥料或病土传播。土温时高时低,土质过度偏砂,施用未腐熟有机肥,田间管理粗放,植株长势衰弱,地下害虫较多,容易引起病害发生。连作地块发病较重。水芋品种间抗病性存在差异。

防治方法

① 重病地区实行与葱蒜类作物轮作,最好水旱轮作。

② 因地制宜选用抗病或耐病品种。

③ 施用充分腐熟的有机肥,增施磷钾肥,提高植株抗病力。

④ 水芋种植前每亩(667 m^2)选用50%多菌灵可湿性粉剂或70%甲基托布津可湿性粉剂3~4 kg,拌细土均匀后撒施在种植地里。

⑤ 发病初期先排干水,选用50%多菌灵可湿性粉剂400倍液,或50%甲基硫菌灵可湿性粉剂500倍液,或70%敌磺钠可湿性粉剂500倍液,或3%甲霜·噁霉灵水剂700倍液灌根,每株灌药液0.2~0.3 L。

13. 水芋黑斑病

症状　主要危害叶片,多从外叶开始显示病症。初期在叶片上出现浅黄色坏死小点,随后扩展成近"鱼形"病斑,略有同心轮纹,大小变化较大,后期在病斑上产生黑褐色霉层,即分生孢子梗和分生孢子。严重时叶片上病斑密布,相互连接致叶片枯死。

病原　学名为 *Alternaria tenuis* Nees,是细交链孢霉,属半知菌亚门真菌。病菌分生孢子梗直立,单生或几根成束,偶有分枝,暗色,有屈曲,顶端扩大,具多个孢子痕,大小为(42~115)μm×(4~6)μm。分生孢子单生或串生,呈暗褐色,倒棍棒状,喙胞明显,有横隔2~8个,纵隔0~5个,大小为(25~56)μm×(8.5~18)μm。喙胞具0~2个膈膜,大小为7~70 μm。

侵染途径和发病条件　以菌丝体随病残体越冬。翌年条件适宜时产生分生孢子形成初侵染,借助气流和雨水传播。温暖潮湿有利于病菌多次重复侵染,一般秋季多雨时发病较重。田间管理粗放,中后期严重缺肥的地块,植株长势衰弱,容易引起病害发生。11月后病菌即进入越冬阶段。

防治方法

① 收获后及时清除病残体,携出田外集中深埋或烧毁。

② 施用充分腐熟的有机肥,施足基肥,适当增施磷钾肥,提高植株抗病力。

③ 发病初期喷洒75%百菌清可湿性粉剂600倍液,或70%代森锰锌可湿性粉剂500倍液,或47%春雷氧氯铜可湿性粉剂700倍液,或10%苯醚甲环唑水分散粒剂1 000倍液。根据病情10~15天防治1次,连续防治2~3次。

14. 水芋白绢病

症状 主要危害球茎,亦可危害叶柄。早期地上部无明显病变,仅叶柄与球茎结合处产生白色丝状物,以后迅速向四周辐射,致病部软化腐烂,同时向球茎蔓延,使其腐烂。后期在病部形成黄褐色至紫褐色颗粒状小菌核,严重时植株成片黄化坏死。

病原 学名为 *Sclerotium rolfsii* Sacc.,是齐整小菌核菌,属半知菌亚门真菌。病菌菌丝为无色或浅色,有膈膜,菌丝团呈白色,辐射状,边缘明显,有光泽,菌丝体扭集在一起形成油菜籽状菌核。菌核初为白色,逐渐变成淡黄色,最后变成红褐色至茶褐色,表面光滑,呈球形至近球形,直径为 0.8~2.3 μm。

侵染途径和发病条件 以菌核或菌丝体在土壤中越冬。条件适宜时菌核萌发产生菌丝,从寄主基部侵入引起发病,发病后在病部产生大量菌丝沿地表或病组织向四周扩展蔓延。病菌生长温度为 8℃~40℃,适宜温度为 30℃~33℃,最适宜 pH 为 5~9。高温高湿有利于发病,特别是在水芋生长期遇暴雨、暴晴、高温天气利于发病蔓延。此外,酸性土壤、沙性土壤、与果菜类蔬菜连作,发病较重。

防治方法

① 收获后及时彻底清除病残体,并深翻土壤。

② 发病重的田块在种植前每亩(667 m²)可施用生石灰 150~300 kg,与土壤混合,调节土壤酸碱度,使土壤接近中性。施用的有机肥必须充分腐熟。

③ 发现病株应及时清除,集中妥善处理,控制病菌传播蔓延。

④ 发病初期喷洒 40% 氟硅唑乳油 6 000 倍液,或 50% 醚菌酯干悬浮剂 2 500 倍液,或 25% 嘧菌酯悬浮剂 2 000 倍液,或 10% 苯醚甲环唑水分散粒剂 1 500 倍液。主要喷浇病株根茎处和邻近土壤处。

15. 水芋菌核病

症状 主要危害茎基部和叶柄,亦可危害球茎。病部初呈水渍状不规则软化,在病部表面产生浓密絮状白霉,后迅速向四周扩展蔓延,短期内致植株腐烂倒折,最后在病组织表面形成鼠粪状菌核。

病原 学名为 *Sclerotinia scleroyiorum* (Lib.) de Bary,是核盘菌,属子囊菌亚门真菌。菌核初为白色,后表面变黑,由菌丝扭集形成,大小一般为(1.3~14)mm×(1.2~5.5)mm。菌核在适宜条件下萌发产生浅褐色子囊盘。子囊呈盘杯状或盘状,成熟后变成暗红色,盘中产生许多子囊和侧丝,子囊内的子囊孢子呈烟状弹放。子囊无色,呈棍棒状,内生 8 个无色子囊孢子。子囊孢子呈椭

圆形,单细胞,大小为(10~15)μm×(5~10)μm。

侵染途径和发病条件　以菌核在土壤中越冬。在5℃~20℃并吸足水分时菌核萌发产生子囊盘。子囊盘放出的子囊孢子,借助气流或灌溉水传播,进行初侵染。病部产生的菌丝与健株接触进行再侵染,使病害逐渐蔓延扩大。菌丝生长适宜温度范围较广,相对湿度在85%以上有利于发病。此外,带病的种芋调运和移栽病芋可扩大传播。

防治方法

① 收获后及时清除病残体,深翻土壤,将遗漏的菌核埋在土壤深层使之不能萌发出土。

② 发病初期随时清除染病植株并及时进行药剂防治,可选用40%嘧霉胺悬浮剂1 000倍液,或25%氟硅唑·咪鲜胺可溶性液剂1 000倍液,或30%醚菌酯水剂1 200倍液,或50%啶酰菌胺水分散粒剂1 000倍液喷雾。隔7~10天再防治1次。

16. 水芋青霉病

症状　主要在贮运期危害球茎。多在病部形成大小不等、不定型的凹陷斑,初呈水渍状,后在病部中央产生白色至蓝灰色霉层,即病菌的分生孢子梗和分生孢子。随病害发展,病部软化腐烂,最终致球茎全部腐败变褐,不仅影响品质,严重时可造成球茎大量腐烂。

病原　学名为 *Penicillium chrysogenum* Thom,是青霉菌,属半知菌亚门真菌。分生孢子梗柄长200~300 μm,壁光滑,帚状分枝,通常三轮生;梗基3~4个,较短;瓶梗轮生,3~6个,瓶梗顶端狭小,大小为(6~8)μm×(2~2.5)μm,产孢后可见瓶颈。分生孢子呈椭圆形至近椭圆形,无色,串生,呈长链,壁光滑,大小为(2.5~4)μm×(2~3)μm。

侵染途径和发病条件　病菌广泛存在于土壤和贮运环境中,条件适宜时即引起发病,可通过土壤、气流、流水、农事操作等传播蔓延。田间管理不当,土壤中碎石多或板结,地下害虫重,易造成球茎伤口多而致病。贮运期间高温高湿亦有利于发病。

防治方法

① 水芋生长期加强水肥管理,适时防治地下害虫,减少球茎受伤。

② 收获、运输时避免球茎受伤,受伤严重的球茎不能贮存。必要时可选用百菌清烟雾剂熏烟灭菌。

③ 贮藏期间注意通风降温排湿。

（二）水芋虫害

1. 芋天蛾

学名　危害水芋的天蛾有 *Theretra oldenlandiae* Fabricius（芋双线天蛾）和 *Theretra silhetensis* Walker（芋单线天蛾），属鳞翅目天蛾科。

别名　芋单线天蛾又称芋黄褐天蛾、芋天蛾、芋叶黄褐天蛾、芋黑纹天蛾。

异名　芋单线天蛾的异名有 *Theretra pinastrina* Martyn、*Sphinx pinastrina* Martyn、*Chaerocam pabisecta* Moore。

寄主　芋头等芋属及旋花科植物。

危害状　初孵幼虫先在水芋的叶背上咬食叶肉成小孔或缺刻，长大后沿叶片边缘蚕食，使叶片成大缺刻或孔洞。严重时全叶被食，仅剩叶柄。

形态特征　两种芋天蛾的形态特征区别如表 11-1 所示。

表 11-1　两种芋天蛾的形态特征区别

类别	芋单线天蛾	芋双线天蛾
成虫	体长 28～38 mm，翅展 58～72 mm，黄褐色。前翅中央有宽黑色纵带，带上方有 1 黑点。胸腹背中央有 1 条灰白线纹	体长 23～35 mm，翅展 62～65 mm，灰褐色。前翅中间有 3 条灰白色纵带，带上方有 1 黑点。胸腹背中央有 2 条灰白线纹
卵	球形	椭圆形
幼虫	老熟时体长 60～63 mm，呈草绿色或灰褐色。背上有 2 条茶褐色纵带，腹节有 7 个橄榄形眼纹	老熟时体长 64～75 mm，紫黑色。胸部背面有 2 条黄色纵带，腹节两侧第 1 节、第 2 节各 1 个黄色环形斑，其余各节也有 1 个红色卵形斑
蛹	体长 36～46 mm，呈灰褐色	体长 28～30 mm，呈灰黑色或灰褐色

生活习性和发生规律　成虫有趋光性、趋化性，飞翔力强。成虫白天静伏，夜间活动、交尾、产卵，喜吸吮葫芦科植物的花蜜。卵散产于水芋的心叶和叶背上。老熟幼虫吐丝卷叶化蛹，或钻入根际附近土中约 40 mm 营土室化蛹，越冬化蛹可深入土壤 60 mm 以上。卵期为 3～5 天。幼虫 5 龄，历期 8～15 天。蛹期为 7～9 天。

在苏、浙一带 1 年发生 1 代，南方发生 5～7 代。以蛹在杂草丛中或土中越冬。翌年 5 月至 6 月成虫羽化，全年以 7 月至 8 月发生较多。

防治方法

① 田间零星发生时人工捕杀，摘除卵块及呈纱窗状的被害叶。冬季清除杂草、深翻土壤，消灭越冬蛹。

② 利用黑光灯或糖浆诱杀成虫。

③ 可与其他害虫兼治。选用90%敌百虫晶体800倍液，或4.5%氯氰菊酯乳油3 000倍液，或20%氯苯虫酰胺水分散粒剂2 500倍液，或15%茚虫威悬浮剂2 000倍液喷雾防治。

2. 芋蝗

学名　*Gesonula punctifrons* Stal，属直翅目蝗科。

寄主　芋类、莲藕、野生水仙、水稻、玉米等植物。

危害状　以成虫、若虫啃食叶片成缺刻或食叶肉留下表皮，被害叶呈紫色小横斑。

形态特征　[成虫]体长17～22 mm，呈黄绿色。复眼的后方、前胸背板侧片的上端具黑褐色纵条纹，向后延伸至中、后胸背板的两侧。前翅呈黄绿色，后翅基部呈淡蓝色，顶端略呈烟色。后足腿节呈黄绿色，下膝侧片呈红色，胫节呈淡青蓝色，基部呈红色。头短于前胸背板。颜面向后倾斜，和头顶组成锐角。颜面隆起具明显的纵沟。头顶略向前突出，复眼间头顶的宽度窄于或等于触角间颜面隆起的宽度。复眼为卵形。触角为丝状，到达或超过前胸背板的后缘。前胸背板前端较窄，后端较宽，中隆线弱，被3条横沟割断，后横沟位于中部之后；前缘近于平直，后缘为圆弧形。前、后翅发达，超过后足腿节的顶端。后足胫节内侧具8～9根刺，顶端第1与第2刺间的距离较各刺的距离长。[卵]长4～5 mm，呈长圆筒形。初产时为淡黄色，逐渐变为深黄色。呈卵块状，外被囊状胶质保护物。[若虫]初孵时为淡绿色，后逐渐变为黄绿色。

生活习性和发生规律　成虫白天活动，中午天气炎热时，多在叶面上飞跳，很少取食。卵产于叶柄中下部，蛀孔分泌出黄褐色胶液。每只雌虫产卵8～10块，每块有卵6～18粒左右。卵期为20～32天。若虫6龄，历期30多天。

在苏、浙一带1年发生1代，在南方可发生3代。以成虫在枯枝落叶下越冬。翌年4月开始活动，5月至6月产卵，在田间以7月至8月发生数量较多。到10月至11月陆续越冬。

防治方法

① 芋蝗产卵盛期在产卵孔处刮杀未孵化的虫卵。当卵孔已光滑，流出锈褐色汁液时，卵已孵化或近孵化。只要掌握准确刮杀的时间，就可减轻危害。

② 在成虫、若虫盛发期喷药防治，使用50%辛硫磷乳油1 000倍液，或5%啶虫隆乳油1 000倍液，或40%二嗪·辛硫磷乳油1 500倍液，或90%敌百虫晶体800倍液喷雾。

3. 斜纹夜蛾

学名 *Prodenia litura* Fabricius，属鳞翅目夜蛾科。

别名 莲纹夜蛾、莲纹夜盗蛾、夜盗虫。

异名 *Spodoptera litura* Fabricius。

寄主 是杂食性害虫，危害的植物达99科290多种，其中喜食的有90种以上，如水芋、水蕹菜、莲藕、芡实、豆瓣菜、苋菜、白菜、甘蓝、萝卜、落葵、豆类、瓜类、茄科蔬菜等。

危害状 初孵幼虫群集叶背面啃食叶肉，仅留叶脉，似纱窗网，3龄后分散危害，蚕食叶片成缺刻。严重发生时将叶片吃光，甚至咬食幼嫩叶柄。

形态特征、生活习性、发生规律、防治方法 参考莲藕的斜纹夜蛾。

4. 甜菜夜蛾

学名 *Spodoptera exigua* Hübner，属鳞翅目夜蛾科。

别名 白菜褐夜蛾、玉米叶夜蛾、贪夜蛾。

异名 *Laphygma exigua* Hübner。

寄主 是杂食性害虫。水芋、水蕹菜、豆瓣菜、甘蓝、白菜、萝卜、番茄、辣椒、黄瓜、豇豆、莴苣、胡萝卜、芹菜等多种蔬菜及其他植物170余种。

危害状 初孵幼虫在叶背群集吐丝结网，啃食叶肉，仅留表皮，成透明的小孔。3龄后分散危害，食叶成缺刻或孔洞，严重时食尽叶片，仅留叶柄。

形态特征、生活习性、发生规律、防治方法 参考豆瓣菜的甜菜夜蛾。

5. 朱砂叶螨

学名 *Tetranychus cinnabarinus* Boisduval，属蛛形纲真螨目叶螨科。

别名 棉红蜘蛛、棉叶螨（误订）、红叶螨、红蜘蛛。

异名 *T. telarius*（误订）。

寄主 寄主广，对农作物、观赏植物及杂草均能危害。可危害茄科、葫芦科、豆科、苋科、伞形花科、锦葵科及天南星科的水芋、芋、魔芋等100多种植物。

危害状 成螨、若螨喜群聚于水芋叶背近中脉处吮取汁液，初在叶正面出现灰白色微小密集的斑点，后变成锈红色，严重时叶片干枯呈火烧状，造成减产，影响品质。

形态特征、生活习性、发生规律 参考水芹的朱砂叶螨。

6. 莲缢管蚜

学名 *Rhopalosiphum nymphaeae* L.，属同翅目蚜科。

别名 腻虫。

寄主　水芋、慈姑、莲藕、菱、水芹、芡实、莼菜、香蒲、水浮莲、绿萍、眼子菜等水生植物。

危害状　莲缢管蚜偏嗜嫩叶,常群集在未展开的心叶、侧2叶叶片和近叶片的叶柄上。受害植株生长势弱,出叶速度缓慢,严重时心叶不能展开而枯萎。

形态特征、生活习性、发生规律、防治方法　参考莲藕的莲缢管蚜。

(三) 水芋病虫害防控技术

1. 强化运用农业防治措施

① 选用抗病品种。选择青梗芋、红梗芋中的抗病品种,如武汉石桥芋,抗病、品质佳、产量高。

② 做好选留种。从无病田或无病株中选择种芋。

③ 轮作换茬。选择土壤肥沃、保水保肥力好的浅水田种植水芋。可与茭白、荸荠、慈姑等水生蔬菜进行轮作。

④ 加强肥水管理。合理使用复合肥,避免偏施氮肥。旺而不健及生长后期缺肥易诱发病害发生。

⑤ 除蘖壅土。在封垄前及时将分蘖苗、叶簇、外围老叶、黄叶等摘除,并拔除周边杂草,埋入土中。培土壅土,改善植株之间的通风透光性。

2. 种前对种芋进行消毒处理

可选用50%多菌灵可湿性粉剂500倍液浸种芋30 min,捞出晾干后即可播种;也可选用2.5%咯菌腈悬浮种衣剂100～150 mL兑水稀释,充分混匀种芋100 kg,然后直接播种。

3. 坚持科学的病虫害防治策略

(1) 水芋病虫害总体防治策略

主攻水芋病毒病、疫病、软腐病等病害,狠治蚜虫、红蜘蛛,兼治其他病虫。

(2) 抓好2个时期总体防治

其一,第1次大田病虫害总体防治战。

① 防治对策:以治蚜虫、防病毒病为主体,兼防疫病及其他病虫害。

② 防治时间:5月中旬至6月中下旬,即水芋幼苗期至茎叶生长初盛期。

③ 药剂选用:防治蚜虫可选用10%吡虫啉可湿性粉剂2 000倍液,或25%吡蚜酮可湿性粉剂3 000倍液,或22%噻虫·高氯氟微囊悬浮剂2 500倍液喷雾。若有病毒病发生,可添加50%氯溴异氰尿酸水溶性粉1 500倍液,或40%羟烯腺嘌呤·烯嘌呤盐酸吗啉胍可溶性粉1 000倍液一并喷雾。应注意避开在

烈日下喷施。

其二,第2次大田病虫害总体防治战。

① 防治对策:主攻水芋疫病、软腐病、炭疽病,兼治食叶害虫及螨类。

② 防治时间:7月上中旬至8月中旬,即水芋植株封行之前。

③ 药剂选用:防治水芋软腐病可选用77%氢氧化铜可湿性粉剂700倍液,或50%氯溴异氰尿酸水溶性粉1 500倍液,或20%噻菌铜悬浮剂400倍液喷雾。若有水芋疫病,可添加72%霜脲氰·代森锰锌可湿性粉剂800倍液,或64%噁唑烷酮·代森锰锌可湿性粉剂500倍液,或33.4%双炔酰菌胺悬浮剂2 000倍液一并喷雾。若有食叶类害虫发生,可添加20%氯虫苯甲酰胺悬浮剂2 000倍液,或2.5%联苯菊酯乳油1 500倍液一并喷雾。若有螨类发生,可添加5%噻螨酮乳油1 500倍液或11%乙螨唑悬浮剂5 000倍液一并喷雾。

(四)水芋病虫害防控示意图

水芋病虫害防控示意图如图11-1所示。

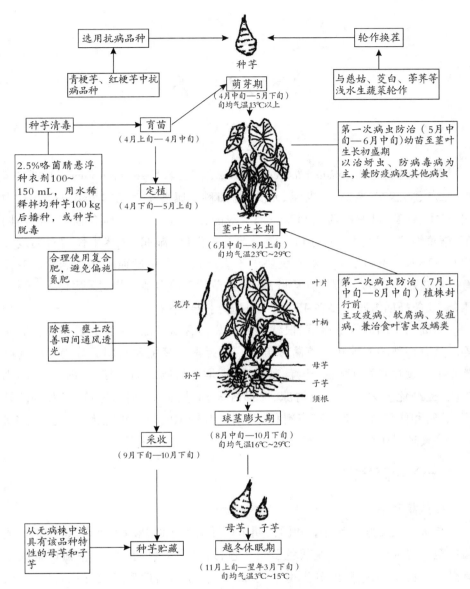

图 11-1　水芋病虫害防控示意图

十二、芦 蒿

芦蒿,学名为 *Artemisia selengensis* Turcz.,英文名是 seleng wormwood,别名蒌蒿、水蒿、柳蒿芽、藜蒿、香艾蒿、水艾,为菊科蒿属多年生草本蔬菜。分布在中国、日本、朝鲜、俄罗斯西伯利亚东部。我国在江苏、浙江等地有栽培。芦蒿同芋、蕹菜一样,既可旱种,亦可水栽。芦蒿喜温暖、湿润,嫩茎生长适宜温度在12℃~18℃。不耐干旱。对土壤要求不太严格。光照过强嫩茎易老化。芦蒿有白芦蒿(大叶蒿)、青芦蒿(碎叶蒿)和红芦蒿3种类型。芦蒿采用种子、分株、压条、枝条扦插繁殖。多在4月至7月进行扦插繁殖。

芦蒿的食用部位是嫩茎、根状茎。芦蒿富含氨基酸、胡萝卜素和钾、钙、磷等。具有特殊的芳香味。芦蒿味苦、性寒、无毒。其主要药用成分为侧柏透酮芳香油。食用芦蒿能健脾开胃,刺激食欲,增强胃肠蠕动,帮助食物消化,增强体质,提高免疫力。还具有清凉、平抑肝火、清热利湿、利胆退黄,以及预防牙病、喉病和便秘等功效。有资料称,芦蒿具有较强的镉富集能力,因此,不宜多食。多食还易生内热。

(一)芦蒿病害

1. 芦蒿叶枯病

症状 主要危害叶片。叶面初期出现针头大小的褪绿色小斑点,后扩展成圆形至不规则形,中间呈淡灰色至暗灰色,边缘为褐色的病斑。潮湿时病斑上具黑色霉状物,为病菌的分生孢子梗和分生孢子。后期病斑相互愈合成片,致使叶片枯死。

病原 学名为 *Cercospora chrysanthemi* Heald et Wolf,是菊尾孢菌,属半知菌亚门真菌。子座不发达,分生孢子梗生于叶两面,丛生,呈暗褐色或淡橄榄褐色,略弯曲,具膈膜2~5个,大小为(40~80)μm×(3.5~6)μm。分生孢子无色,呈鞭状,基部平截,顶端尖,直或稍弯曲,具膈膜3~14个,大小为(50~132)μm×(2~4.5)μm。

侵染途径和发病条件 以菌丝体和分生孢子丛在病残体上越冬。翌年条件适宜时,产生分生孢子进行初侵染和再侵染,借助气流及雨水溅射传播蔓延。多雨、多雾天气有利于发病,植株生长不良或氮肥过多,生长过旺,亦可加重发病。

防治方法

① 实行轮作,进行水旱换茬种植。

② 注意田园卫生。结合采收摘除病残叶,携出田外烧毁。

③ 加强肥水管理。避免偏施氮肥,增施磷、钾肥或喷施植物氨基酸肥,使植株健壮,增强抗性。

④ 药剂防治。发病初期喷施25%丙环唑乳油1 500倍液,或70%甲基硫菌灵可湿性粉剂1 000倍液,或50%多·硫悬浮剂500倍液,或50%异菌脲可湿性粉剂1 000倍液。隔7~10天喷1次,连续防治2~3次,采收前7天停止用药。

2. 芦蒿病毒病

症状　叶部染病后形成褪绿或叶色浓淡不均的花叶,呈斑驳或皱缩状,严重时病株矮化。

病原　主要由Chrysanthemum virus B(简称CVB,为菊花B病毒)和Cucumber mosaic virus(简称CMV,为黄瓜花叶病毒)单独或复合侵染引起。菊花B病毒的质粒体呈线条状,大小为690nm×12nm。钝化温度在70℃~80℃,稀释限点100~10 000倍,室温下可体外存活期6天。在血清学上与马铃薯Y病毒及菊脉斑病毒有近缘关系。黄瓜花叶病毒参考莲藕花叶病毒病的病原。

侵染途径和发病条件　两种病毒均可通过汁液和昆虫传毒。菊花B病毒由桃蚜、瓜蚜、菊小长管蚜和马铃薯蚜等做非持久性传毒,寄主范围广,除芦蒿外,茼蒿、瓜叶菊、金盏菊、翠菊等多种植物均可受害。黄瓜花叶病毒主要靠桃蚜、瓜蚜、萝卜蚜等传播,寄主范围也广,又可在大棚蔬菜上或多年生杂草的宿根中越冬。蚜虫传播病毒主要是依靠有翅蚜,无翅蚜因活动范围小,其传染病的作用亦小。干旱高温,不利于植株的生长发育,而有利于蚜虫的繁殖活动和病毒的繁殖传播。栽培管理不良的地块,如缺肥、缺水及治蚜不及时,病害发生亦重。

防治方法

① 及早治蚜。在蚜虫迁飞之前及时消灭虫源地。可喷施10%吡虫啉可湿性粉剂2 000倍液,或25%吡蚜酮可湿性粉剂3 000倍液。

② 加强田间管理。在芦蒿生长期可喷施植物氨基酸肥6 000倍液,或磷酸二氢钾1 000倍液进行根外追肥,增强植株体质。

③ 发病初期喷施1.5%烷醇·硫酸铜(植病灵)乳剂1 000倍液,或20%盐

酸吗啉胍·铜可湿性粉剂500倍液,或31%吗啉胍·利巴韦林可溶性粉剂1 000倍液。隔7天喷1次,连续防治2～3次。

3. 芦蒿炭疽病

症状　主要危害叶片和茎。叶片受染初生黄白色至黄褐色小斑点,后扩展成不定型或近圆形褐斑,边缘稍隆起,大小为2～5 mm。茎受染初生黄褐色小斑,后扩展成长条形或椭圆形稍凹陷的褐斑,病斑绕茎1周后,病部呈褐色并收缩,致使病部以上或全株枯死。湿度大时病部溢出红褐色液,即病菌的分泌物。

病原　学名为 *Colletotrichum chrysanthemi*（Hori.）Saw.,是菊刺盘孢菌,属半知菌亚门真菌。分生孢子盘浅盘状丛生,刚毛具1～3个隔膜,大小为(47～80)μm×(4～4.5)μm。分生孢子梗呈短圆筒形,大小为13 μm×5 μm。分生孢子呈圆筒形,大小为(16～19)μm×(4～5)μm。此外,*Gloeosporium chrysanthemi* Hori 和 *C. gloeosporioides*（Pens）Sacc. 也是该病病原。

侵染途径和发病条件　以菌丝体和分生孢子盘在病残体上存活越冬。以分生孢子进行初侵染和再侵染,借助雨水溅射及小昆虫活动传播蔓延。温暖多湿的天气及田间周年存在菊科作物的生态环境有利于该病发生流行。施氮肥过多过重、植株长势过旺或反季节栽培发病重。

防治方法

① 加强管理,合理施肥。注意适当密植,施用经酵素菌沤制的堆肥或腐熟有机肥,避免偏施过施氮肥,使植株壮而不过旺,增强抗病力。

② 根外追肥。在植株生长期,喷施植物氨基酸液肥、磷酸二氢钾等生长促进剂做根外追肥,可促进植株早生快发,减轻发病。

③ 药剂防治。在发病初期,可喷洒40%氟硅唑乳油5 000倍液,或43%戊唑醇悬浮剂3 000倍液,或25%嘧菌酯悬浮剂2 000倍液,或50%咪鲜胺可湿性粉剂1 500倍液,或20%苯醚甲环唑微乳剂1 500倍液,或50%多菌灵可湿性粉剂800倍液+75%百菌清可湿性粉剂800倍液,或50%甲基硫菌灵·硫黄悬浮剂800倍液。隔7～10天喷1次,连续防治2～3次,采收前7天禁止用药。

4. 芦蒿霜霉病

症状　芦蒿全生育期均能发病,苗期发病较重,主要危害叶片。一般先从中下部叶片开始发病,初期呈淡绿色水渍状小点,病斑边缘不明显,扩大后变为黄褐色不规则形,呈水浸状,潮湿时叶背面长出灰白色霉层,即病菌孢囊梗和孢子囊,严重时全株腐烂。干旱时病叶逐渐变黄、干枯。

病原　学名为 *Peronospora chrysanthemi-coronarii*（Saw.）lto et Tokun.,是

冠菊霜霉菌,属鞭毛菌亚门真菌。孢子梗密生,大小为(420~780)μm×(11~15)μm,叉状分枝5~8次,顶枝呈钝角分枝,直且尖端略膨大,大小为(9~16)μm×(3~5)μm。孢子囊呈长椭圆形至椭圆形,大小为(38~56)μm×(18~28)μm。

侵染途径和发病条件 以菌丝体在寄主上越冬。翌年产生孢子囊,借助风雨传播危害。在温度、湿度条件适宜时产生游动孢子,或直接长出芽管从植株气孔侵入。多雨潮湿或有大雾天气有利于发病且发病重。

防治方法

① 选用抗病品种。可选用茎秆淡绿色、粗而嫩的大叶白蒿品种,抗病性较好。

② 避免连作,加强管理。上茬尽量避免种植菊科植物,定植前清除田间残枝落叶,深耕晒垡消灭田间菌源。施足基肥,以腐熟的有机肥为主。田间沟系要配套,可及时降低田间湿度,有利于提高植株的抗逆性,减轻病害的发生。

③ 药剂防治。发病初期可适用药剂50%烯酰吗啉可湿性粉剂1 500倍液,或25%烯肟菌酯乳油2 000倍液,70%氟菌·霜霉威悬浮剂800倍液,或10%氟噻唑吡乙酮可分散油悬浮剂2 500倍液,或64%噁唑烷酮·代森锰锌(杀毒矾)可湿性粉剂500倍液,或72.2%丙酰胺水剂800倍液,或72%霜脲氰·代森锰锌可湿性粉剂800倍液喷洒。隔5~7天喷1次,连续防治2~3次。

5. 芦蒿白粉病

症状 主要危害芦蒿叶片,严重时也危害茎秆。初期叶片上先出现白色小斑,后扩大成近圆形粉斑,最后病斑连片成大型白粉区,严重的整个叶片布满白粉,叶片正面重于背面。抹去白粉可见叶面褪绿、枯黄变脆。茎秆受害症状与叶片相似。

病原 学名为 *Erysiphe cichoracearum* DC.,是二孢白粉菌,属子囊菌亚门真菌。其异名有 *Alphitomorpha circumfusa* Schlecha.、*Erysibe circumfuse*(Schlecht.)Link、*Erysiphe communis*(Wallr.:Fr.)Link 等。菌丝体生于叶两面。子囊果聚生或近散生,呈扁球形,为暗褐色,直径为90~130 μm,具18~40根附属丝,多弯曲不分枝,个别不规则分枝1~2次,多相互缠绕,长38~310 μm,长为子囊果直径的0.5~2.5倍,具膈膜1~8个,含10~20个子囊。子囊呈卵形、矩圆至椭圆形,具柄,少数近无柄,个别无柄,大小为(55~81.3)μm×(30.5~43.2)μm,含2~3个子囊孢子,个别4个。子囊孢子带黄色,呈卵形、矩圆卵形,大小为(20.3~27.9)μm×(14.7~17.8)μm。分生孢子呈柱形或桶柱形,大小为(22.9~35.6)μm×(13.9~17.8)μm。

侵染途径和发病条件　在北方地区病菌以闭囊壳随病残体在土表越冬,翌年放射出子囊孢子进行初侵染,田间发病后,病部菌丝上又产生分生孢子进行再侵染。在南方地区或棚室内,菌丝体多匍匐在寄主表面,多处长出附着器,晚秋时形成闭囊壳或以菌丝在寄主上越冬。条件适宜时产生分生孢子借助气流传播,有时孢子萌发产生的侵染丝直接侵入寄主表皮细胞,在表皮细胞内形成吸器吸收营养。白粉病病菌萌发温度范围为5℃~35℃,最适宜温度在20℃~30℃,相对湿度80%~100%有利于发病,但水滴对白粉菌孢子有抑制作用。春、秋季温暖多湿、雾大等易发病,也是芦蒿白粉病发生的高峰期。土壤肥力不足或偏施氮肥,易诱发此病。

防治方法

① 冬季清除病残体和落叶残枝,集中深埋或烧毁。田间不宜栽植过密,注意通风透光。

② 加强栽培管理,清沟排渍,降低田间湿度,增施磷钾肥,避免偏施氮肥或缺肥。

③ 发病初期及时喷洒40%氟硅唑乳油5 000倍液,或25%嘧菌酯悬浮剂2 000倍液,或25%丙环唑乳油3 000倍液,或5%烯肟菌胺乳油1 000倍液,或25%吡唑醚菌酯乳油1 500倍液,或25%戊唑醇水乳剂3 000倍液。隔7~10天喷1次,连续防治2~3次。

6. 芦蒿菌核病

症状　主要发生在近地面的老叶及茎基部,苗期和成株期均可发病。初期病部呈水渍状浅褐色腐烂,潮湿时长出白絮状菌丝,茎部病斑稍凹陷,由浅褐色变为白色,后期茎秆腐烂呈纤维状。在枯死的茎秆里会产生菌核,菌核初期呈白色,后变成鼠粪状黑色颗粒物,致植株倒折或枯死。

病原　学名为 *Sclerotinia sclerotiorum* (Lib.) de Bary,是核盘菌,属子囊菌亚门真菌。菌核初期呈白色,后表面变黑色鼠粪状,大小不等,为(1.1~6.5)mm×(1.1~3.5)mm,由菌丝体扭集在一起形成。干燥条件下可成活4~11年,水田经1个月腐烂。5℃~20℃时菌核吸水萌发,产出1~30个浅褐色盘状或扁平状子囊盘,系有性繁殖器官。子囊盘柄的长度与菌核的入土深度相适应,一般为3~15 mm,有的可达6~7 cm。子囊盘柄伸出土面为乳白色或肤色小芽,逐渐展开呈杯状或盘状,成熟或衰老的子囊盘变成暗红色或淡红褐色。子囊盘中产生许多子囊和侧丝,子囊盘成熟后子囊孢子呈烟雾状弹射,高达90 cm。子囊无色,呈棍棒状,内生8个无色的子囊孢子。子囊孢子呈椭圆形,单胞,大小为

$(10\sim15)\mu m\times5\sim10\mu m$。一般不产生分生孢子。

侵染途径和发病条件 以菌核遗留在土中或混杂在种子种苗残体中越冬或越夏。遇适宜条件即萌发产出子囊盘,散放出子囊孢子,随风吹到植株伤口上,萌发后引起初侵染;病部长出的菌丝又扩展到邻近植株或通过病健株直接接触进行再侵染引起发病,并以这种方式进行重复侵染。当条件不合适时又形成菌核落入土中或随种株混入种子种苗间越冬或越夏。菌丝在0℃~35℃都能生长,菌丝生长及菌核形成最适宜温度是20℃,最高温度为35℃,50℃时经5 min就能致死。南方地区在2月至4月及11月至12月适其发病,北方地区在3月至5月及9月至10月发生多。相对湿度高于85%,温度在15℃~20℃有利于菌核萌发和菌丝生长、侵入及子囊盘产生。因此,在低温、湿度大或多雨的早春或晚秋,菌核形成时间短,数量多,有利于该病发生和流行。连年种植蔬菜的田块、排水不良的低洼地及偏施氮肥、霜害冻害条件下发病重。栽植期对发病也有一定的影响。

防治方法

① 从无病株上选留种苗。

② 加强田间管理。实行3年轮作。合理密植。及时拔除病株和杂草,携出田外集中烧毁,以减少菌核形成。避免偏施氮肥,适当增施磷钾肥,提高植株抗病性。

③ 土壤处理。在夏季把病田灌水浸泡10~15天,或在收获后及时深翻,深度要达到20 cm,将菌核埋入深层,抑制子囊盘出土。定植前每亩(667 m^2)用5%啶酰菌胺水分散粒剂0.5 kg,兑细土20 kg拌匀配成药土耙入土中。

④ 药剂防治。在发病初期,及时喷洒40%嘧霉胺悬浮剂1 000倍液,或20%噻菌铜悬浮剂400倍液,或50%乙烯菌核利干悬浮剂1 000倍液,或25%氟硅唑·咪鲜胺可溶性液剂1 000倍液,或25%丙环唑乳油1 500倍液,或30%醚菌酯水剂1 200倍液。隔7~10天喷1次,连续防治2~3次。

(二)芦蒿虫害

1. 菊小长管蚜

学名 *Macrosiphoniella sanborni* Gillette,属同翅目蚜科小长管蚜属。

别名 菊姬长管蚜。

异名 *Macrosiphum sanborni* Gillette。

寄主 芦蒿、茼蒿、甘菊、滁菊、香叶菊等。

危害状 以成虫和若虫群集在嫩梢、叶柄、花蕾及叶背刺吸植株汁液,影响新叶展开、嫩梢生长和花蕾开放,使植株生长不良。还能传播病毒病。

形态特征 [无翅胎生雌蚜]体长2~2.5 mm,呈深红褐色,有光泽。触角、腹管、尾片呈暗褐色。体具较粗长毛。腹管呈圆筒形,基部宽,向端部渐细,其末端表面呈网眼状。尾片呈圆锥形,末端尖,表面有齿状颗粒,有曲毛11~15根。[有翅胎生雌蚜]体呈长卵形,为暗赤褐色。腹部斑纹较无翅型蚜虫显著。触角第3节有次生感觉圈16~26个,第4节有2~5个。腹管、尾片形状同无翅型蚜虫,尾片毛9~12根。

生活习性和发生规律 在苏、浙一带1年发生10多代。以无翅胎生雌蚜在寄主的叶腋和芽旁越冬。在温室内可终年繁殖,以胎生方式繁殖。翌年3月初开始活动,胎生若蚜。全年发生春、秋季2个危害高峰,即在4月至5月及9月至10月。在夏季高温,相对湿度65%~70%时,完成1代平均只需9.6天。天敌有龟纹瓢虫、草蛉、食蚜蝇、蚜茧蜂等。

防治方法

① 物理防治。放置黄色黏胶板诱黏有翅蚜;采用银白色锡纸反光,拒避有翅蚜迁入。

② 化学防治。在蚜虫初发时期,掌握有蚜株率达20%,百株蚜量不超过200头,进行用药防治。可选用10%吡虫啉可湿性粉剂1 000倍液,或25%吡蚜酮可湿性粉剂2 000倍液,或25%噻虫嗪可湿性粉剂5 000倍液,或10%烟碱乳油500倍液,或1.1%苦参碱粉剂1 000倍液,或3.2%烟碱·川楝素水剂300倍液,或3%啶虫脒乳油1 500倍液喷雾。由于药液在芦蒿上不易被黏着,因此,在喷施前可在药液中添少许洗衣粉以增加黏着性。若施药后遇雨天,天气转好后要及时补喷。

2. 桃蚜

学名 *Myzus persicae* Sulzer,属同翅目蚜科。

别名 烟蚜、桃赤蚜、菜蚜。

寄主 是食性广的杂食性害虫,寄主有350多种,如芦蒿、白菜、萝卜、豆瓣菜、油菜、大豆、瓜类、茄子、烟草及桃、李、杏、梅等植物。

危害状 若虫和成虫群集在叶背面及嫩茎上刺吸寄主植物体内的汁液,使叶片发黄,卷缩变形,植株生长不良,矮小。还能引起煤污病,传播病毒病。

形态特征、生活习性、发生规律、防治方法 参考水芹的蚜虫中的桃蚜。

3. 瓜蚜

学名 *Aphis gossypii* Glover,属同翅目蚜科。

别名　棉蚜。

寄主　是食性广的杂食性害虫,寄主有100多种,以棉花和瓜类为主,其他作物如芦蒿、豆瓣菜、木棉、黄豆、马铃薯、木槿、石榴、鼠李、夏至草等。

危害状　若虫和成虫群集在叶背面及嫩茎上刺吸寄主植物体内的汁液,使叶片发黄,卷缩变形,植株生长不良,矮小。还能传播病毒病。

形态特征、生活习性、发生规律、防治方法　参考豆瓣菜的蚜虫中的瓜蚜。

4. 斜纹夜蛾

学名　*Prodenia litura* Fabricius,属鳞翅目夜蛾科。

别名　莲纹夜蛾、莲纹夜盗蛾、夜盗虫。

异名　*Spodoptera litura* Fabricius。

寄主　是杂食性害虫,危害的植物达99科290多种,其中喜食的有90种以上,如水芋、水蕹菜、莲藕、芡实、豆瓣菜、苋菜、白菜、甘蓝、萝卜、落葵、豆类、瓜类、茄科蔬菜等。

危害状　初孵幼虫群集叶背面啃食叶肉,仅留叶脉,似纱窗网,3龄后分散危害,蚕食叶片成缺刻。严重发生时将叶片吃光,甚至咬食幼嫩叶柄。

形态特征、生活习性、发生规律、防治方法　参考莲藕的斜纹夜蛾。

(三) 其他危害生物

1. 蜗牛

学名　主要有 *Bradybaena ravida* Benson(灰巴蜗牛)和 *Bradybaena similaris* Férussac(同型巴蜗牛),均属腹足纲柄眼目巴蜗牛科。

别名　蜒蚰螺、水牛。

寄主　芦蒿、甘蓝、花椰菜、白菜、萝卜、豆类、马铃薯等蔬菜。

危害状　主要危害叶片,初孵幼螺只取食叶肉,留下表皮,个体稍大则用齿舌将叶、茎舐磨成小孔洞或吃成缺刻。严重时能吃光蒿叶,咬断嫩茎,造成缺苗。爬行时留下的白色胶质和青色绳状粪便影响蒿苗正常生长。

形态特征　灰巴蜗牛:[成螺]贝壳中等大小,呈圆球形,壳质稍厚坚固。壳高约19 mm,宽约21 mm。有5.5~6个螺层,顶部几个螺层增长缓慢、略呈膨胀,体螺层急骤增长、膨大。壳面呈黄褐色或琥珀色,具有细致而稠密的生长线和螺纹。壳顶尖,缝合线深。壳口呈椭圆形,口缘完整,略外折,锋利,易碎。轴缘在脐孔处外折,略遮盖脐孔。脐孔狭小,呈缝隙状。个体大小、颜色变异较大。[卵]圆球形,白色。[幼螺]与成螺形态相似。

同型巴蜗牛:[成螺]贝壳中等大小,呈扁球形,壳质厚且坚实。壳高约12 mm,宽约16 mm。有5~6个螺层,顶部几个螺层增长缓慢、略呈膨胀,螺旋部低矮,体螺层迅速增长、膨大。壳面呈黄褐色或红褐色,有细致而稠密的生长线。体螺层周缘或缝合线处常有一条暗褐色带(有些个体无)。壳顶钝,缝合线深。壳口呈马蹄形,口缘锋利。轴缘外折,遮盖部分脐孔。脐孔小而深,呈洞穴状。个体之间形态变异较大。[卵]形态为圆球形,直径为2 mm。初期为乳白色,有光泽,后逐渐变淡黄色,近孵化时为土黄色。[幼螺]与成螺形态相似。

生活习性和发生规律 在我国各地均有发生,这2种蜗牛常混杂发生。一般1年繁殖1~2代。成螺大多蛰伏在作物秸秆堆下面或冬作物的土中越冬,幼螺也可在冬作物根部土中越冬。多在4月至5月产卵。每个成螺可产卵30~235粒。卵大多产在作物根际疏松湿润的土壤中、土缝中、枯叶或石块下。蜗牛喜生活于潮湿的公园、庭园、农田的灌木丛内、草丛中、田埂上、乱石堆里、枯枝落叶下、作物根际土块和土缝中,以及温室、菜窖、畜圈附近的阴暗潮湿、多腐殖质的环境,适应性极广。常在雨后爬出来危害蔬菜。

防治方法

① 清晨或阴雨天采用人工捕捉,集中灭杀。

② 在点片发生危害时,每亩(667 m²)采用茶籽饼粉3 kg进行田间撒施。或每亩(667 m²)采用茶籽饼粉1~1.5 kg加水100 kg,浸泡24 h后取其滤液进行喷雾防治。也可用10%食盐水或50%辛硫磷乳油1 000倍液喷雾防治。

③ 防治适期以3月至4月中旬蜗牛产卵前,6月至7月有小蜗牛时效果为好。每亩(667 m²)选用10%多聚醛颗粒剂,或6%四聚乙醛颗粒剂,或6%甲萘威·四聚乙醛颗粒剂1.5~2 kg,碾碎后拌细土或饼屑5~7 kg,在天气温暖,土表干燥的傍晚撒在受害植株附近根部的行间,或在菜田每隔1 m放置一小堆,2~3天后接触到药剂的蜗牛分泌大量黏液而死亡。

(四)芦蒿病虫害防控技术

1. 强化运用农业防治措施

① 选用抗病品种。可选用茎秆淡绿色、粗而嫩的大叶白蒿品种,抗病性较好。如南京大叶青、灌蒿2号等,春季萌芽早,品质好,具有抗霜霉病,耐白粉病,又抗寒等特性。

② 做好选留种。从无病株上选留种苗。

③ 轮作换茬。实行轮作,避免连作,最好进行水旱换茬种植。

④ 及时清洁田园。结合采收摘除病、老、残叶,携出田外烧毁。清除田中、田边杂草。

⑤ 加强肥水管理。注意适当密植,施用经酵素菌沤制的堆肥或腐熟有机肥,避免偏施过施氮肥。在植株生长期,提倡喷施 0.5% 尿素 + 0.2% 磷酸二氢钾液或植物氨基酸液肥等生长促进剂作根外追肥。田间沟系要配套,清沟排渍,降低田间湿度。

⑥ 种株处理。选择粗壮的种株平地面割下,截去顶端嫩梢和基部老化部分,选取中部粗壮、半木质化茎秆,截为长 10~20 cm 左右扎成小把,将此浸入 50% 多菌灵可湿性粉剂 500 倍液中,经 24 h 后取出,放在阴凉通风处 7~12 天,待蒿茎须根初露即可栽插田中。

2. 坚持科学的病虫害防治策略

(1) 芦蒿病虫害总体防治策略

以防病害为主,兼治虫害。

(2) 抓好 2 个时期总体防治

其一,第 1 次大田病虫害总体防治战。

① 防治对策:防病毒病、霜霉病、叶枯病为主,兼治蚜虫、蜗牛等害虫。

② 防治时间:4 月下旬至 5 月中下旬,即芦蒿苗期至拔节抽薹期。

③ 药剂选用:防治病毒病可选用 50% 氯溴异氰尿酸水溶性粉 1 500 倍液或 20% 盐酸吗啉胍胶铜可湿性粉剂 500 倍液喷雾。若有霜霉病发生,可添加 25% 嘧菌酯悬浮剂 1 000 倍液,或 10% 氟噻唑吡乙酮可分散油悬浮剂 2 500 倍液一并喷雾。若有叶枯病发生,可添加 10% 苯醚甲环唑水分散粒剂 1 500 倍液,或 25% 丙环唑乳油 1 500 倍液一并喷雾。若有蚜虫发生,可添加 10% 吡虫啉可湿性粉剂 1 000 倍液,或 25% 吡蚜酮可湿性粉剂 2 000 倍液一并喷雾。防治蜗牛可选用 40% 四聚乙醛悬浮剂 300 倍液于傍晚时喷雾或诱杀。采收前 10 天停止施药,确保使用农药安全间隔期 10 天以上。

其二,第 2 次大田病虫害总体防治战。

① 防治对策:主治菌核病、白粉病、炭疽病,兼防斜纹夜蛾、蚜虫、蜗牛等。

② 防治时间:8 月中下旬至 10 月上旬,即芦蒿开花结实初中期。

③ 药剂选用:防治菌核病、白粉病、炭疽病等病害可选用 10% 腈菌唑乳油 1 000 倍液,或 25% 啶菌噁唑乳油 1 000 倍液喷雾。若有斜纹夜蛾发生,可添加 20% 氯虫苯甲酰胺悬浮剂 2 000 倍液,或 5% 氟啶脲乳油 2 000 倍液一并喷雾。防治蚜虫、蜗牛等参照前述第 1 次大田病虫害总体防治战中所用药剂。加强田

间病虫消长情况观察,采收前 10 天停止施药,确保使用农药安全间隔期 10 天以上。

(五)芦蒿病虫害防控示意图

芦蒿病虫害防控示意图如图 12-1 所示。

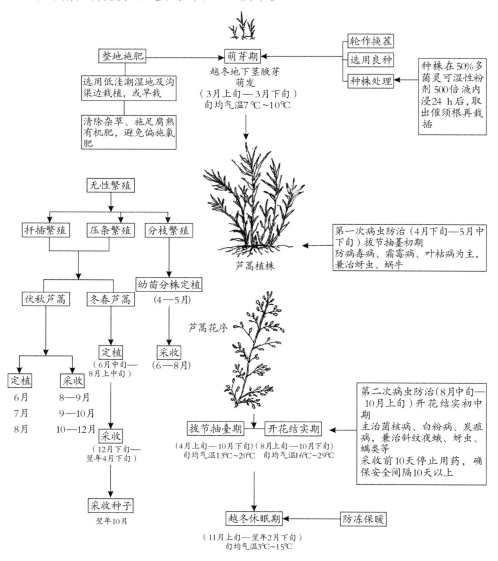

图 12-1　芦蒿病虫害防控示意图

十三、蒲　菜

蒲菜,学名为 *Typha latifolia* L.,英文名为 common cattail,别名香蒲、甘蒲、蒲笋、蒲儿菜、草芽,古称蒲,为香蒲科香蒲属多年生草本水生蔬菜。原产中国。蒲菜在我国有史记载最早是《诗经·大雅·韩奕》,距今近3 000多年。主产区在云南建水、元谋,江苏淮安,山东济南及河南淮阳等地,台湾地区也有栽培。蒲菜喜温暖、多湿、光照充足。生长适宜温度为15℃~30℃。对土壤要求不严,但以淤泥层深厚、肥沃的壤土为佳。目前栽培的蒲菜有宽叶蒲菜、窄叶蒲菜(水烛)和东方蒲菜3种类型。蒲菜采用分株繁殖。一般春季栽植,夏秋分次采收。种植4年后更新栽植。蒲菜常与莲藕轮作。

蒲菜的食用部位是假茎、嫩芽、根状茎、花茎。济南、淮安、淮阳的蒲菜以食用假茎为主,而云南建水的蒲菜则以食用根状匍匐茎为主。蒲菜富含维生素C和钙、铁等。蒲菜味甘、性平、微凉,有清热养血、消痈明目、利水消肿的功效。其蒲黄(花粉)可入药,能活血化瘀、利尿止血、收缩子宫等,现代医学用于冠心病、心绞痛治疗。但瘀滞出血者及孕妇忌服。

(一)蒲菜病害

蒲菜在整个生长期受病菌侵染危害较少,基本上无须防治。

(二)蒲菜虫害

1. 莲缢管蚜

学　名　*Rhopalosiphum nymphaeae* L.,属同翅目蚜科。

别　名　腻虫。

寄　主　蒲菜、慈姑、莲藕、菱、水芋、水芹、芡实、莼菜、香蒲、水浮莲、绿萍、眼子菜等水生植物。

危害状　以若蚜、成蚜群集于叶片上刺吸叶汁,致使叶片发黄,生长不良,影响产量和品质。

形态特征、生活习性、发生规律、防治方法　参考莲藕的莲缢管蚜。

2. 斜纹夜蛾

学　名　*Prodenia litura* Fabricius，属鳞翅目夜蛾科。

别　名　莲纹夜蛾、莲纹夜盗蛾、夜盗虫。

异　名　*Spodoptera litura* Fabricius。

寄　主　是杂食性害虫，危害的植物达99科290多种，其中喜食的有90种以上，如蒲菜、莲藕、芡实、水芋、水蕹菜、豆瓣菜、苋菜、白菜、甘蓝、萝卜、落葵、豆类、瓜类、茄科蔬菜等。

危害状　初孵幼虫群集啃食叶片，3龄后分散危害，蚕食叶片成缺刻。严重时将叶片吃成千疮百孔。

形态特征、生活习性、发生规律、防治方法　参考莲藕的斜纹夜蛾。

3. 稻小潜叶蝇

学　名　*Hydrellia griseola* Fallen，属双翅目水蝇科小水蝇属。

别　名　稻小潜蝇、稻小水蝇、夹叶虫、蛀叶虫、金狮头小苍蝇。

寄　主　蒲菜、茭白、水稻、大麦、小麦，以及看麦娘、稗草等禾本科杂草。

危害状　幼虫潜入蒲菜叶片组织内锉吸叶肉，留下表皮，造成不规则的白色斑块，出现许多不规则的虫道。叶组织被破坏后，水分渗入，腐生菌繁殖，引起叶片腐烂，影响植株养分及水分的输送和光合作用的进行。严重时致叶片变黄干枯或腐烂，产生萎蔫，甚至全株枯死。

形态特征、生活习性、发生规律、防治方法　参考茭白的稻小潜叶蝇。

（三）蒲菜病虫害防控技术

1. 强化运用农业措施

① 选用良种。云南省建水地区的草芽分蘖率高，叶肉疏松，质软品佳。

② 整地施肥。蒲菜是多年生水生蔬菜，需土层深厚，富含有机质高的壤土种植或定植前，施足腐熟有机肥2 000～3 000 kg。

③ 加强肥水管理。定植后保持5～8 cm水层，夏季高温适当加深水，及时更换水降温。

④ 及时采收。防止草芽抽生茎，匍匐串满全田，引起衰老，影响品质及产量。

⑤ 适时更新换茬。草芽连续采收2～3年后，要及时更新，换茬移栽。

2. 坚持科学的病虫害防治策略

蒲菜在整个生长期受病菌、虫害危害较少，基本无须防治。虫害主要有莲缢管蚜，可选用70%的吡虫啉水分散粒剂8 000~10 000倍液或25%的吡蚜酮悬浮剂1 500~2 000倍液喷雾；防治斜纹夜蛾选用20%的氯虫苯甲酰胺悬浮剂2 000~3 000倍液或5%的氟啶脲乳油2 000倍液喷雾。

（四）蒲菜病虫害防控示意图

蒲菜病虫害防控示意图如图13-1所示。

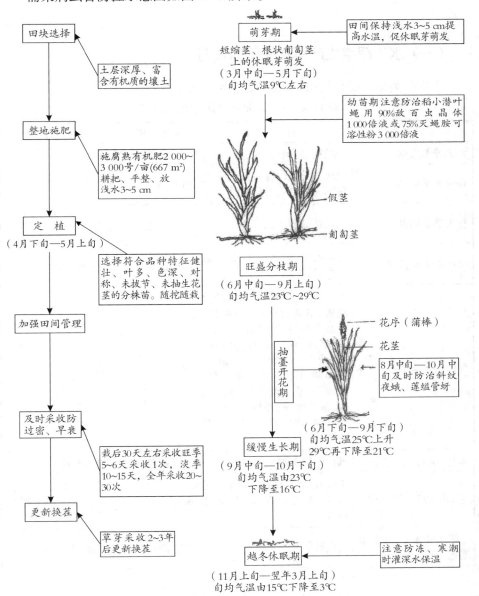

图13-1　蒲菜病虫害防控示意图

十四、水生蔬菜使用农药准则

（一）水生蔬菜生产禁止使用的农药

水生蔬菜生产禁止使用的农药如表 14-1 所示。

表 14-1　水生蔬菜生产禁止使用的农药

农药种类	农药名称	禁用范围	禁用原因
无机砷杀虫剂	砷酸钙、砷酸铅	所有蔬菜	剧毒
有机氯杀虫剂	DDT、六六六、林丹、硫丹、艾氏剂、狄氏剂、五氯酚钠	所有蔬菜	高残留
有机氯杀螨剂	三氯杀螨醇	所有蔬菜	工业品中含一定量DDT
卤代烷类熏蒸杀虫剂	二溴乙烷、环氧乙烷、二溴氯苯烷、溴甲烷	所有蔬菜	致癌、致畸、高毒
有机磷杀虫剂	甲拌磷、乙拌磷、久效磷、对硫磷、甲基对硫磷、甲胺磷、甲基异柳磷、治螟磷、氧化乐果、磷胺、地虫硫磷、灭克磷（丙线磷、益收宝、灭线磷）、杀扑磷、特丁硫磷、克线丹、苯线磷、甲基硫环磷、水胺硫磷、氯唑磷、硫环磷、毒死蜱、三唑磷、内吸磷、乐果、乙酰甲胺磷	所有蔬菜	剧毒、高残留
苯基吡唑类杀虫剂	氟虫腈（锐劲特）	所有蔬菜	对虾、蟹、蜜蜂等高毒
氨基甲酸酯类杀虫剂	涕灭威、克百威（呋喃丹）、灭多威、丁硫克百威、丙硫克百威	所有蔬菜	高毒、剧毒或代谢物高毒
二甲基甲脒类杀虫杀螨剂	杀虫脒	所有蔬菜	慢性剧毒、致癌

续表

农药种类	农药名称	禁用范围	禁用原因
拟除虫菊酯类杀虫剂	所有拟除虫菊酯类杀虫剂	水生蔬菜	对鱼虾类等毒性大，套养鱼虾水生蔬菜田禁用
十六元大环内酯杀虫剂	阿维菌素	水生蔬菜	对鱼虾高毒
有机硫杀螨剂	克螨特（炔螨特）	所有蔬菜	慢性毒性
邻苯二甲酰胺类杀虫剂	氟虫双酰胺	所有蔬菜	慢性毒性
有机砷杀菌剂	甲基胂酸锌（稻脚青）、甲基胂酸钙胂（稻宁）、甲基胂酸铁胺（田安）、福美甲胂、福美胂	所有蔬菜	高残留
有机锡杀菌剂	三苯基醋酸锡、乙酸三苯基锡（乙酰氧基三苯基锡、薯瘟锡）、三苯基氯化锡、三苯基羟基锡（毒菌锡）、氯化锡	所有蔬菜	高残留、慢性毒性
有机汞杀菌剂	氯化乙基汞（西力生）、醋酸苯汞（赛力散）	所有蔬菜	剧毒、剧残毒
有机杂环类杀菌剂	敌枯双	所有蔬菜	致畸
氟制剂杀菌剂	氟化钙、氟化钠、氟乙酸钠、氟乙酰胺、氟铝酸钠	所有蔬菜	剧毒、易药害
取代苯类杀菌剂	五氯硝基苯、五氯苯甲醇（稻瘟醇）、苯菌灵（苯来特）	所有蔬菜	致癌、高残留
二苯醚类除草剂	除草醚、草枯醚	所有蔬菜	慢性毒性
联吡啶类除草剂	百草枯（克芜踪）	所有蔬菜	对哺乳动物毒性大，目前尚无特效解毒药物

注：① 根据截至 2018 年 5 月，中华人民共和国农业农村部相关公告所列的蔬菜禁用农药品种整理。所列出的禁用农药或限用农药品种将随国家新规定而修订。

② 拟除虫菊酯类农药宜在旱地或与河流、湖塘及鱼池等水生生物生活区隔离良好的田块中使用。

水生蔬菜病虫害防控技术手册

（二）水生蔬菜生产上常用农药合理使用准则

水生蔬菜生产上常用农药合理使用准则如表14-2所示。

表14-2 水生蔬菜生产上常用农药合理使用准则

种类	农药名称		剂型含量	防治对象	每次亩用量或稀释倍数及用法	安全间隔期（天）	一季作物上最多使用次数	注意事项
	通用名	商品名称						
杀虫剂	敌百虫		90%晶体	大螟、二化螟、百禾螟、斜纹夜蛾、黄曲条跳甲、食跟金花虫、金龟子等	800~1 000倍喷雾	7	2	药液应现用现配，不宜放置过久。加少量肥皂等碱性物质可提高药效
	辛硫磷	拜辛松	40%乳油	稻小潜叶蝇、水蝇、摇蚊、鳃蚯蚓、叶蝉、飞虱及鳞翅目害虫等	1 000倍喷雾	5	3	在日光下易分解。在下午或傍晚施用效果好。药液应随配随用
	乙基多杀菌素	艾绿士	6%悬浮剂	小菜蛾、蓟马、潜叶蝇	1 000~1 500倍喷雾	5~7	3	对鱼虾有毒性，套养水生蔬菜田不宜使用，避免污染水源和鱼塘
	茚虫威	安打	15%悬浮剂	小菜蛾、甜菜叶蛾、百禾螟、叶蝉及半翅目害虫等	2 000~2 500倍喷雾	5~7	3	在作物花期和套养鱼水田不宜使用
		凯恩	15%乳油					
	吡虫啉	一遍净、蚜虱净	10%可湿性粉剂	蚜虫、飞虱、叶蝉、蓟马、刺吸式口器害虫	1 000~1 500倍喷雾	7	3	对蚕、蜜蜂等毒性大，在作物花期不宜使用
		艾美乐	70%水分散粒剂		7 000~8 000倍喷雾	10	2	

十四、水生蔬菜使用农药准则

续表

种类	农药名称		剂型含量	防治对象	每次亩用量或稀释倍数及用法	安全间隔期（天）	一季作物上最多使用次数	注意事项
	通用名	商品名称						
杀虫剂	吡蚜酮	神约	25%悬浮剂	蚜虫、飞虱、叶蝉、蓟马等刺吸式口器害虫	2 000～2 500倍喷雾	7	2	在花期不宜使用
		顶峰	50%水分散粒剂		2 500～3 000倍喷雾	7	2	在花期不宜使用
	烯啶虫胺		10%水剂	蚜虫、飞虱、叶蝉、蓟马等刺吸式口器害虫	2 000～2 500倍喷雾	7	2	在花期不宜使用
	烯啶·吡蚜酮	飞施宁	60%水分散粒剂	蚜虫、飞虱、叶蝉、蓟马等刺吸式口器害虫	2 000～2 500倍喷雾	7～10	2	
	氟啶脲	抑太保	5%乳油	斜纹夜蛾、甜菜叶蛾等鳞翅目幼虫	1 000～2 000倍喷雾	15	1	蚕桑区禁用
	灭幼脲		25%悬浮剂	斜纹夜蛾、甜菜叶蛾等鳞翅目幼虫	1 000～1 500倍喷雾	14	1	蚕桑区禁用
	甲氧虫酰肼	雷通	24%悬浮剂	斜纹夜蛾、甜菜叶蛾等鳞翅目幼虫	1 500～2 000倍喷雾	14	1	蚕桑区禁用
	乙基多杀菌素·甲氧虫酰肼	艾·雷组合	30%悬浮剂	对鳞翅目高龄幼虫有特效	2 000～2 500倍喷雾	14	2	蚕桑区禁用
	虱螨脲	美除	5%乳油	斜纹夜蛾、甜菜叶蛾等鳞翅目幼虫	2 000～2 500倍喷雾	15	1	蚕桑区禁用

续表

种类	通用名	商品名称	剂型含量	防治对象	每次亩用量或稀释倍数及用法	安全间隔期(天)	一季作物上最多使用次数	注意事项
杀虫剂	噻嗪酮	扑虱灵	25%可湿性粉剂	蚜虫、飞虱等刺吸式口器害虫	1 500～2 000倍喷雾	10	1	对蜜蜂、鱼虾等生物毒性大,在作物花期、养鱼虾的水生蔬菜田不宜使用
	啶虫脒	莫比朗	3%乳油	蚜虫、飞虱等	1 000～1 500倍喷雾	10	2	对蚕、蜜蜂、鸟有毒性,在作物花期、养蚕区不宜使用
	普尊	普尊	5%悬浮剂	大螟、二化螟、百禾螟、斜纹夜蛾、金龟子及象甲等	1 500～2 000倍喷雾	2	2	对蚕高毒。孕妇和哺乳期妇女避免接触
	氯虫苯甲酰胺	康宽	20%悬浮剂	叶蝉、粉虱、跳甲等	2 000～3 000倍喷雾	5	2	对蜜蜂有毒性
	噻虫胺	阿克泰	25%水分散粒剂	黄曲条跳甲、菱萤叶甲、食跟金虫、金龟子等	2 500～3 500倍喷雾	5	2	对蜜蜂、鱼虾、家蚕有毒性,不可与碱性的农药等物质混合使用
	噻虫胺	根卫	0.5%颗粒剂	鳞翅目害虫、泽摇蚊、蚯蚓等	4～5 kg撒施	15	1	对蜜蜂、鱼虾等生物高毒,避免污染鱼塘、养蚕区不宜使用
	高效氯氟氰·氯虫苯甲酰胺	福奇	14%微囊悬浮-悬浮剂	大螟、二化螟、百禾螟、斜叶甲、斜纹夜蛾、甜菜叶蛾等	3 000～4 000倍喷雾	10	2	对蚕、鱼虾等污染鱼塘、养蚕区不宜使用
	四氯虫酰胺	9080	10%悬浮剂	大螟、二化螟、百禾螟、斜纹夜蛾等	1 500～2 000倍喷雾	6～7	2	对蚕毒性大

续表

种类	农药名称 通用名	农药名称 商品名称	剂型含量	防治对象	每次亩用量或稀释倍数及用法	安全间隔期(天)	一季作物上最多使用次数	注意事项
杀虫剂	螺虫乙酯	亩旺特	22.4%悬浮剂	蚜虫、蓟马、粉虱和介壳虫等刺吸式口器害虫	2 000~3 000倍喷雾	10	2	在作物花期、套养鱼虾的水生熟蔬菜田不宜使用,孕妇和哺乳期妇女避免接触
	氰氟虫腙	艾法迪	24%悬浮剂	甜菜叶蛾、菜粉蝶、斜纹夜蛾、大蝶二化螟等,鞘翅目害虫也有防效	1 500倍喷雾	7	2	在作物花期、养蚕区不宜使用
	氟啶虫胺腈	特福力	22%悬浮剂	具有触杀、胃毒作用,对蚜虫、飞虱、叶蝉等刺吸式口器害虫有特效	1 500~2 000倍喷雾	3~5	2	在作物花期、养蚕区不宜使用
		可立施	50%水分散粒剂		3 000~4 000倍喷雾			
	溴氰虫酰胺	倍内威	10%可分散油悬浮剂	蚜虫、粉虱、飞虱、蓟马、蝇、黄曲条跳甲、金龟子、水斜纹夜蛾等鳞翅目害虫	2 000~2 500倍喷雾	14	2	对蜜蜂、鱼虾、家蚕避免污染鱼塘、养蚕用
	高效氯氟氰菊酯	功夫	2.5%乳油	斜纹夜蛾等鳞翅目害虫及蚜虫、螨类等	1 000~1 500倍喷雾	7	3	对鱼虾、蜜蜂、蚕等有毒性,应避免污染鱼塘
	高效氯氰菊酯	清灭	10%乳油	莲藕潜叶摇蚊、水蝎、萤叶甲、鳖虾、鳞翅目害虫等	3 000~3 500倍喷雾	7	3	对鱼虾、蜜蜂、蚕等有毒性,应避免污染鱼塘

221

续表

种类	农药名称 通用名	农药名称 商品名称	剂型含量	防治对象	每次亩用量或稀释数及用法	安全间隔期（天）	一季作物上最多使用次数	注意事项
杀虫剂	联苯菊酯	天王星	2.5%乳油	连藕潜叶摇蚊、水蝇、菱萤叶甲、鳌虾、鳞翅目害虫等	1 500~2 000倍喷雾	7	3	对鱼虾、蜜蜂、蚕等有毒性，应避免污染鱼塘
杀虫剂	啶虫·哒螨灵	阻甲	42%可湿性粉剂	菱萤叶甲、黄曲条跳甲、金龟子、食眼花虫等	800~1 000倍喷雾	14	2	在作物花期、养蚕区禁用
杀虫剂	灭蝇胺	潜克	75%可湿性粉剂	菰毛眼水蝇、稻小潜叶蝇等	2 500~3 000倍喷雾	14	2	药效发挥作用缓慢，施药时间要比有机磷、拟虫菊酯类农药提前2~3天使用
杀螨剂	乙螨唑	来福禄	11%悬浮剂	广谱性，具有触杀、胃毒左右，对螨类的卵、若螨、成螨均有防效	5 000~7 000倍喷雾	21	2	
杀螨剂	噻螨酮	尼索朗	5%乳油	对螨类的卵、若螨防效好，但对成螨防效差	1 500~2 000倍喷雾	7	1	对鱼类有毒性
杀螨剂	哒螨酮	哒螨灵	20%可湿性粉剂	广谱性，具有触杀、胃毒左右，对螨类的卵、若螨、成螨均有防效	2 500~3 000倍喷雾	15	2	对蜜蜂、鱼虾等生物毒性大

续表

种类	农药名称 通用名	农药名称 商品名称	剂型含量	防治对象	每次亩用量或稀释倍数及用法	安全间隔期(天)	一季作物上最多使用次数	注意事项
杀螺剂	四聚乙醛	密达、螺斯	6%颗粒剂	蜗牛、蛞蝓等软体动物	1~1.5 kg撒施于作物间	15	2	于傍晚撒施作物间效果佳
杀螺剂		密达利	40%悬浮剂		200~400倍喷雾			在日平均气温25℃左右施药最佳
杀螺剂	多聚醛	蜗牛敌	10%颗粒剂	蜗牛、蛞蝓、福寿螺等软体动物	1~1.5 kg撒施于作物间	15	2	对鸟类、鱼类有毒性
杀螺剂	杀螺胺	百螺杀、贝螺杀	70%可湿性粉剂	福寿螺、椎实螺等螺类，对卵、幼螺、成螺具有较强的杀灭效果	700~900倍喷雾或拌细土5~10 kg撒施500 g	7	2	施药后应保持水深3 cm,2天内不灌排,最好在作物定植前使用。对鸟类、蜜蜂安全,对于鱼有毒性
杀菌剂	氢氧化铜	多宁	77%可湿性粉剂	细菌性病害及防除藻类、萍类	800~1 000倍喷雾	7	3	对铜敏感的作物忌用,如灰实莲藕、茭白等幼年期不宜使用。避免与强酸强碱物质混用
杀菌剂		可杀得3 000	46%水分散粒剂		1 000~2 000倍喷雾			
杀菌剂	代森锰锌	大生、喷克、山德生	80%可湿性粉剂	广谱保护性杀菌剂	700~800倍喷雾	15	2	不能与碱性药剂、铜制剂混用
杀菌剂	代森锰锌·波尔多液	科博	78%可湿性粉剂	能预防真菌和细菌性病害。喷于作物表面形成保护膜,耐雨水冲刷	300~500倍喷雾	20	2	保护性杀菌剂,应在发病前或发病初期使用

续表

种类	农药名称 通用名	农药名称 商品名称	剂型含量	防治对象	每次亩用量或稀释倍数及用法	安全间隔期(天)	一季作物上最多使用次数	注意事项
杀菌剂	代森锌	蓝宝	80%可湿性粉剂	广谱保护性杀菌剂,具有补锌作用	700~800倍喷雾	7	3	不能与碱性药剂、铜制剂混用
		好生灵	60%可湿性粉剂		500~600倍喷雾			
	多菌灵	苯骈咪唑44	50%可湿性粉剂	广谱内吸性杀菌剂,具有保护和治疗作用。可做种子消毒、土壤处理、喷雾防治	500~600倍喷雾	5~7	2	能和一般杀菌剂混用,丹与杀虫剂、杀螨剂混用,要随混随用,不能与铜制剂混用。在偏酸性下不能增药效
	甲霜灵	雷多米尔	25%可湿性粉剂	霜霉病、疫病	700~800倍喷雾	7	3	在作物开花期不宜使用
	甲基硫菌灵	甲基托布津	70%可湿性粉剂	稳固并、白粉病、炭疽病、灰霉病、褐斑病等	800~1 000倍喷雾	14	2	不能与含铜药剂混用及与多菌灵替代药剂来用
	嘧菌酯	阿米西达	25%悬浮剂	白粉病、霜霉病、疫病、炭疽病、叶斑病等	1 000~1 500倍喷雾	7	2	避免污染水源
	百菌清	好迪施	75%可湿性粉剂	无内吸性广谱杀菌剂,霜霉病、白粉病、炭疽病、叶斑病等	600~700倍喷雾	7~10	3	对鱼虾、蚕、蜜蜂有毒性,套养鱼虾的水生蔬菜田不宜使用。不能与石硫等碱性农药混用

续表

种类	农药名称 通用名	农药名称 商品名称	剂型含量	防治对象	每次亩用量或稀释数及用法	安全间隔期(天)	一季作物上最多使用次数	注意事项
杀菌剂	嘧菌酯	翠贝	50%干悬浮剂	白粉病、霜霉病、疫病、叶斑病等	2 500~3 000倍喷雾	14	2	不可与强碱、强酸性的农药等物质混合使用。孕妇及哺乳期妇女不宜接触
	腐霉利	速克灵	50%可湿性粉剂	灰霉病、菌核病等	1 500~2 000倍喷雾	7~15	2	不能与有机磷农药混用
	腈菌唑	信生	40%可湿性粉剂	叶瘤病、炭疽病、白粉病、锈病、褐斑病等	4 000~5 000倍喷雾	6	2	不能在麦上使用
	苯醚甲环唑	世高	10%水分散粒剂	叶瘤病、炭疽病、白粉病、锈病、褐斑病等	1 000~1 500倍喷雾	7	2	不能在麦上使用
	嘧霉环胺	瑞镇和瑞灰雷	50%水分散粒剂	灰霉病、菌核病、白粉病、叶斑病等	800~1 000倍喷雾	7~10	2	尽量不要和乳油类杀虫剂混用
	噻酰菌胺	满穗	24%悬浮剂	纹枯病	2 000~2 500倍喷雾	12	2	耐雨性强,施药后1小时降雨不影响药效
	啶氧菌酯·丙环唑	法陀	19%悬浮剂	白粉病、霜霉病、灰霉病、炭疽病、叶斑病、褐斑病	1 500~2 000倍喷雾	3~7	3	配制药液时,勿添加有机硅等表面活性剂
	霜脲氰·代森锰锌	克露	72%可湿性粉剂	霜霉病、疫病等	600~800倍喷雾	2	3	不能和碱性药剂、铜制剂等混用
	春雷·噻唑锌	碧锐	40%悬浮剂	细菌性病害、瘟病等	800~1 000倍喷雾	12	2	不能和碱性物质混用,孕妇及哺乳期妇女不宜接触

续表

种类	农药名称 通用名	农药名称 商品名称	剂型含量	防治对象	每次亩用量或稀释倍数及用法	安全间隔期（天）	一季作物上最多使用次数	注意事项
杀菌剂	氯溴异氰尿酸	消菌灵、菌毒清、杀菌王	50%可溶性粉剂	广谱高效低毒药剂,对霜霉病、瘟病及细菌、病毒等病害均有效	1 500~2 000倍喷雾	7	2	与其他农药混用要先稀释本剂后在混用,现配现用。不宜与有机磷农药混用
	氟硅唑	福星	40%乳油	白粉病、锈病、叶斑病等	6 000~8 000倍喷雾	18	3	应和其他保护性杀菌剂交替使用
	吗啉胍·乙酮	毒克星、病毒A	20%可溶性粉剂	病毒病	500~700倍喷雾	10	3	对铜敏感的作物,不可随意加大使用浓度,也应避免在中午高温
	烷醇·硫酸铜	植病灵	1.5%乳剂	病毒病	800~1 000倍喷雾	10	2	应避免与生物农药混用或缩短时间内轮换使用。宜在植株表面无水后,再喷药液
	吗啉胍·利巴韦林		31%可溶性粉剂	病毒病	800~1 000倍喷雾	10	2	不可与碱性农药混用,避开烈日和阴雨天喷雾
	噁霜灵·代森锰锌	杀毒矾	64%可湿性粉剂	霜霉病、疫病等	500~600倍喷雾	3	2	不可与碱性杀菌农药混用,对鱼类有毒性
	氟噻唑吡乙酮	增威赢绿	10%可分散油悬浮剂	霜霉病、疫病等	2 500~3 000倍喷雾	10	2	不可与代森锰锌、噁唑烷等其他杀菌剂混用,防抗性产生

续表

种类	农药名称 通用名	农药名称 商品名称	剂型含量	防治对象	每次亩用量或稀释数及用法	安全间隔期（天）	一季作物上最多使用次数	注意事项
杀菌剂	啶菌酰胺	凯泽	50%水分散粒剂	杀菌谱较广，对白粉病、灰霉病、菌核病等非常有效	800~1 000倍喷雾	10	2	不可与强碱、强酸性的农药等物质混合使用
	烯酰吗啉	霜安、安克	50%可湿性粉剂	对霜霉病、疫病等低等真菌性病害均有很好的防治效果	1 500~2 000倍喷雾	7	3	作物幼小时喷液量和药量用低量
	噻菌铜、噻唑酮	龙克菌	20%悬浮剂	具高效广谱，对细菌性病害特效，对真菌性病害高效	300~400倍喷雾	10	2	不可与强碱的农药等物质混合使用
	氟菌唑	特富灵、君斗士	30%可湿性粉剂	白粉病、锈病、胡麻叶斑病、炭疽病等	2 000~3 000倍喷雾	10	2	对鱼类有一定毒性，防治污染池塘
	丙环唑	敌力脱	25%乳油	白粉病、炭疽病、叶斑病、菌核病、锈病、纹枯病等	2 500~3 000倍喷雾	30	1	孕妇及哺乳期妇女避免接触
	异菌脲	扑海因	50%可湿性粉剂	疫病、灰霉病、菌核病、褐斑病等	1 000~1 500倍喷雾	7	2	对鱼类有毒性，不能与碱性物质混用
	咪鲜胺	施保克	25%乳油	炭疽病、叶斑病、菌核病、褐斑病等	1 500~2 000倍喷雾	10	2	不宜与强酸、强碱性农药混用
	啶菌噁唑	菌思奇	25%乳油	高效广谱，具保护治疗。灰霉病、叶斑病、菌核病、白粉病	1 000~1 500倍喷雾	7~10	3	孕妇及哺乳期妇女避免接触

参 考 文 献

[1] 戴芳澜. 中国真菌总汇[M]. 北京:科学出版社,1979.

[2] 魏景超. 真菌鉴定手册[M]. 上海:上海科学技术出版社,1979.

[3] 《中国农作物病虫害》编辑委员会. 中国农作物病虫害[M]. 北京:农业出版社,1981.

[4] 農文協. 新版原色野菜の病害虫診断[M]. 東京:農山漁村文化会,1991.

[5] 陆自强,祝树德. 蔬菜害虫测报与防治新技术[M]. 南京:江苏科学技术出版社,1992.

[6] 徐明慧. 园林植物病虫害防治[M]. 北京:中国林业出版社,1993.

[7] 吕佩珂,李明远,吴钜文,等. 中国蔬菜病虫原色图谱[M]. 修订本. 北京:农业出版社,1998.

[8] 赵有为. 中国水生蔬菜[M]. 北京:中国农业出版社,1999.

[9] 吕佩珂,刘文珍,段半锁,等. 中国蔬菜病虫原色图谱续集[M]. 2版. 呼和浩特:远方出版社,2000.

[10] 张宝棣. 蔬菜病虫害原色图谱[M]. 广州:广东科技出版社,2002.

[11] 柯卫东,刘义满,吴祝平. 绿色食品水生蔬菜标准化生产技术[M]. 北京:中国农业出版社,2003.

[12] 鲍忠洲. 苏州水生蔬菜实用大全[M]. 南京:江苏科学技术出版社,2005.

[13] 孔庆东. 中国水生蔬菜品种资源[M]. 武汉:湖北科学技术出版社,2005.

[14] 中国农业科学院蔬菜花卉研究所. 中国蔬菜栽培学[M]. 2版. 北京:中国农业出版社,2010.

[15] 方智远,张武男. 中国蔬菜作物图鉴[M]. 南京:江苏科学技术出版社,2011.

［16］黄国华,李建洪.中国水生蔬菜主要害虫彩色图谱［M］.武汉:湖北科学技术出版社,2013.

［17］鲍忠洲,谢贻格,等.苏州水八仙［M］.南京:江苏凤凰科学技术出版社,2017.